王新洪　韩芳　郑暹林　等编著

焊条电弧焊技术问答

HANTIAO DIANHUHAN JISHU WENDA

化学工业出版社

·北京·

本书精选了焊条电弧焊的工艺、操作、应用等方面的实用技术问题400多个进行解答，突出焊接生产实际，实用性较强，同时也方便读者查阅。主要内容包括焊条电弧焊基础知识、焊接材料、焊接设备、焊接操作技术、常用钢材的焊接、焊接质量检验及焊接安全与防护等。本书绝大部分内容为初、中级焊工所必须具备的焊接知识，少量内容介绍了近年来发展的焊接新技术和新工艺。

本书既可作为焊工的入门自学读物，也可供从事焊接工作的技术人员以及相关专业科研院所、大专院校师生参考。

图书在版编目（CIP）数据

焊条电弧焊技术问答/王新洪等编著. —北京：化学工业出版社，2015.7
ISBN 978-7-122-23821-4

Ⅰ.①焊… Ⅱ.①王… Ⅲ.①焊条-电弧焊-问题解答 Ⅳ.①TG444-44

中国版本图书馆CIP数据核字（2015）第088089号

责任编辑：张兴辉　　文字编辑：张绪瑞
责任校对：吴　静　　装帧设计：王晓宇

出版发行：化学工业出版社（北京市东城区青年湖南街13号　邮政编码100011）
印　　刷：北京永鑫印刷有限责任公司
装　　订：三河市宇新装订厂
850mm×1168mm　1/32　印张10　字数258千字
2015年9月北京第1版第1次印刷

购书咨询：010-64518888（传真：010-64519686）　售后服务：010-64518899
网　　址：http://www.cip.com.cn
凡购买本书，如有缺损质量问题，本社销售中心负责调换。

定　　价：48.00元

前言

FOREWORD

焊接是机械制造、建筑及其他行业的常用技术，是许多高新技术产品制造不可缺少的加工方法。焊接技术已广泛地应用于工业生产的各个部门，在推动工业发展和产品的技术进步以及促进国民经济的发展中发挥着重要的作用。焊条电弧焊技术是应用最广泛的焊接技术，也是焊接技术的基础。随着我国经济的迅速发展，对焊接技术的要求越来越高，急需一批技术过硬的焊接人才。

本书以回答问题的形式，系统地介绍了焊条电弧焊的基本知识，焊接材料、焊接设备、操作技术、常用金属焊接材料的焊接、焊接过程质量检验以及焊接安全和防护等知识。具有以下主要特点。

（1）内容丰富　书中列出了焊条电弧焊技术相关且常见的400多个技术问题，基本上涵盖了焊条电弧焊的各方面，能满足焊工与焊接相关的工程技术人员全面理解焊条电弧焊知识。

（2）实用性　强调技术的实践性，注重解决生产实践问题。在表达方式上力求实用为主，简明扼要与条理清晰，以便焊工容易理解和掌握。

（3）新颖性　书中既介绍常用的、基本的手工电弧焊知识，同时又介绍新工艺、新的焊接材料及新型结构材料的焊条电弧焊接技术。

本书由山东大学王新洪、潍坊学院韩芳、福建省长兴船舶重工有限公司郑暹林、山东大学工训中心宋思利，山东大学赵冠林、钱法余、罗世兴、刘树帅、张培俊编著。具体分工为：第1章（王新洪、钱法余），第2章（赵冠林，刘树帅），第3章（宋思利，张培俊），第4章（王新洪、郑暹林、罗世兴），第5章（王新洪、韩芳），第 6 章（郑暹林、宋思利），第 7 章（韩芳）。全书由王新洪、宋思利统稿，山东大学曲仕尧教授审校。

在本书的编写过程中，得到了山东大学陈茂爱教授、曲仕尧教授的关心与帮助，提出了许多宝贵意见，在此表示衷心的感谢。此外，向关心本书出版的焊接界同行及所引文献的作者表示诚挚的谢意。

本书通俗易懂，既可作为焊工自学读物，也可供从事焊接工作的技术人员以及相关专业科研院所、大专院校师生参考。限于编写人员水平，疏漏之处难免，恳请广大读者和专家们提出宝贵意见。

编　者

目录
CONTENTS

2 CHAPTER 第2章 Page

焊 条 43

6 CHAPTER 第6章 焊接缺欠与焊接质量检验

第1章

焊条电弧焊基本知识

1.1 焊条电弧焊的基础知识

1-1 试述焊接的定义及其作用?

焊接是用加热或加压，或加热又加压的方法，在使用或不使用填充金属的情况下，使两块焊件连接在一起达到原子间结合，形成不可拆卸永久接头的一种加工工艺方法。

焊接是制造业不可缺少的手段之一，不仅可以用于各类金属的连接，以及部分金属材料与非金属材料之间的连接，而且还可以用于陶瓷、工程塑料、云母、石墨、玻璃等非金属材料的连接。

焊接结构早已几乎取代了铆接结构，焊接结构已部分代替铸、锻结构。近年来兴起的以焊接熔敷方法直接制造某些特殊零件，进一步拓宽了焊接的应用领域。

焊接是钢铁材料的“裁缝”，在非铁材料的应用远小于钢铁材料。焊接的主要服务对象是钢铁材料的连接。全世界40%～50%的钢铁材料须经过焊接加工环节形成产品。

1-2 常用的焊接方法分为哪几类?

金属的焊接，按其工艺过程的特点分有熔焊、压焊和钎焊三大类。

① 熔焊　焊接过程中，将待焊处的金属母材局部加热至熔化状态，不施加压力完成焊接的方法。金属材料的熔焊需要满足两个基本条件：一是有一个能量集中、温度足够高的加热热源；二是必须采取有效的隔离空气，防止空气侵入熔化金属的保护措施。常见的熔焊方法有：电弧焊、气焊、电渣焊、电子束焊、激光焊等。

② 压焊　焊接过程中，必须对焊件施加压力（加热或不加热），以完成焊接的方法称为压焊。压焊的主要特征是必须对焊件局部加压（或同时加热），使焊件待焊表面产生塑形变形。在这个过程，待焊工件表面的油污、锈蚀物或氧化物被挤碎或清除，从而呈现纯净的表面，为被焊表面形成原子或分子之间的结合或扩散创造条件。常用的压焊方法有电阻焊（对焊、点焊、缝焊）、摩擦焊、旋转电弧焊、超声波焊等。

③ 钎焊　焊接过程中，采用比母材熔点低的金属材料作钎料，将焊件和钎料加热到高于钎料熔点、低于母材熔点的温度，利用液态钎料润湿母材，填充接头间隙并与母材相互扩散实现连接焊件的方法称为钎焊。常用的钎焊方法有火焰钎焊、感应钎焊、炉中钎焊、盐浴钎焊和真空钎焊等。

1-3 何谓电弧焊？其应用范围如何？

电弧焊是利用电弧放电（俗称电弧燃烧）所产生的热量将焊接材料与工件互相熔化并在冷凝后形成焊缝，从而获得牢固接头的焊接过程。电弧焊主要用于熔化焊，用于钎焊的则称电弧钎焊。

电弧焊可应用于绝大部分金属材料的焊接，在焊接生产中占主导地位，是目前使用最广的一种焊接方法。

1-4 何谓焊条电弧焊？

焊条电弧焊是以手工操纵焊条，利用焊条和工件之间产生的电弧热熔化母材进行电弧焊的焊接方法，俗称手工电弧焊。焊条电弧焊的符号标记为“E”，数字标记为“111”。

1-5 试述焊条电弧焊的工艺原理？

焊接时，将焊条与工件接触短路后立即提起焊条，引燃电弧。

电弧的高温将焊条和工件局部加热到熔化状态，焊条端部熔化后的熔滴和局部熔化的母材融合在一起形成熔池。随着电弧向前移动，熔池液态金属逐步冷却结晶，形成焊缝连接焊件的一种电弧焊方法，其焊接过程基本原理如图 1-1 所示。由图可知，焊条药皮在电弧高温作用下燃烧，产生保护气体，形成熔渣，保护熔池和凝固的焊缝金属不受大气污染。所形成的熔渣有助于改善焊缝成形，形成平整光滑的焊缝表面。焊条药皮熔化过程中，还对熔化金属具有脱氧作用，使之形成致密的焊缝金属。此外，焊条药皮通过冶金反应对焊缝金属还具有渗合金的作用。

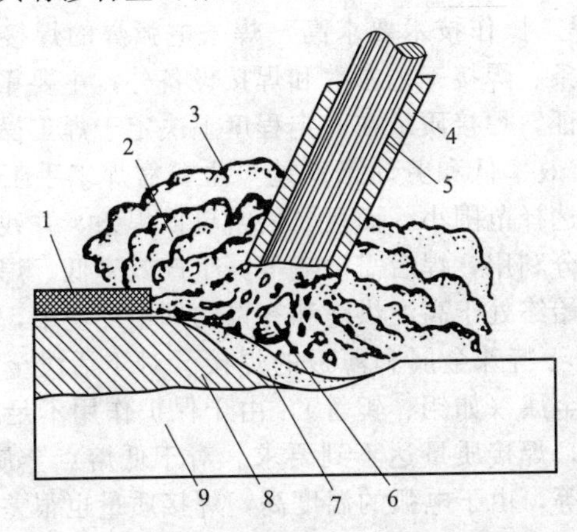

图 1-1　焊条电弧焊焊接过程基本原理

1—固态熔渣；2—液态熔渣；3—气体；4—药皮；5—焊芯；6—熔滴；7—熔池；8—焊缝；9—母材

1-6　焊条电弧焊具有哪些优点？

① 适应性强，使用面广　适用于大多数工业用金属和合金的焊接。

② 方便灵活，可达性强　焊条电弧焊适用于焊接单件或小批量的产品，短的和不规则的、空间任意位置的焊缝。

③ 设备简单，维护方便　与其他熔焊方法相比，焊条电弧焊设备简单，价格相对便宜，并且轻便，很少需要辅助设备（如气路、水路系统、送丝机构、轨道及夹持系统等）。

④ 不需要辅助气体防护　焊条不但能提供填充金属，而且在焊接过程中能够产生保护熔池和熔滴的保护气体，且具有较强的抗风能力。

⑤ 可达到满意的焊接质量　与氧乙炔焊相比，具有电弧温度高、焊速快、热影响区范围小、接头组织状态和力学性能较优等优点。与埋弧焊相比，具有焊接热输入小，接头力学性能、尤其是塑性有所改善的优点。与气体保护焊相比，受气流干扰的影响较小。

1-7 焊条电弧焊具有哪些缺点?

① 对焊工操作技术要求高　焊条电弧焊的焊接质量，除靠选用合适的焊条、焊接工艺参数和焊接设备外，主要靠焊工的操作技术和经验保证，焊接质量在一定程度上决定于焊工操作技术。

② 生产效率低和劳动条件差　主要靠焊工手工操作，并且焊接工艺参数选择范围小，而且要经常更换焊条，并残留下一截焊条头而未被充分利用，焊后需清渣等，生产效率低。焊工的劳动强度大，且焊工始终处于高温烘烤和有毒的烟尘环境中，劳动条件差。

③ 不适于特殊金属和薄板的焊接　对于活泼金属（如钛、锆等）和难熔金属（如钼、钽等），由于保护作用不足难以防止这些金属的氧化，焊接质量达不到要求。对于低熔点金属，如铅、锡、锌及其合金等，由于电弧的温度高，焊接质量也很差。对于壁厚小于 1mm 的工件，焊接时易烧穿，因此焊条电弧焊也不适合。

1-8 焊条电弧焊应用在哪些场合?

① 可焊工件厚度范围：钢板厚度≥1mm，1mm 以下的薄板不适合焊条电弧焊。

② 可焊金属范围：能焊的金属有碳钢、低合金钢、不锈钢、耐热钢、铜及其合金；能焊但可能需要预热、后热或两者兼用的金属有铸铁、高强钢、淬火钢等；不能焊的金属有低熔点金属（如 Zn、Pb、Sn 及其合金）及难熔金属（如 Ti、Nb、Zr 等）。

③ 最适合的产品结构和生产性质：结构复杂的产品、具有各种空间位置、不易实现机械化或自动化焊接的焊缝；单件或小批量的焊接产品及安装或修理部门。

1.2 焊条电弧焊冶金过程

1-9 何谓焊接电弧的热效率?

在电弧焊时，电弧所产生的热能不能全部被利用，其中有一部分将不可避免地散失于周围介质中，另外由于飞溅等原因也损失一部分热量。真正用于焊接的有效功率 P 为

$$P=\eta P_0=\eta UI \tag{1-1}$$

式中，U 为电弧电源，V；I 为焊接电流，A；P_0 为电弧功率，即电弧在单位时间内放出的热；η 为焊接电弧的热效率。

1-10 何谓焊接热输入?

焊接热输入是指在焊接时由焊接能源输入给单位长度焊缝上的热能，曾称焊接线能量。热输入等于焊接电流、电弧电压、热效率的乘积和焊接速度的比值。

$$q=\eta IU/v \tag{1-2}$$

式中，q 为热输入，$J\cdot mm^{-1}$；η 为热效率，与焊接方法等有关；I 为焊接电流，A；U 为电弧电压，V；v 为焊接速度，$mm\cdot s^{-1}$。

1-11 熔焊时如何正确选择热输入?

生产中，根据不同的材料成分，在保证焊缝成形良好的前提下，适当调节焊接工艺参数，以合适的热输入进行焊接，可以保证焊接接头具有良好的性能。例如，焊件装配定位焊时，由于焊缝长度短，截面积小，冷却速度快，焊缝容易开裂，特别是对于一些淬硬倾向较大的钢种更是如此，此时应该选择较大的热输入进行焊接，以防焊缝开裂。但是对于强度等级较高的低合金钢、低温钢，热输入必须严格控制，因为热输入增大会导致焊接接头塑性和韧性的下降。特别是当焊接奥氏体不锈钢时，为了提高焊接接头的耐蚀性，一定要采用小电流、快速焊的工艺参数，使热输入保持在最低值。

1-12 焊接热输入对焊接接头的组织与性能有何影响?

焊接热输入综合了焊接方法和电弧焊三个对输入能量影响最大的工艺参数。热输入增大时焊接热影响区宽度增加，高温停留时间增长，冷却速度减缓，焊缝金属的晶粒度也会有所增大，这对焊缝的塑形和韧度有不利影响，但却不易产生脆硬组织，对改善焊缝抗冷裂纹敏感性有利。因此，焊接热输入的控制，应从母材、焊接方法、接头细节（接头形式、板厚、散热条件等）、生产率等因素综合考虑，并非一定越小越好。

1-13 何谓焊接材料的熔化系数、熔敷系数、熔敷效率及损失系数?

熔化系数常用α_m表示，是指单位时间内，由单位电流所熔化的焊芯长度或质量。单位：g/(A·h)或cm/(A·h)，$\alpha_m=v_m/I$。

熔敷系数是指单位电流、单位时间内，焊芯熔敷在焊件上的质量，它标志着焊接过程生产率。单位：g/(A·h)。

熔敷效率是指熔敷金属与熔化的填充金属量的百分比。

损失系数是指焊芯在熔敷过程中的损失量与焊芯原有质量的百分比。

1-14 焊条电弧焊焊接区内气体的主要成分有哪些? 其来源如何?

焊接过程中，焊接区内充满大量气体。用酸性焊条焊接时，主要气体成分是CO、H_2、H_2O；用碱性焊条焊接时，主要气体成分是CO、CO_2。

焊接区内的气体主要来源于以下几方面：一是为了保护焊接区域不受空气的侵入，人为地在焊接区域添加一层保护气体，如药皮中的造气剂（淀粉、木粉、大理石等）受热分解产生的气体等；二是用潮湿的焊条焊接时，析出的气体、保护不严而侵入的空气、焊丝和母材表面上的杂质（油污、铁锈、油漆等）受热产生的气体，以及金属和熔渣高温蒸发所产生的气体等。

1-15 试述焊条电弧焊过程氧的主要来源及对焊缝金属的危害？如何防止？

焊条电弧焊过程中氧主要来源于空气、药皮中的氧化物、水分及焊件表面的氧化物。

其主要危害有：①引起力学性能显著下降，包括强度、塑形和韧性，尤其是低温冲击性能；②还能引起金属的热脆、冷脆和时效硬化；③是焊缝中形成气孔（CO 气孔）的主要原因之一；④使有益合金元素烧损，恶化焊缝性能。

防止措施主要有：①限制氧的来源。清理坡口周边的油污、铁锈、水分以及氧化皮等，以防止这些物质在电弧高温下分解出氧；控制焊接材料的氧化性成分；妥善保护焊接区，防止空气侵入等。

② 冶金脱氧。通过焊接材料加入的脱氧元素 Si、Mn、Ti、Al 等进行脱氧。

③ 在焊接工艺上采取减缓熔池冷却速度，操作上采取短弧焊等。

1-16 试述焊条电弧焊过程中氢的主要来源及对焊缝金属的危害？ 如何防止？

氢主要来源于焊条药皮的水分、有机物，焊件和焊丝表面上的污物（铁锈、油污）和空气中的水分等。

氢的主要危害有：①氢导致金属产生氢脆和白点；②氢导致产生冷裂纹，尤其是延迟裂纹的主要原因；③氢使焊缝产生氢气孔。

防止措施主要有：

① 严格控制氢的来源。做好坡口及其周边的清理，严格烘干焊条。

② 冶金脱氢。通过焊接材料中加入的 CaF_2、$CaCO_3$ 等物质产生不溶于熔池的 HF 或碱基 OH，可减少电弧空间的自由态氢，从而降低熔池中氢的含量。

③ 采用低氢或超低氢的焊条。

④ 工艺上可采用直流反接、预热及调整焊接工艺参数以延缓焊缝冷却速度，焊后立即进行消氢处理或后热处理等措施，均有利

于减少焊缝的扩散氢含量。

1-17 试述焊条电弧焊过程中氮的主要来源及对焊缝金属的影响？ 如何防止？

氮主要来自焊接区域周围的空气。氮是提高焊缝金属强度、降低塑性和韧性的元素，也是焊缝中产生氮气孔的主要原因之一。

防止措施主要有：①加强保护以杜绝氮源；②采取短弧焊、直流反接，适当加大焊接电流等工艺措施，有助于减少焊缝含氮量；③冶金脱氮，焊条药皮中适当加入与氮具有较大亲和力的 Ti、Al、Zr、Re 等合金元素也有助于减少焊缝的含氮量。

1-18 硫对焊缝金属有哪些危害？如何防止？

硫是钢焊缝中最有害的杂质。硫在焊缝中以 FeS 形式存在，FeS 在液态铁中能无限溶解，但在固态铁中的溶解度仅为 0.015%～0.02%，故熔池凝固时 FeS 会大量析出，呈膜状分布于晶界，削弱了晶粒之间的联系，故低熔点 FeS（熔点 985℃）的存在是焊缝产生结晶裂纹（热裂纹的主要形式）的重要原因。一般把硫导致焊缝热裂的现象，称为“热脆”。

“热脆”现象可用以下手段予以防止：

① 限制母材及焊接材料中的硫含量。除了一般不用于焊接的易切削钢中 $w(S)$ 可高达 0.1%～0.33% [如 Y12 钢中 $w(S)$ 为 0.10%～0.20%、Y15 钢中 $w(S)$ 为 0.23%～0.33%、Y40Mo 钢中 $w(S)$ 为 0.25%～0.30%] 外，其余钢都控制 $w(S) \leqslant 0.07\%$，优质钢 $w(S) \leqslant 0.035\%$，高级优质钢 $w(S) \leqslant 0.030\%$，特级优质钢 $w(S) \leqslant 0.020\%$，焊丝和焊芯用钢的硫也均在优质钢范围以上。

② 冶金脱硫。可在焊接材料中加入 Mn 或碱性氧化物 MnO、CaO 等来脱硫，前者生成不溶于铁的 MnS，后者同样生成不溶于铁的 MnS 和 CaS 均进入熔渣。此外，Al、Si、Mg、Ti、CaF_2 也有一定的脱硫能力。尤其是 CaF_2，不仅能与硫结合形成挥发性化合物使之逸出外，还可与熔渣中的 SiO_2 反应生成 CaO，更有利于脱硫反应的进行。

熔渣碱度对脱硫效果影响很大。一般来讲，熔渣碱度愈大，则脱硫效果愈好。

1-19 磷对焊缝金属有哪些危害？如何防止？

磷也是焊缝中有害元素之一。磷会增加钢的冷脆性，大幅度地降低焊缝金属的冲击韧度，并使脆性转变温度升高。焊接奥氏体类钢或焊缝中含碳量较高时，磷也会促使焊缝金属产生热裂纹。

磷在液态金属中以 Fe_2P、Fe_3P 形式存在。脱磷反应可分为两步进行：第一步是将磷氧化成 P_2O_5；第二步使之与渣中的碱性氧化物 CaO 生成稳定的复合物进入熔渣。其反应式为

$$2(Fe_2P)+5(FeO)=P_2O_5+11(Fe)$$

$$P_2O_5+3(CaO)=(CaO)_3\cdot P_2O_5$$

$$P_2O_5+4(CaO)=(CaO)_4\cdot P_2O_5$$

由于碱性熔渣中含有较多的 CaO，所以脱磷效果比酸性熔渣要好。但是实际上，不论是碱性熔渣还是酸性熔渣，其最终的脱磷效果仍不理想。这是因为脱磷过程首先是使磷氧化形成 P_2O_5，再使 P_2O_5 与熔渣的碱性氧化物结合形成复合磷酸盐排入熔渣中。因此只有熔渣中同时存在较多 FeO 与 CaO 时才能有利于生成复合盐 $(CaO)_4\cdot P_2O_5$ 的反应进行，但实际上酸性渣中 CaO 含量很少，而碱性渣中又不可能有大量 FeO。所以目前控制焊缝中的硫、磷含量，只能采取限制原材料（母材、焊条、焊丝）中硫、磷含量的方法。

1-20 何谓焊接熔渣？其作用是什么？

所谓焊接熔渣是指在焊接过程中，焊条药皮熔化后经过一系列物理化学变化形成的覆盖于焊缝金属表面的非金属物质。

熔渣作用主要有：

① 机械保护作用　熔渣的密度一般轻于液态金属，高温下浮在液态金属的表面，使之与空气隔离，可避免液态金属中合金元素氧化而烧损，防止气相中的氢、氮、氧、硫等直接溶入，并减少液态金属的热损失。熔渣凝固后形成的渣壳覆盖在

焊缝上，可以继续保护处在高温下的焊缝金属免受空气的有害作用。

② 冶金处理作用　熔渣与液态金属之间能够发生一系列物理化学反应，从而对金属与合金成分给予较大影响。适当的熔渣成分，可以去除金属中的有害杂质，如脱氧、脱硫、脱磷和去氢。熔渣还可以起到吸附或溶解液态金属中非金属夹杂物的作用。焊接过程中，可通过熔渣向焊缝中过渡合金。

③ 改善成形工艺性能作用　适当的熔渣，对于熔焊电弧的引燃、稳定燃烧、减少飞溅，改善脱渣性能及焊缝外观成形等焊接工艺性能的影响至关重要。

熔渣也有不利的作用，如强氧化性熔渣可以使液态金属增氧；密度或熔点与金属接近的熔渣易残留在金属中形成夹渣。

1-21 焊条电弧焊熔渣如何分类?

根据焊接熔渣的成分，可以把焊接熔渣分为以下三大类：

① 盐型熔渣　主要由金属的氟盐、氯盐组成，如 $CaF_2 \cdot NaF$、$CaF_2 \cdot BaCl_2 \cdot NaF$ 等。这类熔渣的氧化性很小，主要用于焊接铝、钛和其他活性金属及合金。

② 盐-氧化物型熔渣　主要由氟化物和强金属氧化物所组成，如 $CaF_2 \cdot CaO\text{-}Al_2O_3$、$CaF_2 \cdot CaO\text{-}Al_2O_3 \cdot SiO_2$ 等，这类熔渣的氧化性也不大，主要用于焊接高合金钢及合金。

③ 氧化物型熔渣　主要由各种金属氧化物所组成，如 $MnO\text{-}SiO_2$、$FeO\text{-}MnO\text{-}SiO_2$、$CaO\text{-}TiO_2\text{-}SiO_2$ 等。这类熔渣的氧化性较强，主要用于焊接低碳钢和低合金结构钢。

1-22 何谓熔渣的碱度？如何判断焊条电弧焊熔渣的酸碱性?

熔渣的酸碱性通常用熔渣的碱度来判断。焊接熔渣中碱性氧化物质量分数的总和与酸性氧化物质量分数总和的比值，叫焊接熔渣的碱度，其表示式为：

$$\text{碱度} = \Sigma \text{碱性氧化物质量分数}(\%) \div \Sigma \text{酸性氧化物质量分数}(\%)$$

通常规定，碱度>1 的熔渣叫碱性熔渣；碱度<1 的熔渣叫酸性熔渣。碱度=1 时为中性熔渣。实践上只有当碱度>1.3 时才是名副其实的碱性渣。

1-23 焊条电弧焊接过程对熔渣熔点有何要求?

焊接熔渣的熔点应稍低于被焊金属的熔点。焊接钢时，熔渣的熔点为1100～1200℃较为适宜。此时，在焊条端部会形成一小段药皮套管，套管能起稳定电弧燃烧的作用，并可减少金属飞溅，有利于熔滴向熔池过渡。

焊接熔渣熔点不能太高，否则形成的套管太长，会拉断电弧，并且熔渣不易浮出熔池，引起焊缝夹渣；熔点太低则熔渣熔化过早，熔渣的流动性过大，以至流散到焊缝两侧，失去对于液态熔渣的保护作用。施焊过程中，如能保持焊条端部的套管深度为1～2mm，则使熔渣的熔点合适。

1-24 何谓熔渣的脱渣性?熔渣的脱渣性对焊接过程有何影响?

所谓脱渣性是指焊后覆盖在焊缝上的焊接熔渣从焊缝表面分离去除的难易程度。

脱渣困难使得清渣费时、费工，不仅严重降低生产率，一定程度上还污染作业区环境，影响焊工健康。尤其在厚板窄间隙、深坡口、多层焊时，清渣的难度更加突出，一旦清渣不干净，很有可能造成焊接夹渣缺陷，给接头性能带来不利影响。

1-25 何谓焊缝金属的合金化?其目的何在?

焊缝金属的合金化就是把所需的合金元素通过焊接材料过渡到焊缝金属中去。

合金化的目的：①补偿焊接过程中由于氧化、蒸发等原因造成的合金元素的损失；②改善焊缝金属的组织和性能；③获得具有特殊性能的堆焊金属。

1-26 焊条电弧焊焊缝金属合金化的方式有哪些?

焊条电弧焊焊缝金属合金化的方式有两种：通过焊芯（利用合金钢作焊芯）过渡合金元素和通过焊条药皮（将合金元素加在药皮里）过渡合金元素，或者这两种方式同时兼有。

1-27 何谓合金元素的过渡系数？其意义是什么？

合金元素的过渡系数（η）是指焊接材料中的合金元素过渡到待焊金属中的数量与其原始含量的百分比。即

$$\eta = C_w / C_e \times 100\% \tag{1-3}$$

式中，C_w 为不考虑残留和氧化等损失的情况下，对熔敷金属进行理论计算的某元素百分含量；C_e 为熔敷金属中对某合金元素实际检测的百分含量。

合金过渡系数的大小，反映了焊缝金属合金化过程中某元素的利用率。合金元素在焊接过程中总有一部分因氧化、蒸发等原因损耗掉，不可能全部过渡到焊缝中去，因此，η 肯定小于 100%。焊条电弧焊时焊条中主要合金元素的过渡系数见表 1-1。可见，碱性焊条的过渡远比酸性焊条高。

表 1-1　焊条电弧焊时合金元素的过渡系数 η（质量分数）　%

药皮类型	焊条型号	C	Mn	Si	Cr	Mo
钛钙型	E4303	—	4～8	50～60	50～60	70～80
低氢钠型	E5015	44～45	40～55	55～65	55～65	80～90

1-28 何谓熔合比？熔合比对焊接生产有何作用？

熔合比（θ）是指熔化焊时，被熔化的母材部分在焊道金属中所占的比例。

$$\theta = S_B / (S_A + S_B) \tag{1-4}$$

式中，S_A 为焊道金属中焊材金属熔化的横截面积；S_B 为焊道金属中母材金属熔化的横截面积；$S_A + S_B$ 为整个焊道金属横截面积。

熔合比的大小会影响焊道金属的化学成分和力学性能。焊接接头开坡口与I形坡口相比较，会显著地降低熔合比，因此，生产中可以用开坡口和合理选择坡口形式来调节熔合比的大小。

1-29 何谓稀释和稀释率？影响稀释率的因素有哪些？

稀释是指异种金属熔化焊或堆焊时，由于母材或预先堆焊金属

的熔入而引起熔敷金属有益成分相对减少。

稀释率是指异种金属熔化焊或堆焊时，熔敷金属被稀释的程度，用母材或预先堆焊层金属在焊道金属中所占的百分比（即熔合比）来表示。

影响稀释率的因素有：

① 焊接参数的影响　焊接参数中特别是焊接电流和焊接速度的影响比较明显，焊接电流越大，稀释率越大；焊接速度越小，稀释率越大。

② 预热的影响　预热能提高母材焊接时的起始温度，这时母材易熔且熔深增加，则稀释率增大。

③ 焊接方法的影响　各种焊接方法的稀释率差别很大，如埋弧焊的稀释率较大，而焊条电弧焊的稀释率比埋弧焊小。

④ 焊接接头形式的影响　在对接焊缝中，随着坡口角度的增大，稀释率则减小。窄坡口的对接焊缝中，稀释率的变化更小，甚至上面几层焊缝，其成分与下面熔敷金属的成分没有明显的区别。

1-30 何谓焊接性？如何分类？

焊接性是指材料在限定的施工条件下焊接成按规定设计要求的构件，并满足预定服役要求的能力。即材料对焊接加工的适应性及焊接接头的使用可靠性。焊接性受材料、焊接方法、构件类型及使用要求四个因素的影响。

通常将焊接性分为工艺焊接性和使用焊接性两类。

① 工艺焊接性是指在一定焊接工艺条件下，材料能否获得优质、无缺陷焊接接头的能力。就熔化焊而言，工艺焊接性又分为热焊接性和冶金焊接性。

所谓热焊接性是指焊接热过程对热影响区组织性能及产生缺陷的影响程度，用以评定材料对焊接热过程的敏感性，即晶粒长大倾向和组织性能变化。热焊接性与材料性质及焊接工艺条件有关。

冶金焊接性是指冶金反应对焊缝性能和产生缺陷的影响程度，包括合金元素的氧化、还原、蒸发，焊接区气体的溶解与析出，以及对气孔、夹杂、裂纹等缺陷的敏感性。冶金焊接性直接影响焊缝的化学成分和组织。

② 使用焊接性是指焊接接头或焊接结构满足其使用要求的程度，包括力学性能，低温和高温性能，耐磨、耐蚀、导电、导热性能等，由于使用要求不同，应按具体情况确定。

1-31 什么是碳当量？如何计算？

碳当量反映了钢中化学成分对热影响区硬化程度的影响，它是将钢铁中各种合金元素（包括碳）的含量，按其作用折合成碳的相当含量，作为粗略地评价钢材焊接性的一种参考指标。

常用的碳当量公式如下

$$C_{eq}=w_C+\frac{w_{Mn}}{6}+\frac{w_{Cu}+w_{Ni}}{15}+\frac{w_{Cr}+w_{Mo}+w_V}{5} \quad (1\text{-}5)$$

公式主要适用于中等强度的非调质低合金钢（$\sigma_b=400\sim700MPa$）。其中，w 为各元素在钢铁中的质量百分数，单位为%。

例如：12CrMoV 中 C：0.08%～0.15%，Mn：0.40%～0.70%，Cr：0.9%～1.2%，Mo：0.25%～0.35%，V：0.15%～0.30%。计算时，各元素的含量取其最大值，则碳当量为

$$C_{eq}=0.15\%+0.7\%/6+(1.2\%+0.35\%+0.3\%)/5\approx0.64\%$$

根据经验：

$C_{eq}<0.4\%$时，钢材的脆硬倾向较小，焊接性较好，焊接时一般不需要预热，特殊情况可采用较低的预热温度。

$C_{eq}=0.4\%\sim0.6\%$，钢材的脆硬倾向逐渐增大，需要适当预热。

$C_{eq}>0.6\%$，钢材的脆硬倾向大，较难焊接，需要采取较高的预热温度和严格控制焊接工艺。

由此可知，12CrMoV 的碳当量超过 0.6%，其焊接难度大，应严格控制焊接工艺和采取较高的预热温度。

1-32 利用碳当量值评价钢材焊接性有何局限性？

碳当量值只能在一定范围内，对钢材概括地、相对地评价其焊接性，这是因为：

① 如果两种钢材的碳当量值相等，但是含碳量不等，含碳量较高的钢材在施焊过程中容易产生淬硬组织，其裂纹倾向显然比含

碳量较低的钢材来得大，焊接性较差。因此，当钢材的碳当量值相等时，不能看成焊接性就完全相同。

② 碳当量计算值只表达了化学成分对焊接性的影响，没有考虑到冷却速度的影响。冷却速度不同，可以得到不同的组织，冷却速度快时，容易产生淬硬组织，焊接性就会变差。

③ 影响焊缝金属组织从而影响焊接性的因素，除了化学成分和冷却速度外，还有焊接循环中的最高加热温度和在高温停留时间等参数，在碳当量值计算公式中均没有表示出来。

因此，碳当量值的计算公式只能在一定的钢种范围内，概括地、相对地评价钢材的焊接性，不能作为准确的评定指标。

1-33 何谓拘束度？拘束度的影响因素有哪些？

拘束度是用来衡量焊接接头刚性大小的一个定量指标。拘束度有拉伸和弯曲两类：拉伸拘束度是焊接接头根部间隙产生单位长度弹性位移时，焊缝在每单位长度上受力的大小，弯曲拘束度是焊接接头产生单位弹性弯曲角变形时，焊缝每单位长度上所受弯矩的大小。常用单位是 N/mm^2。

拘束度一般和焊接母材的化学成分、厚度、焊接类型、接头的构造有关。

1.3 焊条电弧焊焊接接头

1-34 焊条电弧焊焊接接头由哪几部分组成？

焊条电弧焊焊接接头包括焊缝、熔合区和热影响区。如图 1-2 所示。

① 焊缝　焊缝起着连接金属和传力的作用，它的性能决定于成分和组织。按焊缝结合形式可分为对接焊缝、角焊缝、塞焊缝、槽焊缝和端接焊缝。

② 熔合区　熔合区是接头中焊缝与焊接热影响区过渡的区域。该区很窄，低碳钢和低合金钢的熔合区约 0.1～0.5mm，但却是接头中最薄弱地带，许多焊接接头破坏常因该处的某些缺陷引起。

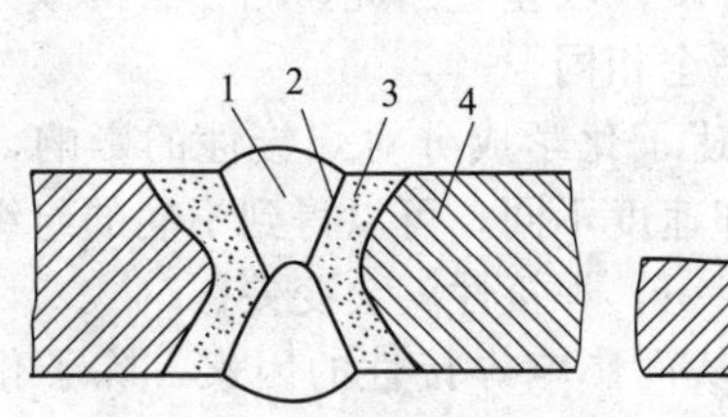

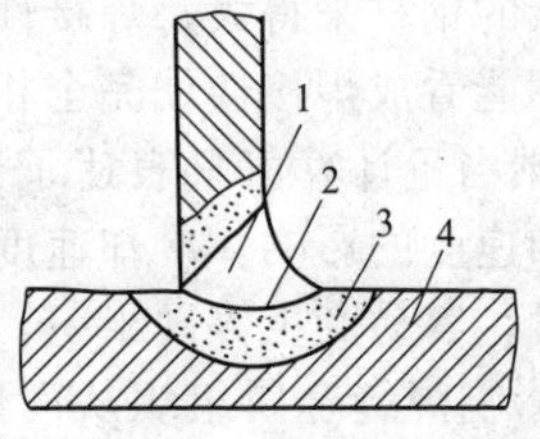

图 1-2　手工电弧焊过程示意图

1—焊缝；2—熔合区；3—热影响区；4—母材

③ 热影响区　热影响区的宽度与焊接方法和焊接热输入大小有关。它的组织与性能变化与材料的成分、焊前的热处理状态及焊接热循环等因素有关。热影响区有可能产生脆化、硬化和软化等不利于接头力学性能。

1-35 焊条电弧焊焊接接头有哪些特点?

焊条电弧焊焊接接头具有以下特点：

① 几何不连续　当接头位于结构几何形状和尺寸发生变化的部位，该接头就是一个几何不连续体，工作时传递着复杂的应力。即使是对接接头，只要有余高存在，在焊趾处也会出现不同程度的应力集中。制造过程中发生的错边、焊接缺陷、角变形等，都将加剧应力集中，使接头工作应力分布更加复杂。

② 性能不均匀　焊缝金属与母材在化学成分上常存在差异，经受不同的焊接热循环后，必然造成焊接接头各区域的金属组织存在着不同程度的差异，导致了焊接接头在力学性能、物理化学性能及其他的不均匀性。

③ 存在残余应力和变形　焊接过程热源集中作用于焊接的部位，不均匀的温度场下产生了较高的焊接残余应力和变形，使接头的区域过早地达到屈服点和强度极限，同时也会影响结构的刚度，尺寸稳定性及结构的其他使用性能。

1-36 焊条电弧焊常见的焊接接头形式有哪几种?

焊条电弧焊常见的接头基本形式有对接、搭接、角接和 T 形接头，如图1-3所示。此外，还有一些其他类型的接头形式，如十字接头、端部接头、卷边接头、套管接头、斜对接接头和锁底接头等。

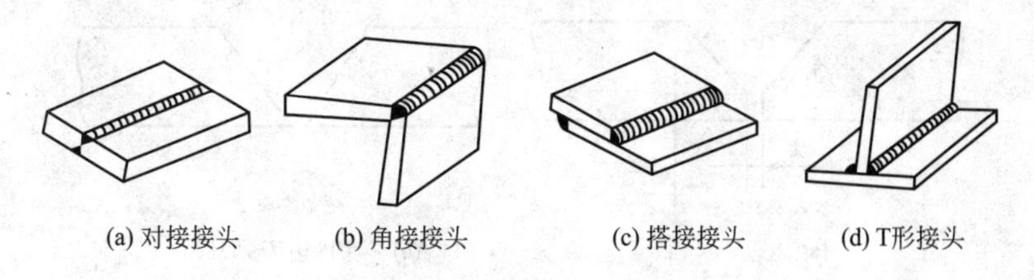

图1-3　焊接接头的基本形式

1-37 何谓对接接头？有何特点？

两焊件端面相对平行的接头称为对接接头。它是焊接结构中采用最多的一种接头形式，也是一种比较理想的接头形式。与搭接接头相比，具有受力简单均匀、节省金属等优点，但对接接头对下料尺寸和组装要求比较严格。根据焊件的厚度和坡口准备等条件，对接接头可分为不开坡口和开坡口的对接接头两种。

① 不开坡口的对接接头　当钢板厚度在6mm以下时，一般可不开坡口，只留有1～2mm的焊缝间隙，如图1-4所示。但对于较重要的结构，当钢板厚度大于3mm时就要求开坡口。

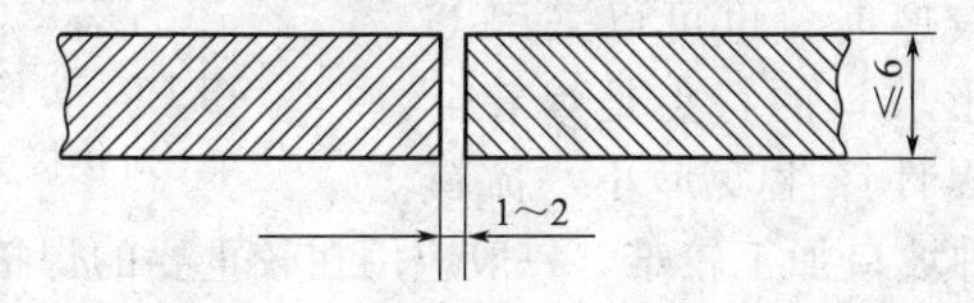

图1-4　不开坡口的对接接头

② 开坡口的对接接头　开坡口不仅保证了电弧能伸到接头根部，使接头根部焊透以及便于清渣，获得良好的焊缝成形。而且坡口能起到调节焊缝金属中母材和填充金属比例。坡口根部间隙具有保证接头根部焊透的作用，而坡口钝边具有防止烧穿的作用，但钝边的尺寸应保证第一层能焊透。

当钢板厚度为7～40mm时，一般采用V形坡口。V形坡口具有容易加工，但焊后角变形大的特点。V形坡口的形式有：不带钝边的 V 形坡口、带钝边的 V 形坡口、单边 V 形坡口、钝边单边 V 形坡口四种。如图 1-5 所示。

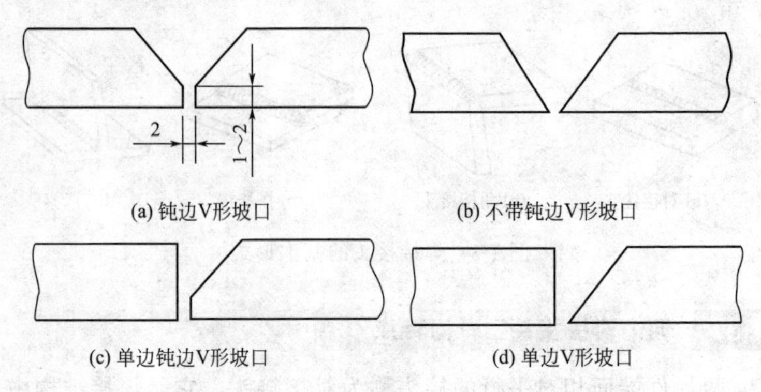

图 1-5　开 V 形坡口的对接接头

当钢板厚度为 12～16mm 时，可采用 X 形坡口，如图 1-6 所示。

X 形坡口与 V 形坡口相比，在钢板厚度相同时，能减少约 1/2 焊着金属量，焊后变形小和产生内应力也较小。这种坡口多用于大厚度及要求控制焊接变形量的结构中。

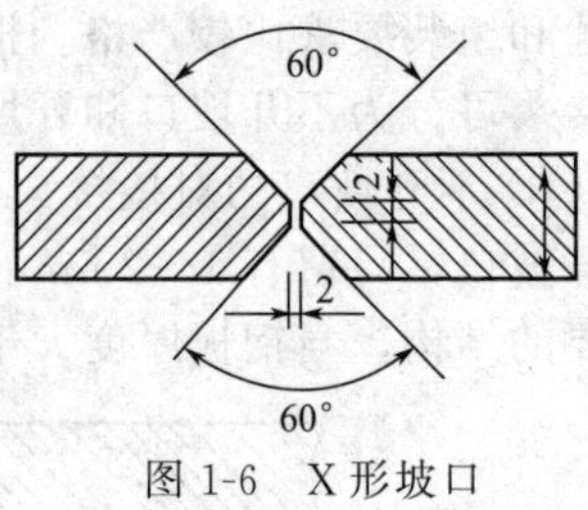

图 1-6　X 形坡口对接接头

当钢板较厚时，也可以采用 U 形坡口。U 形坡口的特点是焊着金属量最小，焊件产生变形小，稀释率低。但这种坡口加工较难，一般应用在较重要的焊接接头中。

U 形坡口形式有：单边 U 形坡口、单面 U 形坡口和双面 U 形坡口 3 种，如图 1-7 所示。当钢板厚度为 20～60mm 时，可采用单面 U 形坡口［图 1-7(a)］。当钢板厚度为 40～60mm，可采用双面 U 形坡口［图 1-7(c)］。

1-38　何谓角接头？有何特点？

两焊件端面构成大于 30°，小于 135°夹角的接头，称为角接头。角接接头的承载能力差，一般用于不重要的焊接结构中。角接接头形式如图 1-8 所示。

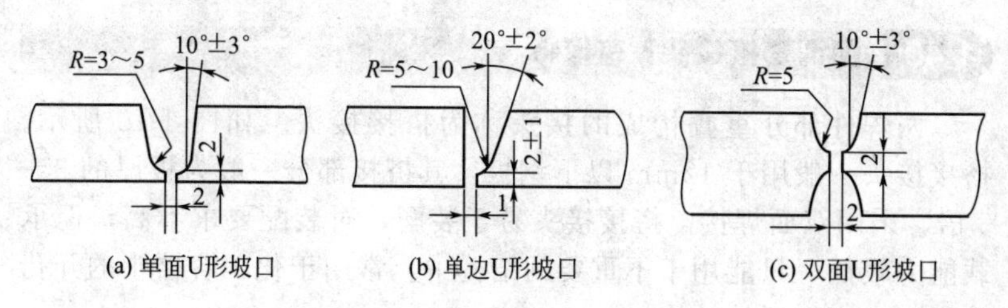

图 1-7 U 形坡口对接接头

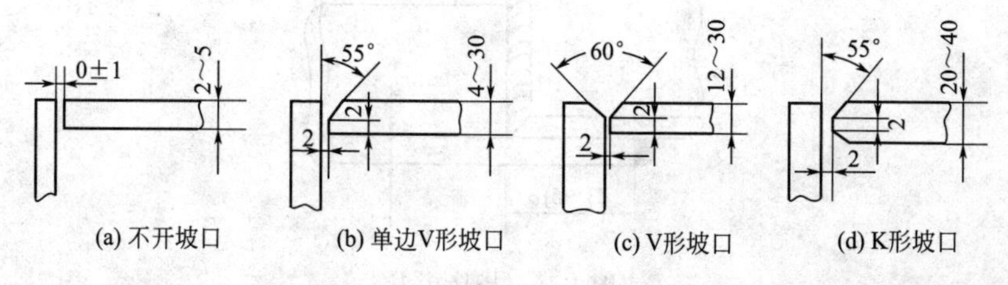

图 1-8 角接接头形式

1-39 何谓 T 形接头？有何特点？

两焊件端面与平面构成直角或近似直角的接头，称为 T 形接头。T 形接头形式如图 1-9 所示。

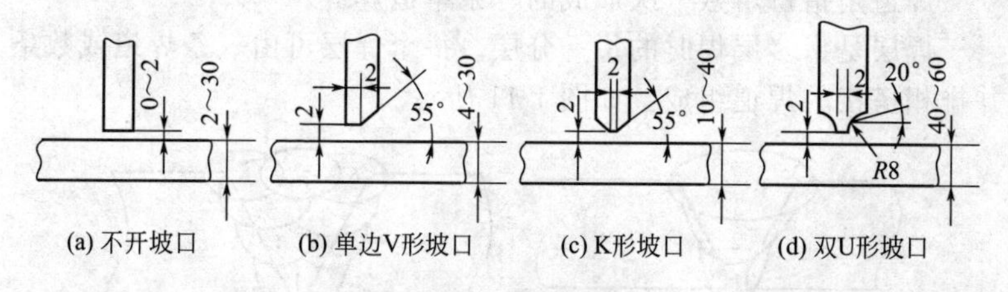

图 1-9 T 形接头形式

T 形接头在钢结构件中应用广泛，通常作为一种联系焊缝，其承载能力较差，但能承受各种方向的力和力矩。按照焊件厚度可分为不开坡口、单边 V 形、K 形以及双 U 形四种形式。

T 形接头作为联系焊缝时，钢板厚度在 2～30mm 可不开坡口。若 T 形接头的焊缝有承载要求时，则应按照钢板厚度及结构强度要求，选用 V 形、K 形、双 U 形坡口，以保证接头强度。

1-40 何谓搭接接头？有何特点？

两焊件部分重叠构成的接头称为搭接接头。如图 1-10 所示。搭接接头一般用于 12mm 以下钢板，其搭接部分一般为板厚的 3～5 倍，采用双面焊接。搭接接头易于装配，对装配要求不高，但承载能力较低，只能用于不重要的结构中。常用于化工容器中的开孔补强、支座衬板等结构。

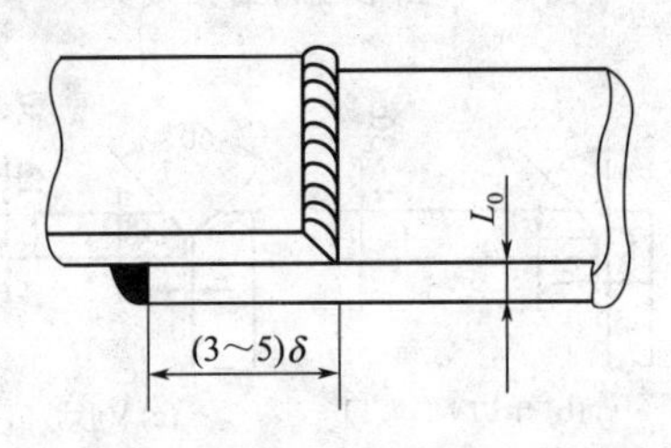

图 1-10 搭接接头

1-41 何谓焊波、焊缝、焊道和焊层？

焊波是指焊缝表面上的鱼鳞状波纹。

焊缝是指焊件经焊接后形成的结合部分。

焊道是指每熔敷一次形成的一条单道焊缝。

焊层是指多层焊时的每一分层。每个焊层可由一条焊道或数条并排相搭接的焊道组成。如图 1-11 所示。

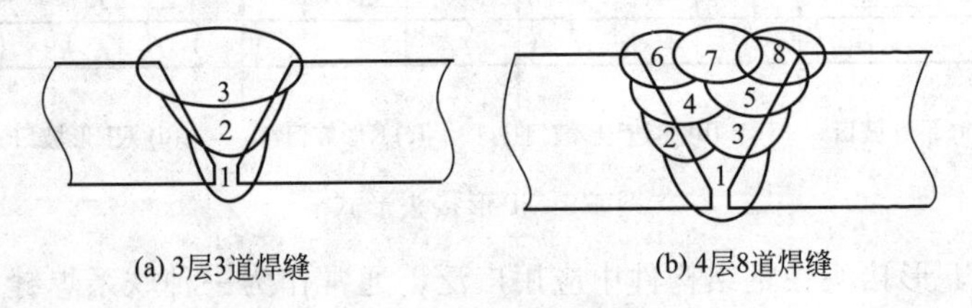

图 1-11 焊道和焊层构成示意图

1-42 焊缝如何分类？各类焊缝如何定义？

通常把焊缝分为对接焊缝、角焊缝、端接焊缝、塞焊缝和槽焊缝五类。

对接焊缝：指焊件的坡口面间或一零件与另一零件表面间焊接的焊缝。可由对接接头形成，也可由T形接头（十字接头）形成。如图1-12所示。

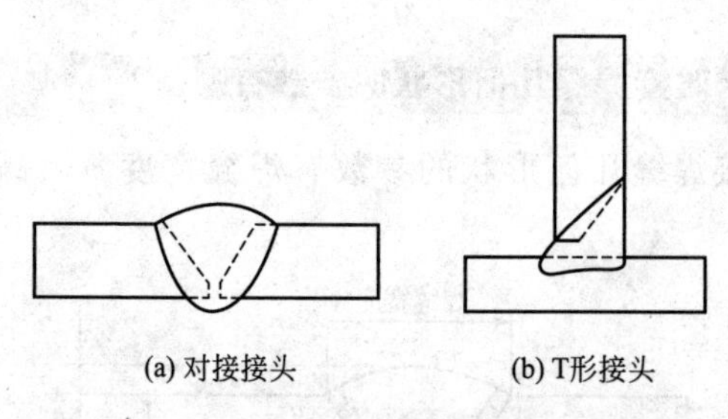

图1-12　对接焊缝形式

角焊缝：指沿两直交或接近直交零件的交线所焊接的焊缝。可以由T形接头、十字接头、角接接头、搭接接头等形成，如图1-13所示。

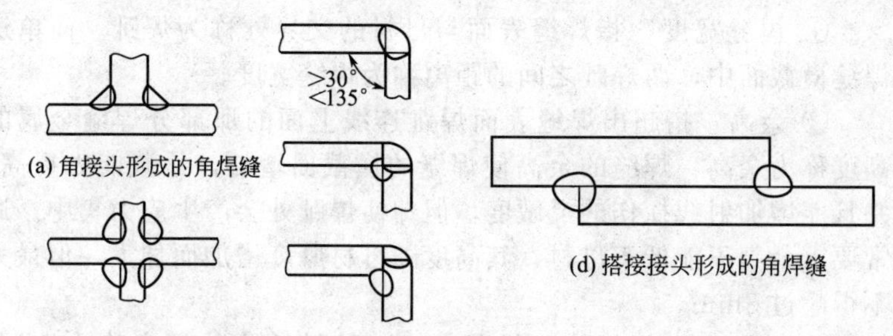

图1-13　角焊缝形式

端接焊缝：构成端接接头所形成的焊缝称为端接焊缝，如图1-14所示。

塞焊缝是指两焊件相叠，其中一件开圆孔，在圆孔中焊接两板所形成的焊缝（只在孔内焊角焊缝除外），如图1-15所示。

槽焊缝是指两焊件相叠，其中一件开长孔，在长孔中焊接两板所形成焊缝（只在槽内焊角焊缝除外），如图1-16所示。

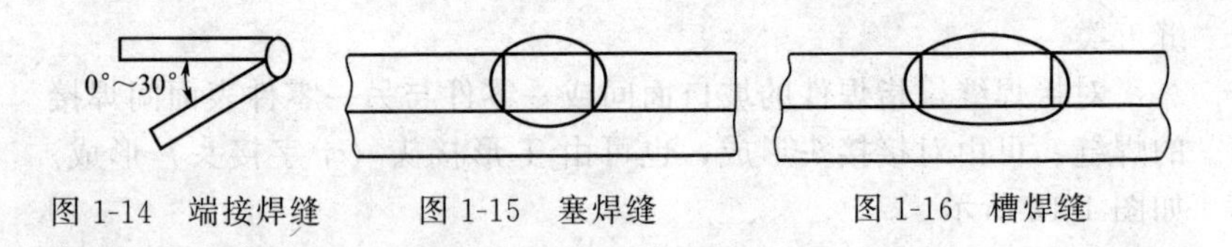

图 1-14　端接焊缝　　图 1-15　塞焊缝　　图 1-16　槽焊缝

1-43 表示对接焊缝几何形状的参数有哪些？

表示对接焊缝几何形状的参数有焊缝宽度、余高、熔深，见图 1-17。

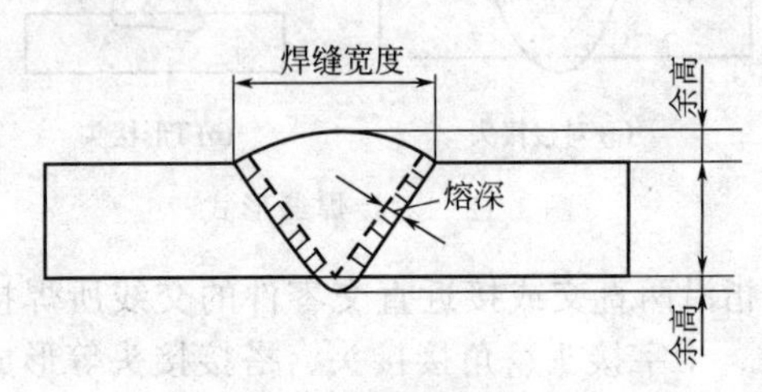

图 1-17　对接接头焊缝几何形状参数示意图

① 焊缝宽度　指焊缝表面与母材的交界处称为焊趾。而单道焊缝横截面中，两焊趾之间的距离称为焊缝宽度。

② 余高　指超出焊缝表面焊趾连线上面的那部分焊缝金属的高度称为余高。焊缝的余高使焊缝的横截面增加，承载能力提高，并且能增加射线探伤的灵敏度，但却使焊趾处会产生应力集中。通常要求余高不能低于母材，其高度随母材厚度增加而加大，但最大不得超过 3mm。

③ 熔深　在焊接接头横截面上，母材熔化的深度称为熔深。一定的熔深值保证了焊缝和母材的结合强度。当填充金属材料（焊条或焊丝）一定时，熔深的大小决定了焊缝的化学成分。不同的焊接方法要求不同的熔深值，例如堆焊时，为了保持堆焊层的硬度，减少母材对焊缝的稀释作用，在保证熔透的前提下，应要求较小的熔深。

1-44 表示角焊缝几何形状的参数有哪些？

根据角焊缝的外表形状，可将角焊缝分成两类：焊缝表面凸起带有余高的角焊缝称为凸形角焊缝；焊缝表面下凹的角焊缝称为凹形角焊缝，见图 1-18。表示角焊缝几何形状的参数有焊脚、角焊缝凸度和角焊缝凹度。

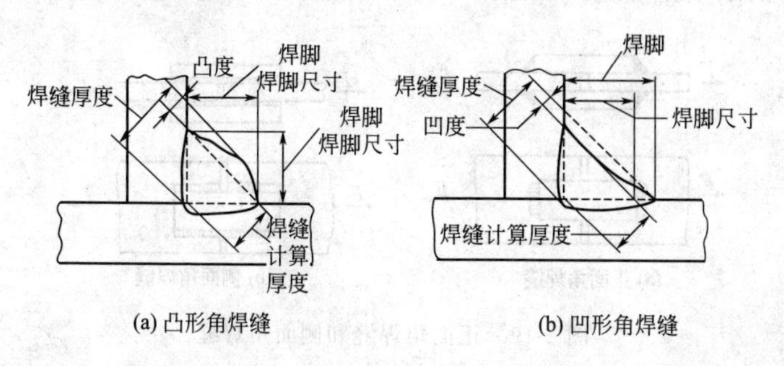

图 1-18　角接接头焊缝几何形状参数示意图

① 焊脚　角焊缝的横截面中，从一个焊件上的焊趾到另一个焊件表面的最小距离称为焊脚。焊脚值决定了两焊件的结合强度，它是最主要的一个参数。

② 凸度　凸形角焊缝截面中，焊趾连线与焊缝表面之间的最大距离。

③ 凹度　凹形角焊缝横截面中，焊趾连线与焊缝表面之间的最大距离。

1-45 何谓正面角焊缝和侧面角焊缝？

正面角焊缝是指焊缝轴线与焊件受力方向相垂直的角焊缝，如图 1-19(a) 所示。

侧面角焊缝是指焊缝轴线与焊件受力方向相平行的角焊缝，如图 1-19(b) 所示。

1-46 何谓断续角焊缝、连续角焊缝、并列断续角焊缝和交错断续角焊缝？

断续角焊缝是指沿焊缝长度方向不连续的角焊缝。

连续角焊缝是指沿焊缝长度方向连续的角焊缝。

并列断续角焊缝是指 T 形接头两侧相互对称布置，长度基本相等的断续角焊缝，如图 1-20(a) 所示。

交错断续角焊缝是指 T 形接头两侧相互交错布置，长度基本相等的断续角焊缝，如图 1-20(b) 所示。

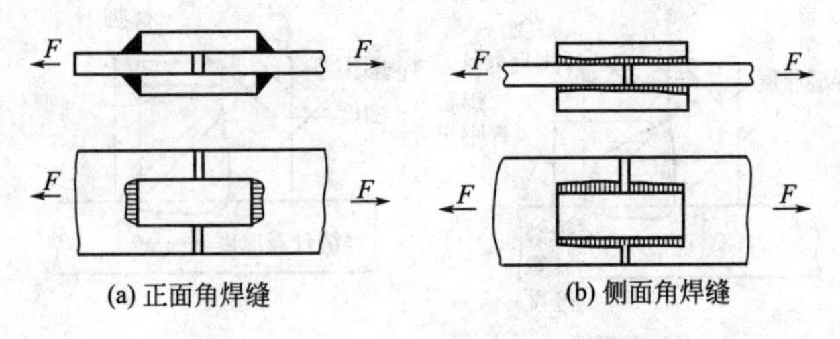

图 1-19 正面角焊缝和侧面角焊缝

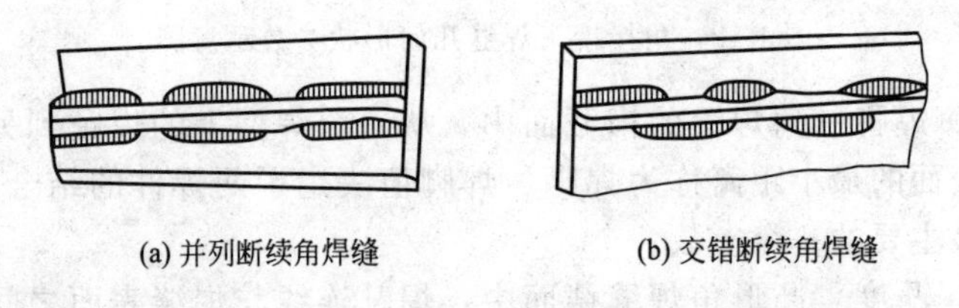

图 1-20 并列断续角焊缝和交错断续角焊缝

1-47 何谓定位焊和定位焊缝?

正式施焊前为装配和固定焊件接头的位置而进行的焊接，称为定位焊。由定位焊接所构成的短焊缝成为定位焊缝。

1-48 何谓连续焊缝、断续焊缝、纵向焊缝、横向焊缝、环焊缝和螺旋形焊缝?

连续焊缝是指沿接头全长连续焊接的焊缝。

断续焊缝是指沿接头全长焊接成一定间隔的焊缝。

纵向焊缝是指沿焊件长度方向分布的焊缝。

横向焊缝是指与焊件长度方向相垂直的焊缝。

环焊缝是指沿球形或筒形焊件环向分布的头尾相接的封闭焊缝。

螺旋形焊缝是指用成卷板材按螺旋形方式卷成管接头，焊接后形成的焊缝。

1-49 何谓承载焊缝、联系焊缝及密封焊缝?

承载焊缝是指焊件上用于承受载荷的焊缝。

联系焊缝是指不直接承受载荷，只起连接作用的焊缝。

密封焊缝是指主要用于防止液体渗漏的焊缝。

1-50 何谓焊接位置? 焊条电弧焊焊接位置有哪些?

焊条电弧焊时，焊缝所处的空间位置称为焊接位置。

焊接位置可分为平焊、立焊、横焊和仰焊等位置，如图 1-21 所示。焊缝空间位置，可用焊缝倾角和焊缝转角来表示。焊缝倾角是指焊缝轴线与水平面之间的夹角。焊缝转角是指通过焊缝轴线的垂直面与坡口二等分平面之间的夹角。

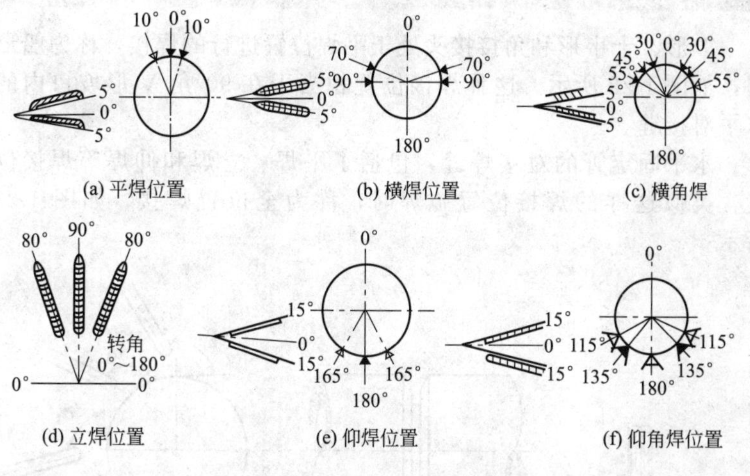

图 1-21 常见的焊接位置

① 平焊位置 焊缝倾角 0°～5°、焊缝转角 0°～10°的焊接位置称为平焊位置，如图 1-21(a) 所示。在平焊位置的焊接称为平焊和平角焊。

② 横焊位置 焊缝倾角为 0°～5°、焊缝转角为 70°～90°的焊接位置称为横焊位置，如图 1-21(b) 所示。在横焊位置进行的焊接

称为横焊。

焊缝倾角0°～5°、焊缝转角30°～55°的焊接位置称为角焊缝横焊位置。在角焊缝横焊位置进行的焊接称为横角焊，如图1-21(c)所示。

③ 立焊位置　焊缝倾角80°～90°，焊缝转角0°～180°的焊接位置称为立焊位置。如图1-21(d) 所示。在立焊位置进行的焊接称为立焊和立角焊。

④ 仰焊位置　当进行对接焊缝焊接时，焊缝倾角0°～15°，焊缝转角165°～180°的焊接位置，如图1-21(e) 所示。当进行角焊缝焊接时，焊缝倾角0°～15°，焊缝转角115°～180°的焊接位置，称为仰角焊位置，如图1-21 (f) 所示。在仰焊位置进行的焊接称为仰焊和仰角焊。

1-51 何谓船形焊和全位置焊接

T形、十字形和角接接头处于平焊位置进行的焊接，称为船形焊，如图1-22所示。这种焊接位置相当于在90°角V形坡口内的水平对接缝。

水平固定管的对接焊缝，包括了平焊、立焊和仰焊等焊接位置，类似这样的焊接位置施焊时，称为全位置焊接，如图1-23所示。

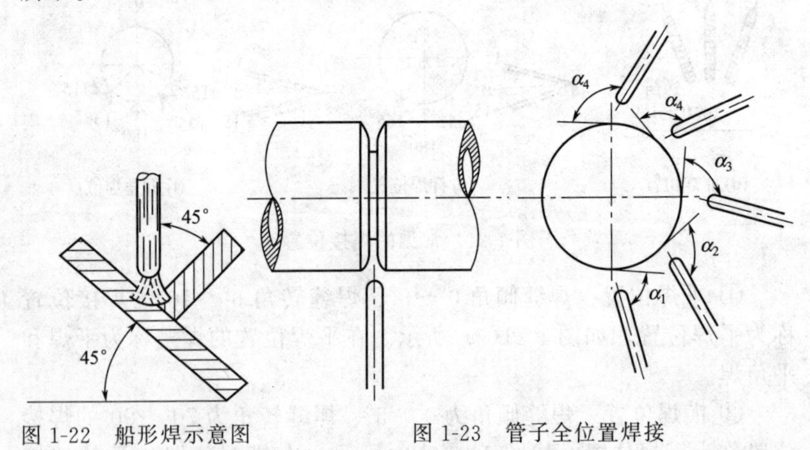

图1-22　船形焊示意图　　　图1-23　管子全位置焊接

1.4 焊条电弧焊常用的焊缝符号和坡口形式

1-52 焊条电弧焊常用的焊缝符号由哪几部分组成?

根据国标《焊缝符号表示法》(GB/T 324—2008)中的规定，在焊接图样中一般可不必画出焊缝，只在焊缝处标注焊缝符号。焊缝符号主要由基本符号、指引线、补充符号、焊缝尺寸符号及数据等组成。

1-53 焊缝的基本符号有哪些?

焊缝的基本符号是表示焊缝横截面形状的符号，常见的符号见表 1-2。

表 1-2 基本符号

序号	名称	示意图	符号
1	卷边焊缝 (卷边完全熔化)	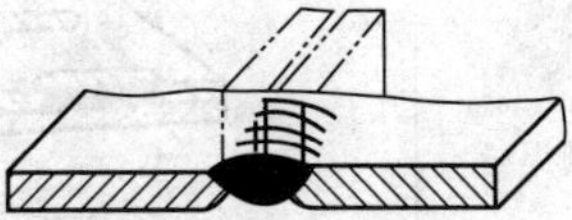	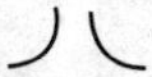
2	I 形焊缝	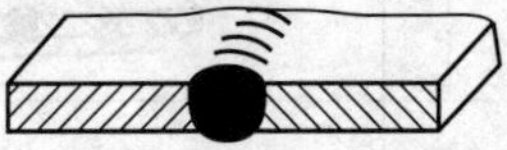	‖
3	V 形焊缝		 V
4	单边 V 形焊缝		
5	带钝边 V 形焊缝		 Y

续表

序号	名称	示意图	符号
6	带钝边单边 V 形焊缝		
7	带钝边 U 形焊缝		
8	带钝边 J 形焊缝	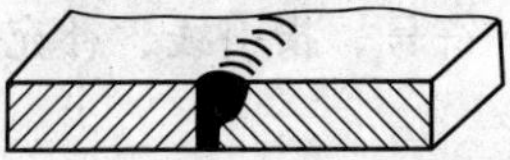	
9	封底焊缝		
10	角焊缝	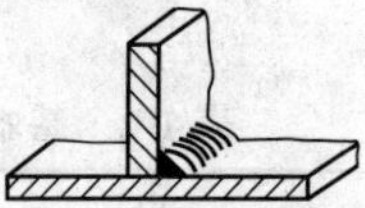	
11	塞焊缝或槽焊缝	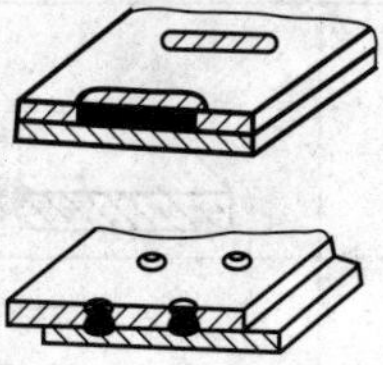	
12	点焊缝	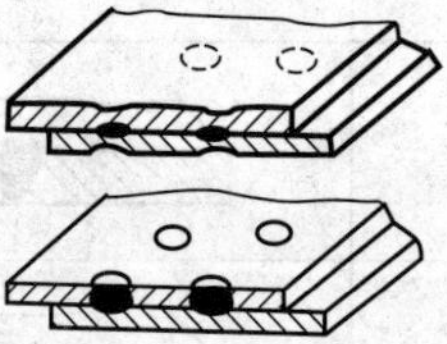	
13	缝焊缝	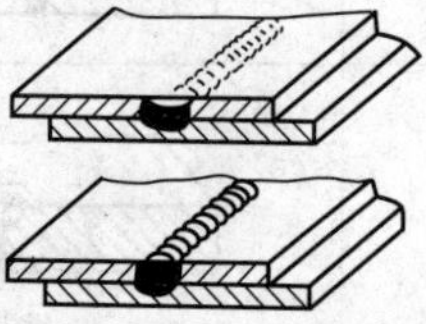	

续表

序号	名称	示意图	符号
14	陡边 V 形焊缝		
15	陡边单 V 形焊缝		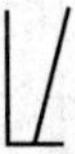
16	端焊缝		
17	堆焊缝	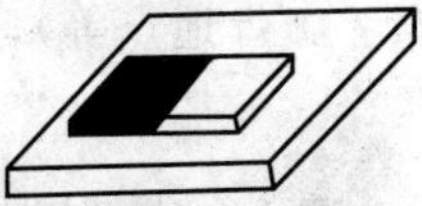	

1-54 基本符号的组合使用有哪些?

标注双面焊缝或接头时，基本符号可以组合使用，见表 1-3。

表 1-3　焊缝基本符号的组合

序号	名称	示意图	符号
1	双面 V 形焊缝（X 焊缝）	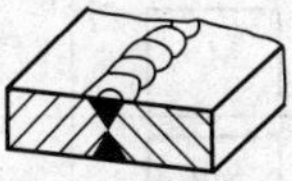	
2	双面单 V 形焊缝（K 焊缝）	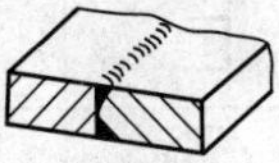	
3	带钝边的双面 V 形焊缝	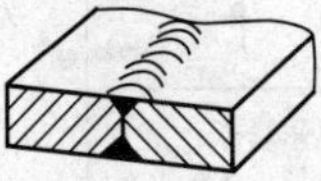	

续表

序号	名称	示意图	符号
4	带钝边的双面单边V形焊缝		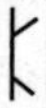
5	双面U形焊缝		

1-55 焊缝的补充符号有哪些？

补充符号用来补充说明有关焊缝或接头的某些特征（如表面形状、衬垫、焊缝分布、施焊地点等），用粗实线绘制（尾部符号除外），见表1-4。

表1-4 焊缝的补充符号

序号	名称	示意图	说明
1	平面		焊缝表面通常经过加工后平整
2	凹面		焊缝表面凹陷
3	凸面		焊缝表面凸起
4	圆滑过渡	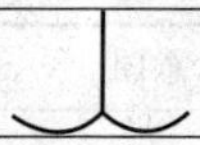	焊趾处过渡圆滑
5	永久衬垫	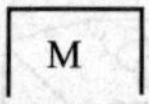 M	衬垫永久保留
6	临时衬垫	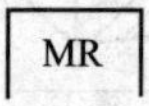 MR	衬垫在焊接完成后拆除
7	三面焊缝		三面带有焊缝
8	周围焊缝		沿着工件周边施焊的焊缝标注位置为基准线与箭头线的交点处
9	现场焊缝		在现场焊接的焊缝
10	尾部		可以表示所需的信息

1-56 焊缝的指引线由哪几部分组成？用指引线怎样标注焊缝？

焊缝引出线是表示焊缝位置的符号，它由基准线和箭头线所组成，如图 1-24 所示。

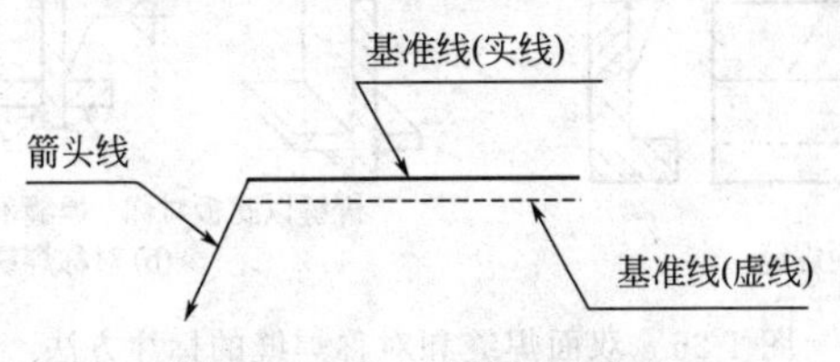

图 1-24　引出线的标注方法

① 箭头线　箭头线用细实线绘制，箭头指向有关焊缝处，可以位于焊缝一侧，也可以位于焊缝的另一侧。箭头直接指向的接头侧为“接头的箭头侧”，与之相对的则为“接头的非箭头侧”。在标注 V、Y 和 T 形焊缝时，箭头应指向带有坡口一侧的焊件，必要时允许箭头线折弯一次。当需要说明焊接方法时，可在基准线末端增加尾部符号。

焊缝基本符号在基准线上的位置规定如下：如果焊缝在接头的箭头侧，即箭头线箭头所指的一侧，则将基本符号标注在基准线的实线侧；如果焊缝在接头的非箭头侧，则将基本符号标在基准线的虚线侧，如图 1-25 所示。

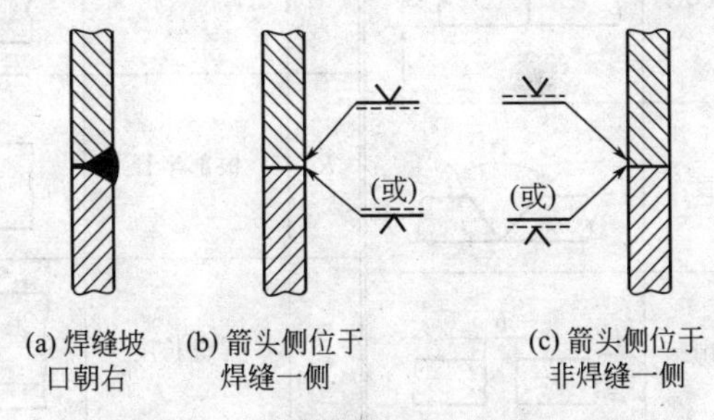

图 1-25　基本符号相对基准线的位置

② 基准线　基准线由两条平行的细实线和细虚线组成，细虚线表示焊缝在接头的非箭头侧。基准线的虚线可以画在基准线的实线下侧或上侧。标注对称焊缝或双面焊缝时可以不加虚线，如

图 1-26所示。基准线一般应与图样的底边平行，必要时可以与底边垂直。实线和虚线的位置可根据需要互换。

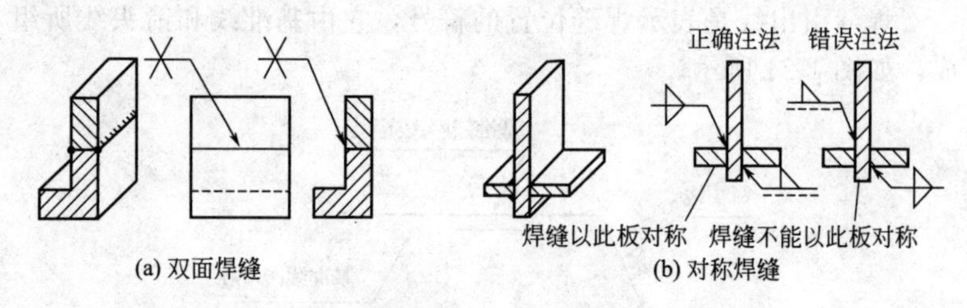

(a) 双面焊缝　　(b) 对称焊缝

图 1-26　双面焊缝和对称焊缝的标注方法

1-57　焊缝的尺寸符号有哪些?

焊缝的尺寸符号除了焊缝的余高、宽度、坡口角度等说明焊缝具体的指标符号外，结合实际生产，还包含了一部分板材等符号，这样可以更加准确、具体地指导生产和施工。一般不标准尺寸，必要时可以在焊缝符号中标注尺寸，见表 1-5。

表 1-5　焊缝尺寸符号

符号	名称	示意图	符号	名称	示意图
δ	工件厚度	δ	C	焊缝宽度	C
α	坡口角度	α	R	根部半径	R
b	根部间隙	b	l	焊缝长度	l
p	钝边	p	n	焊缝段数	n=2

续表

符号	名称	示意图	符号	名称	示意图
e	焊缝间距		N	相同焊缝数量	
K	焊角尺寸		H	坡口深度	
d	点焊：熔核直径 塞焊：孔径		h	余高	
S	焊缝有效厚度		β	坡口面角度	

1-58 焊缝尺寸及数据标准原则是什么？

焊缝尺寸的标注方法见图 1-27。

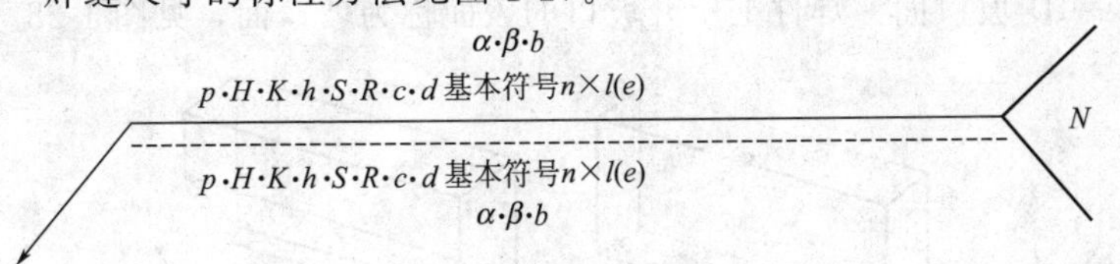

图 1-27　尺寸的标注方法

① 焊缝的横向尺寸标注在基本符号的左侧，如钝边高度 p、坡口深度 H、焊角尺寸 K、焊缝余高 h、焊缝有效厚度 S、根部半径 R、焊缝宽度 C、熔核直径 d 等尺寸。

② 焊缝的纵向尺寸标注在基本符号的右侧，如焊缝长度 l、焊缝间距 e、焊缝段数 n 等尺寸。

③ 坡口角度、坡口面角度、根部间隙等尺寸标在基本符号的上侧或下侧。

④ 相同的焊缝数量标注在尾部。

⑤ 当尺寸较多不易分辨时，可在尺寸数据前标注相应的尺寸

符号。

上述原则当箭头线方向变化时，其标注原则不变。

1.5 焊条电弧焊常见的坡口形式及坡口准备

1-59 何谓焊接坡口？坡口的作用是什么？

坡口是根据设计或工艺的需要，将焊件的待焊部位加工并装配成一定几何形状的沟槽。

坡口的主要作用是：为了获得设计所要求的熔透深度和焊缝形状。即使电弧深入到坡口根部，保证根部焊透；便于清理熔渣；获得较好的焊缝成形；调节焊缝中熔化母材和填充金属的比例。

1-60 表示坡口几何尺寸的参数有哪些？

表示坡口几何尺寸的参数主要有：坡口角度、钝边、根部间隙以及根部半径。

① 坡口面　焊件上所开坡口的表面称为坡口面，见图 1-28。

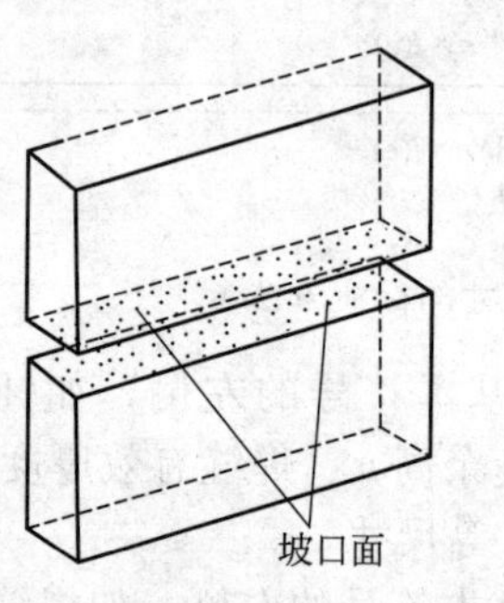

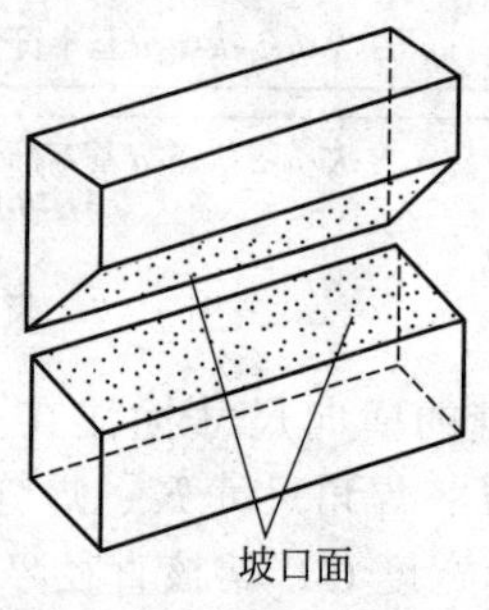

图 1-28　坡口面

② 坡口面角度和坡口角度　焊件表面的垂直面与坡口面之间的夹角称为坡口面角度，两坡口面之间的夹角称为坡口角度，见图 1-29。

开单面坡口时，坡口角度等于坡口面角度；开双面对称坡口

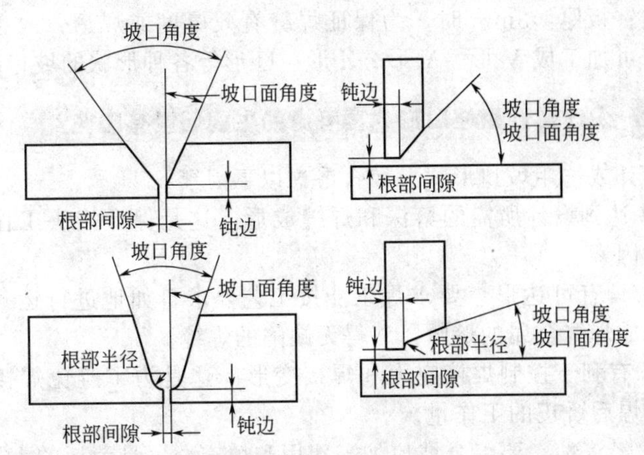

图 1-29 坡口角度、坡口面角度、根部间隙、根部半径、钝边

时，坡口角度等于两倍的坡口面角度。坡口角度（或坡口面角度）应保证焊条能自由伸入坡口内部，不和两侧坡口面相碰，但角度太大将会消耗太多的填充材料，并降低劳动生产率。

③ 根部间隙　焊前，在接头根部之间预留的空隙称为根部间隙，亦称装配间隙。根部间隙的作用在于焊接底层焊道时，能保证根部可以焊透。因此，根部间隙太小时，将在根部产生焊不透现象；但太大的根部间隙，又会使根部烧穿，形成焊瘤。

④ 钝边　焊件开坡口时，沿焊件厚度方向未开坡口的端面部分称为钝边。钝边的作用是防止根部烧穿，但钝边值太大，又会使根部焊不透。

⑤ 根部半径　U 形坡口底部的半径称为根部半径。根部半径的作用是增大坡口根部的横向空间，使焊条能够伸入根部，促使根部焊透。

1-61 焊条电弧焊坡口的基本形式有哪些?

焊条电弧焊的坡口形式应根据焊件结构形式、厚度和技术要求选用。通常当板厚 $\delta \geqslant 3$mm 时，才考虑开坡口。常用的坡口形式有：I 形、V 形、X 形、Y 形、双 Y 形、U 形坡口带钝边等。一般对接接头板厚 1～6mm 时，用 I 形坡口采用单面焊或双面焊即可保证焊透；板厚≥3mm时，为保证焊缝有效厚度或焊透，改善焊缝成形，可加工成V形、Y形、X形、U形等各种形状的坡口。

1-62 设计或选用坡口形式要考虑的主要因素有哪些?

设计或选用坡口形式要综合考虑以下因素：

① 达到设计所需的熔深和焊缝成形　这是保证接头工作性能的主要因素。

② 具有可达形　要求焊工能按工艺要求自如地进行运条，顺利地完成焊缝金属的熔敷，获得无缺陷的焊缝。

③ 有利于控制焊接应力和焊接变形　这是为了避免焊接裂纹和减少焊后矫正的工作量。

④ 经济性　要综合坡口加工费用和填充金属量消耗的大小。

在板厚相同时，双面坡口比单面坡口、U形坡口比V形坡口消耗焊条少，焊接变形小。随着板厚增大，这些优点更加突出。但U形坡口加工较困难，坡口加工费用较高，一般用于较重要的结构。

坡口形式及其尺寸一般随板厚而变化，同时还与焊接位置、焊接热输入、坡口加工方法以及工件材质等有关。

不同厚度钢板对接时，如果两板厚度差（$\delta-\delta_1$）不超过表1-6规定，则坡口的基本形式与尺寸按较厚板的尺寸数据来选取；否则，应在厚板上做出单面［图1-30(a)］或双面［图1-30(b)］削薄处理，其削薄长度$L\geqslant 3(\delta-\delta_1)$。

表1-6　不同厚度钢板的允许厚度差

较薄板的厚度δ_1/mm	≥2～5	>5～9	>9～12	>12
允许厚度差($\delta-\delta_1$)/mm	1	2	3	4

1-63 何谓开坡口及焊条电弧焊坡口加工有哪些方法?

利用机械（剪切、刨削或车削）、火焰或电弧（碳弧气刨）、专用坡口加工机加工等方法加工坡口的过程称为开坡口。

坡口的加工方法，可根据焊接构件的尺寸、形状与加工条件选用。一般有以下几种方法：

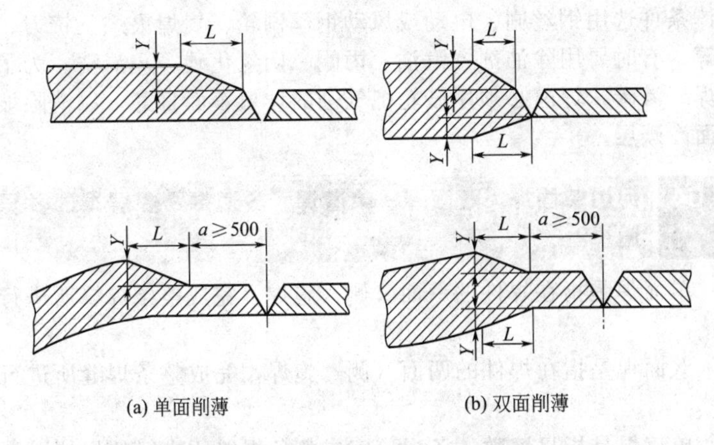

图 1-30　不同厚度钢板的对接

① 剪切　用于I形坡口的较薄钢板，也即不用开坡口，用剪扳机剪切后即可使用。

② 刨削与车削　对有角度要求的坡口，可以在钢板下料后，采用刨床或刨边机对钢板边缘进行刨削；对圆形工件或管子开坡口，可以采用车床或管子坡口机、电动车管机等对其边缘进行车削。采用刨削与车削方法，可加工各种形式的坡口。

③ 铲削　用风铲铲坡口或挑焊根。

④ 氧乙炔焰切割　这是应用较广的坡口加工方法。采用此方法可得到直线形与曲线形的任何角度的各类形坡口。通常有手工切割、半自动切割及自动切割三种。手工切割的边缘尺寸及角度不太平整，应尽量采用自动切割和半自动切割。

⑤ 碳弧气刨　利用碳弧气刨枪对焊件披口加工或挑焊根，与风铲相比能改善劳动条件，且效率较高。特别是在开U形坡口时更为明显。缺点是要用直流电源，刨割时烟雾大，应注意通风。

⑥ 专用坡口加工机加工　有平板直边坡口加工机和管接头坡口加工机，可分别加工平板边缘或管端的坡口。

经坡口加工后的坡口边缘上的油、锈、水垢等污物焊前应清除掉，以利于焊接并获得质量较好的焊缝。清理时可根据污物种类及具体条件选用钢丝刷、电动或风动钢丝刷轮、气焊火焰、铲刀、锉刀等，有时要用除油剂（汽油、丙酮、四氯化碳等）清洗。为了防止焊缝渗碳，焊前必须用砂轮把气刨的坡口表面打磨，以消除坡口表面渗碳层。

1-64 何谓单面焊、双面焊、单道焊、多道焊、多层焊、多层多道焊？

单面焊是指在焊件的一面（侧）施焊，完成整条焊缝所进行的焊接。

双面焊是指在焊件的两面（侧）施焊，完成整条焊缝所进行的焊接。

单道焊是指只熔敷一条焊道完成整条焊缝所进行的焊接。

多道焊是指由两条及以上焊道完成整条焊缝所进行的焊接。

多层焊是指熔敷两个或两个以上焊层完成整条焊缝所进行的焊接。

多层多道焊是指整个焊缝熔敷多道多层金属的焊接。

1-65 何谓跳焊、分段退焊、左焊法、右焊法？

跳焊是指将焊件接缝分成若干段，按预定次序和方向分段间隔焊接，完成整条焊缝的焊接法。如图 1-31(a) 所示。

分段退焊是指将焊件接缝分成若干段后分段焊接，每段施焊方向与整条焊缝增长方向相反的焊接法，如图 1-31(b) 所示。

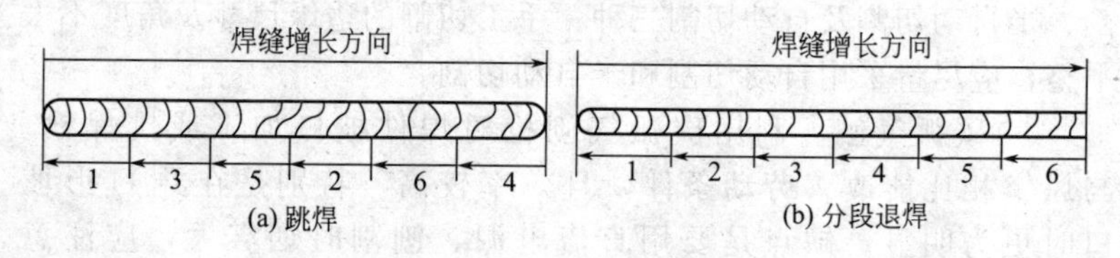

图 1-31　跳焊和分段退焊

左焊法：焊接热源从接头右端向左端移动，并指向待焊部分的操作法。

右焊法：焊接热源从接头左端向右端移动，并指向已焊部分的操作法。

1-66 何谓根部焊道、打底焊道、封底焊道及熔透焊道?

根部焊道是指多层焊时，在接头根部焊接的焊道。

打底焊道是指单面坡口对接焊时，在接缝根部施焊的第一道焊道或在背面施焊的第一道焊道，如图 1-32(a) 所示。

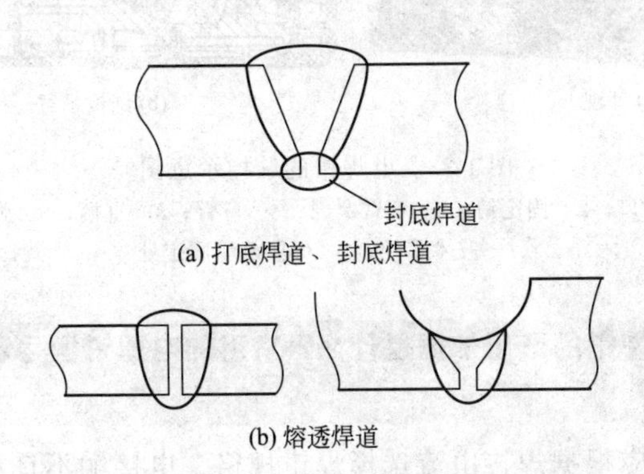

图 1-32 打底焊道、封底焊道、熔透焊道示意图

封底焊道是指在单面对接坡口焊中，焊完正面坡口焊缝又在焊缝背面侧施焊的最终焊道，如图 1-32(a) 所示。

熔透焊道是指只从一面焊接而使接头完全熔透的焊道，一般指单面焊双面成形焊道，如图 1-32(b) 所示。

1.6 焊条电弧焊常用工具与辅具

1-67 焊条电弧焊常用工具和辅具有哪些?

焊条电弧焊常用工具和辅具主要有焊钳、焊接电缆、面罩、焊条烘干箱、焊条保温筒、防护服、敲渣锤和钢丝刷等。

1-68 电焊钳主要由哪几部分组成，具有哪些特性?

电焊钳主要是由上下钳口、弯臂、弹簧、直柄、胶木手柄及固定销等组成。其构造见图 1-33。电焊钳应具有良好导电性能、能夹紧焊条、更换焊条方便，且不易发热、重量轻、装换焊条方便和安全耐用等特性。

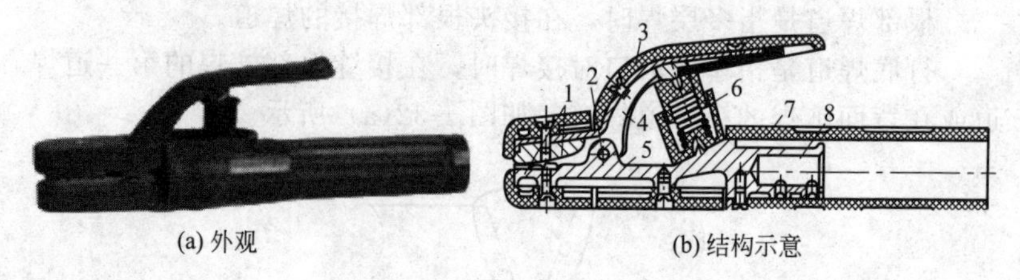

(a) 外观　　(b) 结构示意

图 1-33　电焊钳的结构示意图

1—钳口；2—固定销；3—弯臂罩壳；4—弯臂；5—直柄；6—弹簧；
7—胶木手柄；8—焊接电缆固定处

1-69 电焊钳的选用依据是什么？常用的电焊钳型号和规格有哪些？

电焊钳应根据焊接电流选择焊钳规格。电接触不良和超负荷使用是焊钳发热的原因，绝对不许用浸水方法进行冷却焊钳。

常用电焊钳的型号和规格技术指标见表 1-7。

表 1-7　常用电焊钳的型号和规格

型号	额定焊接电流/A	可装配焊接电缆的最小截面范围/mm²	适用焊条直径/mm	手柄温度/℃	质量/kg	外形尺寸($L\times B\times H$)/mm
160A	160	10～16	ϕ2.0～3.2	≤40	0.24	220×70×30
300A	300	35～40	ϕ4.0～6.3	≤40	0.34	235×80×36
500A	500	70～95	ϕ6.3～10	≤40	0.40	258×86×38

1-70 焊接面罩的作用是什么？

面罩是防止焊接时的飞溅物、强烈弧光及其他辐射对焊工眼睛、面部及颈部灼伤的一种遮蔽工具，有手持式和头盔式两种。常用的面罩见图 1-34。

面罩用轻而坚韧的红色或褐色纤维硬纸板压制而成。面罩正面开有长方形的铁框孔，内嵌护目玻璃，并有弹簧钢片将玻璃压住。对面罩的要求是质轻、坚韧、绝缘性和耐热性好。

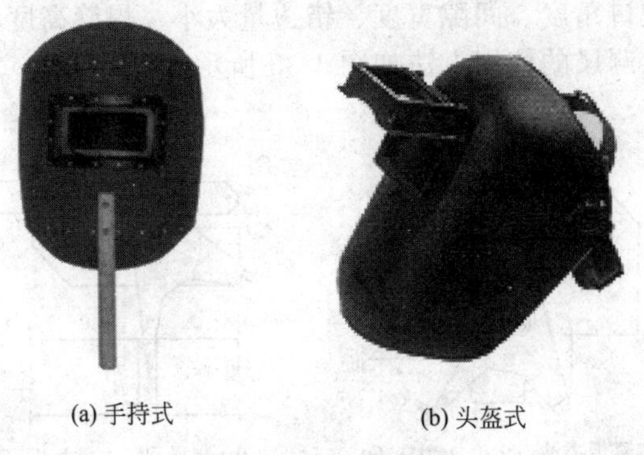

(a) 手持式　　(b) 头盔式

图 1-34　焊接面罩

1-71 护目玻璃的作用是什么？如何选择护目玻璃？

护目玻璃安装在面罩正面，用来减弱弧光强度，吸收由电弧发射的红外线、紫外线和大多数可见光。焊接时，焊工通过护目玻璃观察熔池情况，正确掌握和控制焊接过程，避免眼睛受弧光灼伤。

护目玻璃有各种色泽，目前以墨绿色的为多，为改善防护效果，受光面可以镀铬。护目玻璃的颜色有深浅，应根据焊接电流大小、焊工年龄和视力情况来确定，护目玻璃色号和规格见表 1-8。护目玻璃使用时在其两面应加一块同尺寸的透明玻璃，护目玻璃夹在中间，这样可以有效地保护目镜片不会被熔滴飞溅沾污和烫坏。

表 1-8　护目玻璃的色号

护目玻璃色号	颜色深浅	适用电流范围/A	外形尺寸($L\times B\times H$)/mm
7～8	较浅	<100	107×50×2
9～10	中等	100～350	
11～12	较深	>350	

护目滤光片的质量应符合 GB/T 3609.1—2008《职业眼面部防护　第 1 部分：焊接防护》的规定。目前，旧式的面罩已逐渐被 GSZ 光控电焊面罩所取代。

1-72 焊缝检测尺的作用是什么？

焊缝检测尺是测量焊件的焊接部位角度及外形尺寸的量具，可用来测量坡口角度、间隙宽度、错边量大小、焊缝高度和焊缝宽度等。焊缝检测尺的使用方法如图 1-35 所示。

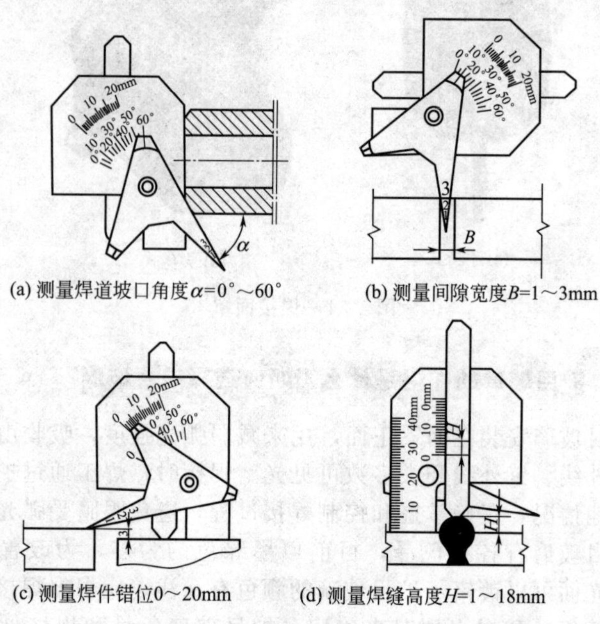

(a) 测量焊道坡口角度α=0°～60°

(b) 测量间隙宽度B=1～3mm

(c) 测量焊件错位0～20mm

(d) 测量焊缝高度H=1～18mm

图 1-35　焊缝检测尺用法示例

1-73　防护服、焊工手套、工作鞋及护脚具有什么作用?

焊接用防护工作主要起隔热、反射和吸收等屏蔽作用，以保护人体免受焊接热辐射或飞溅物的伤害。因此，焊工焊接时，必须穿好防护服。

为了防止焊工四肢触电、灼伤和砸脚，避免不必要的伤亡事故发生，要求焊工在任何情况下操作，都必须佩戴好皮革手套、工作帽，穿好绝缘鞋和护脚等。焊工在敲渣时，应戴有平光眼镜。

第2章

焊 条

2.1 焊条的组成和分类

2-1 何谓焊条？焊条由哪几部分组成？

焊条是涂有药皮的供焊条电弧焊用的熔化电极，又称电焊条。

焊条由焊芯和药皮两个部分组成，如图 2-1 所示。焊条长度一般在 200～450mm 之间，其一端为引弧端，引弧端药皮被去除一部分，以使焊芯外露，便于引弧；另一端为夹持端，夹持端是一段长度为 10～35mm 的裸露焊芯，焊时夹持在焊钳上。在靠近夹持端的药皮上印有焊条型号。

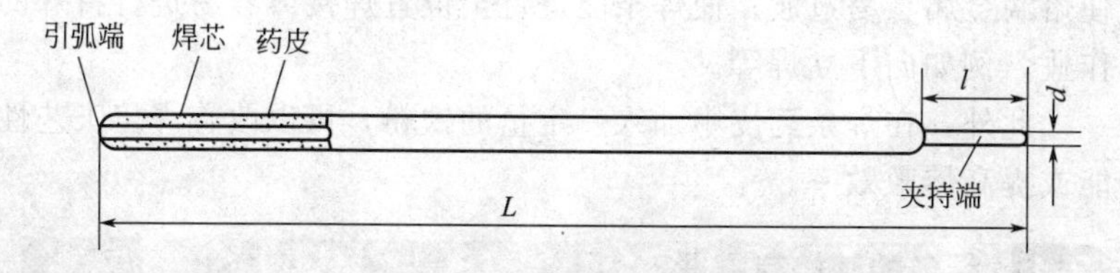

图 2-1 焊条外形示意图

L—焊条长度；d—焊芯直径（焊条直径）；l—夹持端长度

2-2 焊芯的作用是什么？

焊接时焊条中的焊芯作为电极传导焊接电流，使之与焊件之间产生电弧；同时在电弧热的作用下焊芯熔化过渡到焊件的熔池内，成为焊缝的填充金属。

2-3 焊条药皮由哪些物质构成？具有什么作用？

涂敷在焊芯表面的有效成分称为药皮，也称涂料。它是由矿石、铁合金、纯金属、化工物料和有机物的粉末混合均匀后黏结到焊芯上的。

焊条药皮的作用主要有：

① 保护作用　由于受电弧热的作用，药皮熔化形成熔渣，在焊接冶金过程中又产生大量的气体。熔渣和电弧气氛起着保护熔滴、熔池和焊接区、隔离空气的作用，防止氮气等有害气体侵入焊缝。

② 冶金作用　药皮在电弧的高温作用下，发生一系列化学冶金反应，除去氧化物及S、P等有害杂质，还可加入适当的合金元素，以保证熔敷金属具有所要求的力学性能或其他特殊的性能（如耐蚀、耐热、耐磨等）。

③ 保证良好的工艺性能　通过药皮中某些物质使焊接过程电弧容易引燃，并能稳定燃烧；保证熔渣具有合适的熔点、黏度、密度等，并均匀地覆盖在焊缝金属表面，减缓焊缝金属的冷却速度，并获得良好的焊缝外形；减小焊接飞溅，保证电弧的集中、稳定，使熔滴金属容易过渡；使焊条能进行全位置焊接或容易进行特殊的作业，例如向下立焊等。

此外，在焊条药皮中加入一定量的铁粉，可以改善焊接工艺性能或提高熔敷效率。

2-4 焊条的规格有哪些？

焊条生产已基本标准化。焊条的国家标准中规定的焊条规格（直径和长度）列于表2-1中。表中所列焊条的直径和长度实际上是焊芯的直径和长度。焊芯的牌号，对于碳钢和低合金钢焊条均为低碳钢焊丝H08A；对于不锈钢和其他高合金钢焊条大都采用与所焊钢种成分相近的高合金钢焊丝。

表 2-1 标准规定的焊条规格

焊条直径/mm		焊条长度/mm	
公称尺寸	容许偏差	公称尺寸	容许偏差
1.6	±0.05	200～300	±2.0
2.0		250～300	
2.5		250～300	
3.2		350～400	
4.0		350～400	
5.0		350～400	
5.6,6.0(5.8)		450～700	
6.4,8.0		450～700	

2-5 焊条药皮的类型有哪些?

根据焊条药皮的组成的不同，可分为以下八种类型。

① 氧化钛型　简称钛型。焊条药皮中加入35%以上的二氧化钛和一定数量的硅酸盐、锰铁及少量有机物。

② 氧化钛钙型　简称钛钙型。药皮中加入30%以上的二氧化钛和20%以下的碳酸盐，以及一定数量的硅酸盐和锰铁，一般不加或加少量的有机物。

③ 钛铁矿型　药皮中加入30%以上的钛铁矿和一定数量的硅酸盐、锰铁以及少量有机物，不加或加少量的碳酸盐。

④ 氧化铁型　药皮中加入大量铁矿石和一定数量的硅酸盐、锰铁及少量有机物。

⑤ 纤维素型　药皮中加入15%以上的有机物、一定数量的造渣物质及锰铁等。

⑥ 低氢型　药皮中加入大量碳酸盐、萤石、铁合金以及二氧化钛等。

⑦ 石墨型　药皮中加入大量石墨，以保证焊缝金属的石墨化作用。配以低碳钢芯或铸铁芯可用于铸铁焊条。

⑧ 盐基型　药皮由氟盐和氯盐组成，如氟化钠、氟化钾、氯

表 2-2　焊条按用途分类及其代号

焊条型号			焊条牌号			
焊条大类(按化学成分分类)			焊条大类(按用途分类)			
国家标准标号	名称	代号	类别	名称	代号	
					拼音	汉字
GB/T 5117—2012	非合金钢及细晶粒钢焊条	E	1	结构钢焊条	J	结
GB/T 5118—2012	热强钢焊条		1	结构钢焊条	J	结
			2	钼及铬钼耐热钢焊条	R	热
			3	低温焊条	W	温
GB/T 983—2012	不锈钢焊条	E	4	铬不锈钢焊条	G	铬
				铬镍不锈钢焊条	A	奥
GB/T 984—2001	堆焊焊条	ED	5	堆焊焊条	D	堆
GB/T 10044—2006	铸铁焊条	EZ	6	铸铁焊条	Z	铸
GB/T 13814—2008	镍及镍合金焊条	ENi	7	镍及镍合金焊条	Ni	镍
GB/T 3670—1995	铜及铜合金焊条	TCu	8	铜及铜合金焊条	T	铜
GB/T 3669—2001	铝及铝合金焊条	E	9	铝及铝合金焊条	L	铝
—	—	—	10	特殊用途焊条	Ts	特

化钠、氯化锂、冰晶石等，主要用于铝及铝合金焊条。

2-6 焊条有哪些基本要求?

① 满足接头的使用性能。焊条应使焊缝金属具有满足使用条件下的力学性能和其他物理化学性能的要求。对于结构钢用的焊条，必须使焊缝金属具有足够的强度和韧性；对于不锈钢和耐热钢用的焊条，除要求焊缝金属具有必要的强度和韧性外，还要求有足够的耐蚀性和耐热性能，保证焊缝金属在工作期内的安全可靠。

② 满足焊接工艺性能。焊条应具有良好的抗裂性、抗气孔的能力；焊接过程应飞溅小、电弧稳定，不易产生夹渣或焊缝成形不良等工艺缺陷；能适应各种位置的焊接需要。焊后脱渣性好，生产效率高。此外，还要求具有低烟尘和低毒等。

③ 具有良好的内外质量。药皮粉末应混合均匀，与焊芯黏结牢靠，表面光洁、无裂纹、脱落和气泡等缺陷；磨头磨尾应圆整干净，尺寸符合要求，焊芯无锈，具有一定的耐湿性，有识别焊条的标志等。

④ 低的制造成本。

2-7 焊条按用途分为哪几类?

按焊条的用途分类及其代号见表 2-2。

2-8 焊条按药皮的主要成分为哪几类? 有何特点?

焊条按药皮主要成分可分为：不定型、氧化钛型、钛钙型、钛铁矿型、氧化铁型、纤维素型、低氢钾型、低氢钠型、石墨型和盐基型等，其主要特点见表 2-3。

表 2-3　焊条药皮类型及主要特点

序号	药皮类型	电流种类	主要特性
1	氧化钛型	DC、AC	药皮中主要成分为氧化钛，焊条工艺性能良好，再引弧容易，飞溅少，熔深较浅，熔渣覆盖性良好，脱渣性好，焊缝外形美观。可作全位置焊，适用于薄板焊接。但焊缝的塑形和抗裂性能较差

续表

序号	药皮类型	电流种类	主要特性
2	钛钙型	DC、AC	药皮中氧化钛含量30%以上，钙、镁碳酸盐含量20%以下，焊条工艺性能良好，熔渣流动性好，电弧稳定，焊缝美观，熔深适中，脱渣性好，适合于全位置焊接
3	钛铁矿型	DC、AC	药皮中钛铁矿含量≥30%，焊条熔化速度快，熔渣流动性好，熔深较深，脱渣性好，电弧稳定，适合于平焊、平角焊，立焊性能稍差，焊缝金属抗裂性较好
4	氧化铁型	DC、AC	药皮中氧化铁和锰铁含量较高，熔深大、熔化速度快、电弧稳定，再引弧容易，立焊、仰焊操作较困难，飞溅较大，焊缝金属抗热裂性较好，适用于中厚板焊接。电弧吹力大，也适用于野外操作
5	纤维素型	DC、AC	药皮中有机物含量15%以上，氧化钛30%左右，电弧吹力大，熔深大，熔渣少，脱渣容易，可作向下立焊、深熔焊和单面焊双面成形焊
6	低氢钾型	DC、AC	药皮中主要组分为碳酸盐和萤石，要求短弧操作，焊条工艺性能尚可，适用于全位置焊接。焊缝金属抗裂性好，综合力学性能优
7	低氢钠型	DC	
8	石墨型	DC、AC	药皮中石墨含量较高，主要用于铸铁和堆焊焊条。如果焊芯为低碳钢，则工艺性能较差，飞溅较多，烟雾大，熔渣少，适于平焊。如果焊芯为有色金属，则工艺性能有所改善，电流不宜过大
9	盐基型	DC	药皮中主要组分为氯化物和氟化物，通常用于铝及铝合金焊条。药皮吸潮性强，焊前必须烘干，药皮熔点低、熔化速度快、工艺性较差，要求短弧操作。熔渣有一定的腐蚀性，焊后焊缝需用热水清洗

2-9 焊条按熔渣的酸碱性分为哪几类?

按熔渣的碱度可将焊条分为：酸性焊条和碱性焊条（又称低氢型焊条）两大类。熔渣以酸性氧化物为主的焊条为酸性焊条；熔渣以碱性氧化物和氟化钙为主的焊条为碱性焊条。

2-10 何谓酸性焊条、碱性焊条?它们有何区别?

焊条药皮中含有大量SiO_2、TiO_2等酸性氧化物及一定数量的碳酸盐等，其熔渣碱度B小于1的焊条为酸性焊条；焊条药皮中含有大量的大理石、萤石等碱性造渣物，并含有一定数量的脱氧剂和合金剂的焊条为碱性焊条。

酸性焊条可以交、直流两用。电弧柔和、飞溅小、熔渣流动性好、易于脱渣、焊缝外表美观。但由于焊条的药皮中含有许多的氧化铁、氧化钛及氧化硅等氧化性较强的氧化物，因此，在焊接过程中合金元素烧损较多，同时由于焊缝金属中氧和氢含量较高，造成塑性和韧性较差。钛型焊条、钛钙型焊条、钛铁矿型焊条和氧化铁型焊条都属酸性焊条。

碱性焊条主要靠碳酸盐分解产生的 CO_2 作为保护气体，在电弧气氛中氢的分压较低，而且萤石（CaF_2）在高温时与氢结合成氟化氢（HF），从而降低了焊缝中的含氢量，因此，碱性焊条又称低氢型焊条。

碱性焊条熔渣中 CaO 含量多，熔渣的脱硫能力强，熔敷金属抗热裂性能好；由于焊缝金属中氧和氢含量低，非金属夹杂物含量较少，因此，碱性焊条的焊缝金属具有较高的塑性和韧性，以及具有较好的抗裂性能。但由于药皮中含有较多的萤石，影响了气体电离，碱性焊条的焊接工艺性能（包括稳弧性、脱渣性、飞溅等）较差，一般要求采用直流电源，用反接法焊接。只有当焊条药皮中加入稳弧剂后才可以用交流电源焊接。此外，对锈、水、油污的敏感性大，容易出气孔，有毒气体和烟尘多。

碱性焊条一般用于重要的焊接结构，如承受动载或刚性较大的结构。

2.2 焊条选用

2-11 如何识别非合金钢及细晶粒钢焊条型号？

根据 GB/T 5117—2012《非合金钢及细晶粒钢焊条》标准规定，非合金钢及细晶粒钢焊条型号是按熔敷金属的力学性能、药皮类型、焊接位置、电流类型、熔敷金属化学成分和焊后状态等来划分的。

碱性焊条型号举例如下：

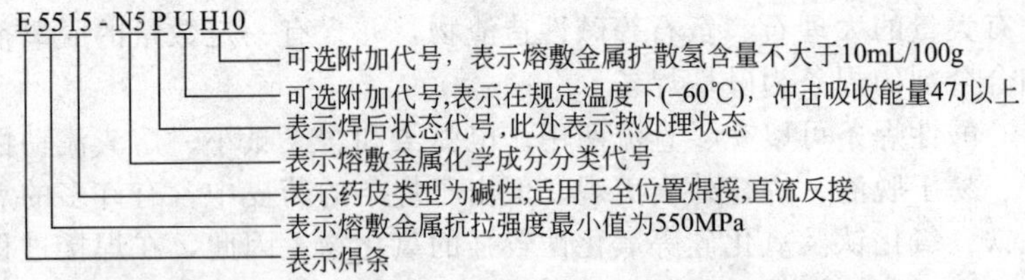

每个型号由五部分组成：①字母“E”表示焊条；②字母“E”后面紧邻的两位数字表示熔敷金属的最小抗拉强度值，单位为MPa（或 kgf/mm^2），见表2-4；③字母“E”后面的第三和第四位数字表示药皮类型、焊接位置和电流类型，见表2-5；④熔敷金属化学成分分类可“无标记”或短画“-”后的字母、数字或字母和数字的组合，见表2-6；⑤熔敷金属的化学成分代号后的焊后状态代号，“无标记”表示焊态，“P”表示热处理状态，“AP”表示焊态和焊后热处理两种状态均可。

除此之外，根据供需双方协商，还可在型号后附加可选代号：①字母“U”表示在规定试验温度下，冲击吸收能量可以达到47J以上；②扩散氢代号“HX”，其中X代表15、10或5，分别表示每100g熔敷金属中扩散氢含量的最大值（mL）。

表 2-4　非合金钢及细晶粒钢焊条熔敷金属抗拉强度代号

抗拉强度代号	最小抗拉强度值/MPa	抗拉强度代号	最小抗拉强度值/MPa
43	430	55	550
50	490	57	570

表 2-5　非合金钢及细晶粒钢焊条药皮类型

代号	药皮类型	焊接位置①	电源类型
03	钛型	全位置②	交流和直流正、反接
10	纤维素	全位置②	直流反接
11	纤维素	全位置②	交流和直流反接
12	金红石	全位置②	交流和直流正接
13	金红石	全位置②	交流和直流正、反接
14	金红石＋铁粉	全位置②	交流和直流正、反接
15	碱性	全位置②	直流反接

续表

代号	药皮类型	焊接位置①	电源类型
16	碱性	全位置②	交流和直流反接
18	碱性+铁粉	全位置②	交流和直流反接
19	钛铁矿	全位置②	交流和直流正、反接
20	氧化铁	PA、PB	交流和直流正接
24	金红石+铁粉	PA、PB	交流和直流正、反接
27	氧化铁+铁粉	PA、PB	交流和直流正、反接
28	碱性+铁粉	PA、PB、PC	交流和直流反接
40	不做规定	由制造商确定	
45	碱性	全位置	直流反接
48	碱性	全位置	交流和直流反接

① 焊接位置见 GB/T 16672，其中 PA=平焊、PB=平角焊、PC=横焊、PG=向下立焊。

② 此处“全位置”并不一定包含向下立焊，由制造商确定。

表 2-6　非合金钢及细晶粒钢焊条熔敷金属化学成分分类代号

分类代号	主要化学成分的名义含量(质量分数)/%				
	Mn	Ni	Cr	Mo	Cu
无标记、-1、-P1、-P2	1.0	—	—	—	—
-1M3	—	—	—	0.5	—
-3M2	1.5	—	—	0.4	—
-3M3	1.5	—	—	0.5	—
-N1	—	0.5	—	—	—
-N2	—	1.0	—	—	—
-N3	—	1.5	—	—	—
-3N3	1.5	1.5	—	—	—
-N5	—	2.5	—	—	—
-N7	—	3.5	—	—	—
-N13	—	6.5	—	—	—

续表

分类代号	主要化学成分的名义含量(质量分数)/%				
	Mn	Ni	Cr	Mo	Cu
-N2M3	—	1.0	—	0.5	
-NC	—	0.5	—	—	0.4
-CC	—		0.5	—	0.4
-NCC	—	0.2	0.6	—	0.5
-NCC1	—	0.6	0.6	—	0.5
-NCC2	—	0.3	0.2	—	0.5
-G	其他成分				

2-12 如何识别不锈钢焊条型号?

根据GB/T 983—2012《不锈钢焊条》的规定，不锈钢焊条型号根据熔敷金属的化学成分、药皮类型、焊接位置等进行划分。

不锈钢焊条型号编制方法如下：字母“E”表示焊条，“E”后面的数字表示熔敷金属化学成分分类，数字后面的“L”表示碳含量较低，“H”表示碳含量较高，有其他特殊要求的化学成分，该化学成分用元素符号表示，放在数字的后面。短画“-”后面的第一位数字表示焊接位置，见表2-7，最后一位数字表示药皮类型及焊接电流类型，见表2-8。

表2-7 不锈钢焊条型号中焊接位置代号

代号	焊接位置①
-1	PA、PB、PD、PF
-2	PA、PB
-4	PA、PB、PD、PF、PG

① 焊接位置见GB/T 16672，其中PA=平焊、PB=平角焊、PD=仰角焊、PF=向上立焊、PG=向下立焊。

表 2-8 不锈钢焊条药皮类型代号

代号	药皮类型	电流类型
5	碱性	直流
6	金红石	交流和直流[①]
7	钛酸型	交流和直流[②]

① 46 型采用直流焊接。

② 47 型采用直流焊接。

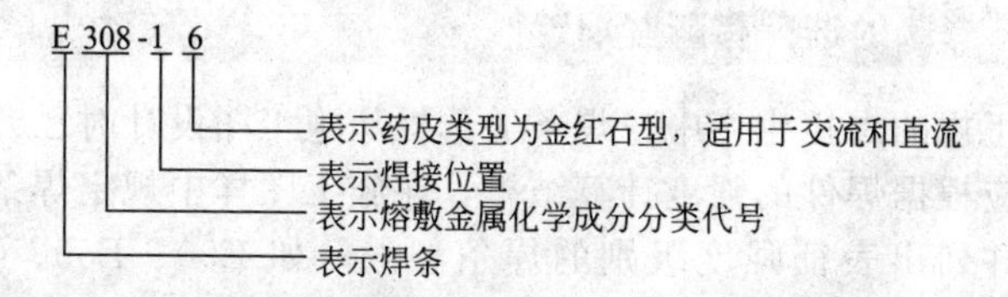

2-13 焊条的选用基本原则是什么？

焊条选用的基本原则是确保焊接结构安全、可靠使用的前提下，根据被焊工件的化学成分、力学性能、板厚及接头形式、焊接结构特点、受力状态、结构使用条件对焊缝性能的要求、焊接施工条件和技术经济效益等综合考察后，尽量选用工艺性能好、生产效率高的焊条。

① 接头等强性原则。接头的等强性是指焊缝金属的力学性能等于或略高于所焊母材标准规定的最低力学性能指标，包括抗拉强度和伸长率。对于在低温下运行或承受动载的焊接接头，焊缝金属的 V 形缺口冲击吸收能量应等于或高于所焊母材标准规定的最低值。

因此，所选焊条熔敷金属的力学性能原则上应等于所焊母材的力学性能，包括焊态和/或焊后热处理状态，即接头在交货状态下的力学性能应基本与所焊母材相等。

② 接头的同质性原则。接头的同质性是指焊缝金属的合金成分及其含量与所焊母材基本相同。这一原则适用于不锈钢和耐热钢焊焊件。焊接这些钢材时，为保证接头的耐热性、耐蚀性和抗氧化性等同于母材，就必须按同质性选用焊条。

③ 接头的致密性原则。接头的致密性是指接头内部存在任何不容许的焊接缺陷，如裂纹、气孔和夹渣等。为保证接头与母材等强，选择不易产生各种焊接缺陷的焊条十分重要。在焊接结构形状复杂，厚壁刚度大以及接头拘束度高的焊件时，因焊接过程中冷却速度快，收缩应力大，容易产生裂纹。对于这种接头，应选用抗裂性好，塑性、韧性好的低氢型焊条或超低氢焊条，以确保接头的致密性。

④ 施工方便性和高效低成本原则。

2-14 焊条的选用有哪些规定?

在正规的焊接生产中，焊条的选择从施工图设计时已开始。设计人员应根据焊件的强度计算结果，在施工图样中规定焊条的强度等级，并列出表征强度级别的焊条型号，如 E50、E55、E60 等。如果根据焊件的运行条件，对接头的性能提出特殊要求，则应在图样的附注中加以说明。例如对接头低温冲击韧度的要求，接头焊后需要进行消应力处理等。对于不锈钢焊件，应规定接头腐蚀试验方法和评定标准。

当生产单位按施工图样准备投产时，焊接工艺人员应按图样对焊条强度级别的规定和其他性能要求，并根据本单位的施工条件、生产习惯、焊接设备和工装选定适用的焊条型号或牌号，如 E4303、E5015、E5016 等，如果所选焊条在本单位尚属首次使用，则应按相应的标准进行焊接工艺评定试验，评定结果合格后才能投入生产使用。

2-15 同种钢焊接如何选用焊条?

同种钢焊接焊条的选用原则为：

(1) 根据焊缝金属的力学性能和化学成分要求

① 对于普通结构钢，通常要求焊缝金属与母材等强匹配，因此选用抗拉强度等于或稍高于母材的焊条。

② 对于合金结构钢，通常要求焊缝金属的主要合金成分与母材金属相同或相近。

③ 对于被焊结构刚度大、接头应力高，易产生裂纹的情况时，

宜采用低强匹配，即选用焊条的强度级别比母材低一级。

④ 当母材中碳、硫、磷含量较高，焊接时易产生裂纹场合，应选用抗裂性好的低氢型焊条。

(2) 根据焊件的使用性能和工作条件要求

① 对于承受动载和冲击载荷的结构，除满足强度要求外，还要保证焊缝具有较高的塑性和韧性，因此应选用低氢焊条。

② 对于接触腐蚀介质的构件，应根据介质的性质和腐蚀特征，选用相应的不锈钢焊条或其他耐腐蚀焊条。

③ 对于在高温或低温下工作的构件，选用相应的耐热或低温焊条。

(3) 根据焊件的结构特点和受力状态

① 对结构形状复杂、刚性大及大厚度焊件，由于焊接过程中产生很大的应力，容易使焊缝产生裂纹，应选用抗裂性能好的低氢焊条。

② 对于焊接部位难以清理干净的焊件，应选用氧化性强，对铁锈、油污和氧化皮不敏感的酸性焊条。

③ 对受条件限制不能翻转的结构，有些焊缝处于非平焊位置，应选用全位置焊接的焊条。

(4) 考虑施工条件及设备

① 在没有直流电源而焊接结构又要求必须使用低氢型焊条的场合，应选用交直流两用的低氢型焊条

② 在操作空间狭小或通风条件较差的场所，应选用酸性焊条或低尘焊条。

(5) 操作工艺性能

在满足产品性能要求的条件下，尽量选用工艺性能好的酸性焊条。

(6) 合理的经济效益

① 在满足使用性能和操作工艺的条件下，尽量选用成本低、效率高的焊条。

② 对于焊接工作量大的结构，应尽量选用高效率焊条，如铁粉焊条、重力焊条等，或选用封底焊条、立向下焊条等专用焊条，以提高生产率。

2-16 异种钢材焊接时如何选用焊条？

异种钢焊接焊条的选用原则为：

(1) 强度级别不同的碳钢和低合金钢、低合金钢和低合金钢焊接

① 一般要求焊缝金属及接头的强度不低于两种被焊金属的最低强度，因此选用的焊条应能保证焊缝及接头的强度不低于强度较低钢材的强度，同时焊缝的塑性和冲击韧度应不低于强度较高而塑性较差的钢材的性能。

② 为了防止裂纹，应按焊接性较差的钢材确定焊接工艺，包括工艺参数、预热温度及焊后处理等。

(2) 低合金钢和奥氏体不锈钢

① 通常按照对熔敷金属化学成分限定的数值来选择焊条，建议使用铬镍含量高于母材的，塑性、抗裂性能较好的不锈钢焊条。

② 对于非重要结构的焊接，可选用与不锈钢成分相应的焊条。

(3) 不锈钢复合钢板

为了防止基体碳素钢对不锈钢熔敷金属产生稀释作用，建议对基层、过渡层、覆层的焊接选用三种不同性能的焊条。

① 对基层（碳钢或低合金钢）的焊接，选用相应强度级别的结构钢焊条。

② 对过渡层（即覆层与基层交界面）的焊接，选用铬、镍含量比不锈钢高的塑性、抗裂性较好的奥氏体不锈钢焊条。

③ 覆层直接与腐蚀介质接触，应选用相应成分的不锈钢焊条。

2.3 焊条的使用和管理

2-17 焊条为什么焊前需要再烘干？焊条再烘干有哪些规定？

焊条在出厂前经过高温烘干，并用防潮材料以袋、筒、罐等形式包装，起到一定防止药皮吸潮作用，一般应在使用前拆封。考虑到焊条长期存储和运输过程中难免受潮，为确保焊接质量，在焊条使用前，如焊条说明书无特殊规定时，一般应进行烘焙。

① 焊条烘干参数。各类焊条使用前的烘焙参数见表 2-9。烘干后的碱性低氢焊条应放在 100～150℃的保温箱（筒）内，随用随取，使用时注意保持干燥。若焊条说明书有特殊规定的，按说明书要求办理。

表 2-9　各类焊条使用前的烘焙参数

<table>
<tr><th colspan="2">焊条类型</th><th>要烘焙的吸湿度/%</th><th>烘焙温度/℃</th><th>保温时间/min</th></tr>
<tr><td rowspan="5">低碳钢</td><td>钛型</td><td>≥3</td><td rowspan="3">150～200</td><td rowspan="5">30～60</td></tr>
<tr><td>钛钙型</td><td>≥2</td></tr>
<tr><td>钛铁矿型</td><td>≥3</td></tr>
<tr><td>纤维素型</td><td>≥6</td><td>70～120</td></tr>
<tr><td>低氢型</td><td>≥0.5</td><td>300～350</td></tr>
<tr><td rowspan="3">高强度钢、耐热钢</td><td>高强度钢 E5016、E5515-G 等</td><td rowspan="3">≥0.5</td><td>300～350</td><td>30～60</td></tr>
<tr><td>高强度钢 E6015-D_1、E10015-G 等</td><td>350～450</td><td rowspan="2">60</td></tr>
<tr><td>耐热钢(低氢型)</td><td>350～400</td></tr>
<tr><td rowspan="3">不锈钢</td><td>高强度钢 E5016、E5515-G 等</td><td rowspan="3">≥1</td><td>300～350</td><td rowspan="6">30～60</td></tr>
<tr><td>高强度钢 E6015-D_1、E10015-G 等</td><td>200～250</td></tr>
<tr><td>耐热钢(低氢型)</td><td>200～300</td></tr>
<tr><td rowspan="3">堆焊</td><td>钛钙型</td><td>≥2</td><td>150～250</td></tr>
<tr><td>低碳钢芯、低氢型</td><td>≥0.5</td><td>300～350</td></tr>
<tr><td>合金钢芯、低氢型</td><td>≥1</td><td>150～250</td></tr>
</table>

② 一般低氢型焊条在常温下超过 4h 时，应重新烘干。重复烘干次数不宜超过 3 次，以免药皮变质（如铁合金氧化等）、开裂，影响焊接质量。

③ 烘干焊条时，焊条不应成垛或成捆的堆放，应铺放成层状，每层焊条的堆放不应太厚（一般为 1～3 层），避免焊条烘干时受热不均和潮气不易排除。禁止将焊条突然放进高温炉内或从高温护中突然取出冷却，以防焊条因急冷或骤热而产生药皮开裂、脱皮等现象。

④ 焊条烘干时应作记录，记录上应有牌号、批号、温度和时

间等内容。在焊条烘干期间，应有专门负责的技术人员对操作过程进行检查和核对，对每批焊条不得少于1次，并在操作记录上签名。

⑤ 露天操作隔夜时，应在低温烘箱中恒温保管，不允许露天存放，否则次日使用前还要重新烘干。

2-18 如何判别焊条是否吸潮？

焊条的吸潮与环境温度、湿度、包装条件、存放时间及焊条药皮本身耐吸潮能力等有关。在实际生产中往往是凭直观经验来判别。

① 先检查焊条包装情况，包装不好或包装破损时，焊条易受潮或已经受潮。

② 检查包装箱上制造出厂日期，储存期长的焊条，一般来说易受潮。若焊条的夹持端、引弧端焊芯裸露部分已有锈迹，药皮已有白霜，则表明焊条受潮已相当严重。锈迹越重、白霜越多，受潮越重。

③ 取3～5根焊条在手中作摆动试验，能发出清脆金属声的表明没有受潮；反之发不出金属声，声音沉闷，则表明焊条受潮或烘干不足，或药皮和横向微细裂纹（这种裂纹往往肉眼不易发现，但浸水后方即可见）。

④ 去掉药皮观察焊芯，若带有锈迹斑点，表明焊条已严重吸潮。

⑤ 双手折弯焊条，若焊条药皮爆裂破碎，则表明焊条已经烘干；若药皮仅裂不碎、不掉，表明烘干不足。

⑥ 观察引弧端焊芯端面的氧化色，若无氧化色，烘干温度一般在220℃以下，淡黄色一般在250℃左右，深蓝色一般在300℃以上，颜色越重，温度越高。对低氢碱性焊条一般应为深蓝色，可认为已烘干。

⑦ 取样而施焊，潮的焊条一般会有如下变化：

a. 用同一电流焊接时，电弧吹力变大，熔深增加。

b. 飞溅数量增多、颗粒变大，有爆炸声。

c. 对钛钙型、钛铁矿型焊条，熔渣覆盖不良，焊缝成形变差。

d. 对低氢型焊条，熔渣的内面会出现许多小孔。

e. 吸潮严重的焊条，还会影响焊缝金属的力学性能。对低氢型焊条影响更大，气孔、氢白点产生倾向增大，扩散氢增高，降低了焊缝金属的抗裂性能等。

2-19 焊条使用应注意哪些问题?

① 严格按图样和工艺规程要求检查焊条牌号、规格和烘干等是否与要求相符。

② 按焊条说明书要求，正确地选用电源、极性接法、焊接参数及适宜的操作方法。

③ 施焊过程中，发现异常情况，应立即停焊，报请有关部门处理。

2-20 焊条的管理有哪些规定?

焊条一怕受潮变质，二怕误用乱用。这关系到焊接质量和结构安全使用问题，必须十分重视。对于重要产品的制造，如锅炉压力容器的制造，一般都把焊接材料的管理作为质量保证体系中的重要一环，建立严格的分级管理制度，一级库主要负责验收、存储与保管；二级库主要负责焊接材料的预处理（如再烘干等），向焊工发放和回收等。

2-21 如何进行焊条仓库中的管理?

① 焊条入库前，应首先检查焊条包装是否完好，产品说明书、合格证和质量保证书等是否齐全。必要时按国家标准进行复验，合格后才允许入库。入库后按种类、牌号、批次、规格、入库时间等分类堆放。每垛应有明确标注，避免放乱。

② 焊条应在干燥与通风良好的室内仓库中存放，并应保持整洁。室温宜在10～25℃，相对湿度＜50%。焊条储存库内，不许露天存放或放置有害气体和腐蚀性介质环境内。库内的焊条应存放在架子上，架子离地面高度不小于300mm，离墙壁距离不小于300mm，架下应放置干燥剂，严防焊条受潮。

③ 焊条是一种陶质产品，不像钢焊芯那样耐冲击，所以装、

卸货时应轻拿轻放；用袋盒包装的焊条，不能用挂钩搬运，以防止焊条及其包装受损伤。

④ 特种焊条储存与保管应高于一般性焊条，特种焊条应堆放在专用仓库或指定区域，受潮或包装损坏的焊条未经处理不许入库。

⑤ 要定期检查，发现有受潮、污损、错存、错发等应及时处理。焊条在供应给使用单位之后，至少六个月内可保证使用。入库的焊条应做到先入库的先使用，避免存储时间过长。

⑥ 焊条储存库内，应设置温度计和湿度计。对低氢型焊条室内温度不得低于5℃，相对湿度低于60%。对于受潮、药皮变色、焊芯有锈迹的焊条，须经再烘干后进行质量评定。在各项性能指标满足要求后，方可入库，否则不准入库。

⑦ 一般情况下，储存时间1年以上的焊条，应提请质检部门进行复验。复验合格后，方可发放。否则不准按合格品发放使用，应报请主管部门及时处理。

⑧ 要有严格发放制度，作好记录。焊条的来龙去脉应清楚可查，防止错发误领。

2-22 在施工中如何进行焊条的管理？

① 一般焊条一次出库量不得超过2天的用量，已经出库的焊条，焊工必须保管好。

② 在领用或再烘干焊条时，必须核查其牌号、型号、规格等，防止出错。

③ 不同类型焊条一般不能在同一炉中烘干。烘干时每层焊条的堆放不应太厚（一般为1～3层），以免受热不均，潮气不易排除。焊接重要产品时，尤其是野外露天作业，最好每个焊工配备一个焊条保温筒，施工时将烘干的焊条放入保温筒中，保持50～60℃，所取随用。

④ 用剩的焊条不能露天存放，最好送回保温箱内。低氢型焊条次日使用前应再烘干。

第3章

焊条电弧焊设备

3.1 焊条电弧焊焊接电源基本知识

3-1 焊条电弧焊设备主要包括哪几部分？

焊条电弧焊设备主要包括焊接电源、焊钳、焊接电缆和地线夹钳等。

3-2 何谓弧焊电源？弧焊电源的类型有哪些？

弧焊电源是为焊接提供电能的一种专用设备，又称电焊机，简称焊机。一般有交流弧焊机和直流弧焊机两种。

3-3 焊条电弧焊对电源有哪些基本要求？

焊条电弧焊要求电源具有一般电力电源的特点外，还需具有与焊接工艺方法相适应的特性，主要表现在：①保证引弧容易；②保证电弧稳定；③保证焊接参数稳定；④具有足够宽的焊接参数调节范围；⑤保证能安全使用。

3-4 焊条电弧焊方法对焊机外特性曲线有什么要求？

焊条电弧焊一般工作于电弧静特性的平直段上。为了满足电源-电弧系统的稳定性，应能提供便于引弧的空载电压，电弧稳定地燃烧后，电弧电压应随电流的增加而降低，而短路电流不应太大。因此，要求焊机外特性曲线必须是下降或陡降的外特性。

3-5 焊条电弧焊机对空载电压和短路电流有何要求？

空载电压高容易引弧和稳弧，但不经济也不利于安全，因此在保证引弧加稳弧的条件下，力求空载电压处于较低水平。按国标GB/T 15579—2004规定：①触电危险性较大环境，直流弧焊电源<113V，交流弧焊电源的峰值<68V，有效值<48V；②触电危险性不大环境，直流弧焊电源<113V，交流弧焊电源的峰值<113V，有效值<80V。

3-6 焊条电弧焊电源如何分类？

焊条电弧焊电源一般按输出电流种类分为交流和直流两大类，有时把交直流两用电源也列为一类。其中每一类又可分为若干小类，每一小类中又有若干不同形式。通用的焊条电弧焊电源分类见图3-1。

3-7 焊条电弧焊机型号编制方法有哪些？

按GB/T 10249—2010《电焊机型号编制方法》规定，焊条电弧焊机型号采用汉语拼音字母和阿拉伯数字表示，其编排次序及代表符号含义见表3-1。

例如：

BX1-300为具有下降外特性的动铁芯漏磁式交流弧焊机，额定焊接电流为300A。

ZX5-250为具有下降外特性的晶闸管式直流弧焊机，额定焊接电流为250A。

ZX7-400IGBT为具有下降外特性的逆变弧焊整流焊机，额定焊接电流为400A。

3-8 电焊机的主要参数有哪些？

对于通用的电源设备、发电机、变压器等来说，电焊机所特有的技术参数见表3-2。

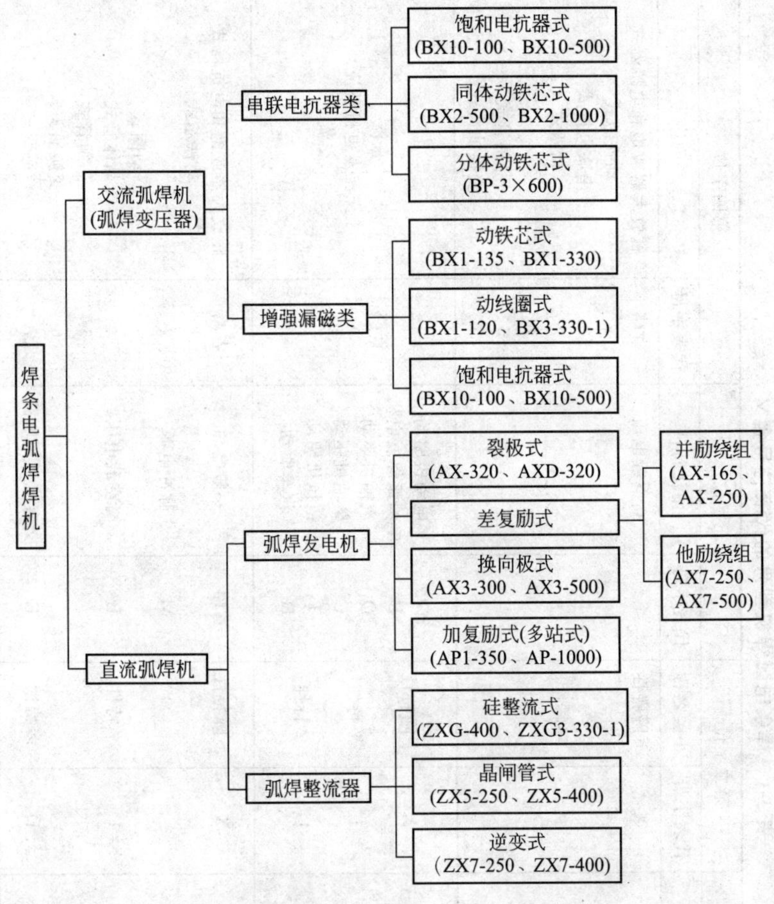

图 3-1 通用焊条电弧焊电源分类示意图

3-9 焊条电弧焊如何选择电焊机?

焊条电弧焊要求电源具有陡降的外特性、良好的动特性和合适的电流调节范围。选择焊条电弧焊电源时应主要考虑以下因素：

① 根据焊接对象与技术要求选择　焊接对象与技术要求主要包括工件的材料、结构的形状和尺寸、工件的厚度、精度高低及工

表 3-1　焊条电弧焊机型号的代表符号含义

序号	第一字位		第二字位		第三字位		第四字位	
	代表字母	大类名称	代表字母	小类名称	代表字母	附注特征	代表字母	系列序号
1	B	交流弧焊机（弧焊变压器）	X	下降特性	L	高空载电压	省略	磁放大器或饱和电抗器式
							1	动铁芯式
							2	串联电抗式
			P	平特性			3	动圈式
							4	
							5	晶闸管式
							6	变换抽头式
2	A	机械驱动的弧焊机（弧焊发电机）			省略	电动机驱动		
			X	下降特性	D	单一弧焊发电机		
					Q	汽油机驱动	省略	直流
			P	平特性	C	柴油机驱动	1	交流发电机整流
					T	拖拉机驱动	2	交流
			D	多特性	H	汽车驱动		
3	Z	直流弧焊机（弧焊整流器）	X	下降特性	省略	一般电源	省略	磁放大器或饱和电抗器式
							1	动铁芯式
					M	脉冲电源	2	
							3	动圈式
			P	平特性	L	高空载电压	4	晶体管式
							5	晶闸管式
							6	变换抽头式
			D	多特性	E	交直流两用电源	7	逆变式

表 3-2 电焊机的主要参数

参数	符号	参数意义	说明
额定焊接电流	I_e	焊机在额定工作条件下运行时，能符合标准规定(如温升极限、电流稳定等)，而输出的电流	是焊机的基本参数。决定了焊机的功率、使用范围等，所以也称基本规格
工作电流(焊接电流)调节范围	I_2	焊机在焊接电弧稳定燃烧时，能调节的输出电流范围	用最大焊接电流和最小焊接电流对额定焊接电流之比表示。一般要求 $I_{max}/I_e \geqslant 1$ $I_{min}/I_e \begin{cases} \leqslant 10\%\text{(直流 TIG 焊机)} \\ \leqslant 20\%\text{(其他焊机)} \end{cases}$
额定工作电压	U_e	与额定焊接电流相应的工作电压	
工作电压	U_2	焊机保持电弧稳定燃烧时，输出端电压，即电源有负载时的电压	工作电压与焊接电流应大致符合下述关系 焊条电弧焊 $U_2=20+0.04I_2$ TIG 焊 $U_2=10+0.04I_2$ MIG/MAG 焊 $U_2=14+0.05I_2$
空载电压	U_0	焊机无负载时，输出端的电压	从既保证易引弧稳弧，又经济安全的角度出发，焊机的空载电源为 交流电源：$U_0 \leqslant 80V$ 整流电源：$U_0 \leqslant 90V$
负载持续率	FS	负载运行持续时间对工作周期之比的百分率，即 $FS=\frac{\text{负载运行持续时间}}{\text{工作周期}}\times 100\%$ 其中：工作周期＝负载运行持续时间＋空载(休止)时间	额定负载持续率规定为 35、60、100 三种 当焊机在某一负载持续率 FS 下实际运行时，允许的焊接电流 I_2 与额定焊接电流 I_e 之间的关系如下 $I_2=\sqrt{\frac{FS_e}{FS}}I_e$ 其中，FS_e 为额定负载持续率

注：工作周期对焊条电弧焊机规定为 5min；对其他电弧焊机和机械化操作电弧焊机规定为 10min。

件适用场合等。

工件为普通低碳钢时，选用交流弧焊机就能施焊；当工件要求比较高，又必须采用低氢型焊条时，则选用直流弧焊机较合适。如需一机多用，即选用一台既用于焊条电弧焊，又用于碳弧气刨、等离子弧气割等，则应选用直流电焊机。

对于批量大、结构形式和尺寸固定的被焊结构，可以选用专用焊机。

② 焊接电流的种类　电流的种类有交流或直流，主要是根据所使用的焊条类型、所要焊接的焊缝形式和焊接金属进行选择。低氢钠型焊条必须选用直流电焊机，以保证电弧稳定燃烧。酸性焊条虽然交、直流均可使用，但一般选用结构简单且价格较低的交流电焊机。

③ 电焊机的功率和电流范围　需用的电流范围取决于使用焊条的类型和规格，但电源能否在所要求的范围内供给电流与电源的功率有很大关系。根据焊接时所需的焊接电流范围和实际负载持续率来选择电焊机的容量，即电焊机的额定电流。焊接过程中使用的焊接电流值如果超过这个额定焊接电流值，就要考虑更换额定电流值大些的电焊机或考虑降低电焊机的负载持续率。

④ 工作条件和经济性等　在一般生产条件下，尽量采用单站电焊机，在大型焊接车间，可以来用多站电焊机；一般电焊机的用电量较大，应尽可能选用高效节能的焊机，如逆变弧焊机，其次是直流弧焊机、交流弧焊机。

另外，必须考虑焊接现场一次电源的情况，如果可以利用电力网，则应查明电源是单相还是三相。如果不能利用电力网，就必须使用发动机驱动的直流或交流发电机。如野外长输管道的焊接施工时，主要采用柴油机或汽油发动机驱动的直流弧焊焊机。

3-10 试述常用交流弧焊电源的型号和主要技术参数

常用的动铁芯弧焊电源型号和主要技术参数见表 3-3；动圈式弧焊电源的型号和主要技术参数见表 3-4；抽头式弧焊电源型号和主要技术参数见表 3-5。

表 3-3 动铁芯式交流弧焊电源型号和主要技术参数

型号	BX1-120	BX1-160	BX1-200	BX1-250	BX1-300	BX1-400	BX1-500	BX1-630
额定输入容量/kV·A	6	13.5	16.9	20.5	25	31.4	39.5	56
电源电压/V	220	380	220/380	380	380	380	220/380	380
额定焊接电流/A	120	160	200	250	300	400	500	630
电流调节范围/A	60～120	32～160	40～200	50～250	62.5～300	80～400	100～500	110～760
空载电压/V	50	80	80	78	78	77	77	80
额定工作电压/V	25	21.6～27.8	21.6～27.8	22.5～32	22.5～32	24～36	24～36	22～44
负载持续率/%	20	60	40	60	40/60	60	40	60
用途	手提轻便电焊机	适合1～8mm厚低碳钢的焊接	可焊厚1～2mm钢板及低碳钢	适合中等厚度低碳钢板的焊接			焊条电弧焊、切割、重力焊等	适合于焊接厚板

表 3-4 动圈式交流弧焊电源型号和主要技术参数

型号	BX3-125	BX3-160	BX3-200	BX3-250	BX3-300	BX3-400
额定输入容量/kV·A	9	11.8	14.7	18.4	20.5	29.1
电源电压/V	380	380	380	380	380	380
额定焊接电流/A	125	160	200	250	300	400
电流调节范围/A	25～160	25～250	30～300	36～360	40～400	50～500
空载电压/V	80/70	78/70	78/70	78/70	75/60	75/60
额定工作电压/V	25	26.4	28	30	22～36	36
额定负载持续率/%	60	60	60	60	60	60

表 3-5 抽头式交流弧焊电源型号和主要技术参数

型号	BX6-120	BX6-125	BX6-160	BX6-200	BX6-250	BX6-300
额定输入容量/kV·A	6.24	6.9	12	15	15	23
电源电压/V	220/380	220/380	380	380	220/380	220/380
额定焊接电流/A	120	125	160	200	250	300
电流调节范围/A	50～160	50～145	55～195	66～220	50～250	40～380
空载电压/V	52	55	65	48～70	55～70	60/50
额定工作电压/V	22～26	25	22～28	22～28	22～30	22～35
额定负载持续率/%	20	20	60	20	35	60

3-11 试述常用直流弧焊机型号和主要技术参数

交直流两用弧焊机主要技术参数见表 3-6，晶闸管式弧焊机主要技术参数见表 3-7，ZX7 系列晶闸管逆变焊机主要技术参数见表 3-8，ZX7 系列 IGBT 逆变弧焊机主要技术参数见表 3-9。

表 3-6 动铁芯式交直流两用弧焊机型号和主要技术参数

	型号	ZXE1-160	ZXE1-200	ZXE1-300	ZXE1-400	ZXE1-500	ZXE1-6×500	ZXE1-5×160
输出	额定焊接电流/A	160	200	300	400	500		160
	额定负载持续率/%	35	35	35	60	60	60	20
	电流调节范围/A	交流 8～180 直流 7～160	40～200	50～300	60～400	交流 100～500 直流 90～450	交流 80～550 直流 70～400	40～180
	额定空载电压/V	80	60～70	60～70	60～70	80	交流 75 直流 72	54
	工作电压/V	27	28	32	36	交流 24～40 直流 24～38		23～30
输入	电源电压/V	380						
	相数	1					3	1
	额定输入电流/A	40	39	59	79		381	
	额定输入容量/kV·A	15.2	14.8	22.4	30	41	381	11.8

表 3-7 常用晶闸管整流弧焊机型号和主要技术参数

	型号	ZX5-250	ZX5-315	ZX5-400	LHE-400	ZX5-250B	ZD-500 (ZDK-500)
输出	额定焊接电流/A	250	315	400	400	250	500
	额定负载持续率/%	60					80
	电流调节范围/A	50～250	35～315	40～400	50～400	40～250	50～600
	额定空载电压/V	55	36	60	75	65	77
	工作电压/V	30	33	36			40
输入	电源电压/V	380					
	相数	3					
	额定输入电流/A	23	27.3	37			49
	额定输入容量/kV·A	15	18	24	24	19	36.4
用途		适用于所有牌号焊条的直流焊条电弧焊接,特别适用于碱性焊条焊接重要的结构			焊条电弧焊	用于焊条电弧焊、TIG焊	焊条电弧焊与等离子切割

表 3-8 ZX7 系列晶闸管逆变焊机型号和主要技术参数

	型号	ZX7-315S/ST	ZX7-400S/ST	ZX7-500S/ST	ZX7-630S/ST
输出	额定焊接电流/A	315	400	500	630
	电流调节范围/A	40～315	低挡 40～140 高挡 115～400	低挡 50～175 高挡 140～500	低挡 60～210 高挡 180～630
	空载电压/V	70～80			
	额定负载持续率/%	60			
输入	电源电压/V	380			
	电源相数	3			
	额定输入电流/A		32	46	60
	额定输入容量/kV·A	16	21	30	40
特点用途		大负载、低噪声、微电子控制、引弧容易、直流输出、电弧稳定。电源动特性好、飞溅小。自动补偿电源电压和焊机温度变化的影响。用于焊条电弧焊和钨极氩弧焊			

表 3-9　ZX7 系列 IGBT 逆变焊机型号和主要技术参数

<table>
<tr><td colspan="2">型号</td><td colspan="2">ZX7-160S</td><td>ZX7-200S</td><td>ZX7-250S</td><td>ZX7-315S</td><td>ZX7-400S</td><td>ZX7-500S</td></tr>
<tr><td rowspan="4">输出</td><td>额定焊接电流/A</td><td colspan="2">160</td><td>200</td><td>250</td><td>315</td><td>400</td><td>500</td></tr>
<tr><td>焊接电流调节范围/A</td><td colspan="2">5～160</td><td>5～200</td><td>25～250</td><td>15～315</td><td>15～400</td><td>15～500</td></tr>
<tr><td>空载电压/V</td><td colspan="2">70～80</td><td>70～80</td><td>70～80</td><td>70～80</td><td>70～80</td><td>72～81</td></tr>
<tr><td>额定负载持续率/%</td><td>60</td><td>50</td><td>50</td><td>60</td><td>60</td><td>60</td><td>60</td></tr>
<tr><td rowspan="4">输入</td><td>电源电压/V</td><td>380</td><td>220</td><td colspan="5">380</td></tr>
<tr><td>电源相数</td><td>3</td><td>1</td><td colspan="5">3</td></tr>
<tr><td>额定容量/kV·A</td><td colspan="2">5.3</td><td>7.24</td><td>12</td><td>9.6</td><td>16</td><td>25</td></tr>
<tr><td>初级额定电流/A</td><td>8</td><td>23</td><td>11</td><td></td><td>22</td><td>31</td><td>43</td></tr>
<tr><td colspan="2">特点与用途</td><td colspan="7">电流从小到大连续无级调节，动态响应快，引弧容易，飞溅小，体积小，重量轻，便于移动，适于焊条电弧焊所有场合</td></tr>
</table>

3.2　焊条电弧焊电源使用

3-12　常用的焊条电弧焊电源有哪些？其特点及适用范围是什么？

焊条电弧焊采用的焊接电流既可以是交流，也可以是直流，所以焊接电源既有交流电源也有直流电源。目前焊条电弧焊常用的电源有：交流弧焊电源和直流弧焊电源（包括逆变电源）。

(1) 交流弧焊电源

交流弧焊电源是一种具有陡降外特性的降压变压器，用以将电网的交流电变压成适于弧焊的低压交流电。这类焊机具有结构简单、便于制造、使用可靠、易于维修、节约电能和价格低廉等优点，在目前国内焊接生产应用中仍占很大的比例。但交流弧焊机电弧稳定性较差、功率因数低，不适于低氢钠型焊条焊接。

焊条电弧焊典型的交流弧焊电源有动铁芯式的 BX1-330、动圈式的 BX3-300、串联电抗器式的 BX-500 和抽头式的 BX6-120 等。

(2) 直流弧焊电源

① 硅整流和晶闸管弧焊整流器　弧焊整流器是一种把交流电

经过变压、整流后，供给电弧负载的直流电源。它与直流发电机相比，具有噪声小、空载损耗小、效率高、成本低和制造维护简单等优点，应用越来越广泛，并已取代了直流弧焊发电机，在直流焊条电弧焊电源中已占据主导地位。

弧焊整流器按整流元件的不同可分为可控硅整流和晶闸管整流器两种。晶闸管弧焊整流焊机具有引弧容易、性能柔和、电弧稳定、飞溅少、节能效果好、有效材料耗用少、重量轻、噪声小、维修方便、制造工艺简单等特点。

这类电源常用的型号有 ZX3-250、ZX3-400、ZX3-500 型动圈式弧焊整流器；ZX-160、ZX-250、ZX-400 型磁放大器式弧焊整流器、ZXG-300、ZXG-400 硅整流弧焊机及 ZX5-250B、ZX5-400B、ZX5-630B 型晶闸管式弧焊整流器。

② 逆变电源　这类电源具有体积小、重量轻、高效节能、功率因数高等独特优点，可应用于焊条电弧焊等各种电弧焊。

常用国产逆变电源有 ZX7-200S/ST、ZX7-315S/ST、ZX7-400S/ST 及 ZX7-500S/ST 晶闸管式逆变电源；ZX7-160B、ZX7-315、ZX7-400B、ZX7-400H、ZX7-500IGBT 管式逆变电源。

表 3-10 为交流和直流焊条电弧焊电源的综合比较。

表 3-10　三种焊条电弧焊机的综合比较

项目 \ 电源种类	交流弧焊电源	直流弧焊电源
电流种类	交流	直流
电弧稳定性	差	较好
磁偏吹	很小	较大
实用性	一般焊接结构件的焊条电弧焊（酸性焊条）	焊接较重要结构的焊条电弧焊
供电特点	绝大部分焊机是单相	大多是三相
电网电压波动的影响	较小	较大
结构与维修	简单	较简单
功率因数	较低	较高
空载损耗	小	较小

续表

项目 \ 电源种类	交流弧焊电源	直流弧焊电源
噪声	小	较小
成本	低	较高
重量	轻	较轻
效率	高	较高
电流调节方式	不能遥控	可遥控

3-13 弧焊电源的安装有哪些要求?

(1) 交流弧焊机安装

① 安装前检查

a. 外观检查。检查接线柱、螺母、垫圈等完整无损、仪表完好正常，机壳有 8mm 以上接地螺钉，电流调节机构动作平稳，焊机滚轮灵活、手柄、吊攀齐全可靠，铭牌技术数据齐全清晰，漆层光整。

b. 内部机件检查。检查内部各机件完整无损、电路接头无移动、活动线圈（或活动铁芯）移动正常。

c. 绝缘电阻检查。用 500V 兆欧表检测，一次、二次回路之间绝缘电阻≥5MΩ；一次侧回路与机架之间绝缘电阻≥2.5MΩ；二次侧回路与机架之间绝缘电阻≥2.5MΩ；控制回路与机架以及所有其他回路之间绝缘电阻≥2.5MΩ。

② 安装时注意事项

a. 交流弧焊机的一次电压与网路电压一致，一次电压有 380V、220V 或两用的，电网功率应够用。

b. 交流弧焊机和电网应装有独立的开关和熔断器。开关、熔断器、电缆的选择要正确，导线截面和长度要合适，以保证在额定负载时动力线电压降不大于电网电压的 5%，焊接回路电缆线压降不大于 4V。电缆绝缘应良好。

c. 交流弧焊机外壳应该接地或接零。若电网电源为三相四线制，应把外壳接到中性线上，若为不接地的三相制，则应把机壳接地。

d. 室内安装，应放置在通风、干燥处。室外安装要有防雨日晒和防潮措施。焊机附近不得有灰尘、烟雾、水蒸气及有害工业气体等。

e. 安装多台交流弧焊机时，应分别接在三相电网上，尽量保持三相负载均衡。

(2) 直流弧焊机安装

① 安装前检查　检查项目与交流弧焊机相同，但内部检查时要注意整流元件保护电路的电阻、电容接头是否松动，以防止使用时浪涌电压损坏整流元件，在用500V兆欧表进行绝缘电阻检测之前，应先用导线将整流器或整流元件、大功率电子器件短路，以防止这些器件检测时被过电击穿。

② 安装时注意事项　除与交流弧焊机安装注意事项中a～d相同外，还应注意：

a. 接线时一定要保证冷却风扇转向正确，以便内部热量顺利排出。

b. 安装晶闸管式直流弧焊机或逆变焊机，应注意主回路晶闸管电流极性与触发信号极性的配合。

(3) 电焊机的外部接线

交流弧焊机有两排接线柱：一个是一次接线柱，另一个是二次接线柱。一次接线柱较细，二次接线柱较粗。焊钳、工件应接二次接线柱。接线时应注意焊机铭牌上所标出的电源电压数值是220V、还是380V，以便接到所要求的电网电压上去，千万不能接错。

直流弧焊机也有两排接线柱，其电源接线柱有三个。焊接接线柱有正、负之分，至于如何接法，应根据焊接工艺的要求来确定。直流弧焊发电机与外电网连接时，应注意电动机旋转方向与机壳上标志的方向是否一致，如转向反了，就应立即拉开闸刀，重新接线，只需把三个接线头的任意两个对换一下即可。

3-14 弧焊电源的使用有哪些要求?

① 焊前要仔细检查各部分的接线是否正确，特别是焊接电缆的接头是否拧紧，以免过热或烧损。

② 注意焊机的工作环境，气温不得超过 40℃，相对湿度不得超过 85%。

③ 空载运转时，先听声音是否正常，再检查冷却风扇是否正常鼓风，旋转方向是否正确。

④ 使用时焊接电流和连续工作时间应符合焊机规范要求，通常是按照相应的负载持续率来确定。焊接过程中不能长时间短路或过载运行，发现过热应及时停歇。待冷却后再继续操作，以免被烧坏。

⑤ 电焊机应尽量安放在通风良好、干燥、不靠近高温和空气粉尘多的地方；如果露天使用，要防雨防晒；搬移时，不应使电源受剧烈振动，特别对直流弧焊机更应小心；严防铁屑、螺钉、螺母、焊剂、焊条头等落入电焊机内部，工作过程不得随意或打开外壳顶盖等。

⑥ 工作完毕或临时要离开工作现场时，应切断供电电源。

⑦ 发现故障应立即切断电源，分析原因及时排除或维修。

3-15 如何使用交流弧焊电源?

①操作前，首先检查接地线是否符合要求以及接地是否良好；②按铭牌指示接好一次电源线和焊钳线；③检查各接线柱状况，有无松动；④根据焊件厚度及相应的焊条规格，通过调节手柄调整所需的焊接电流；⑤焊接结束后，把电流调节开关旋至“关”的位置，切断一次电源。

3-16 如何使用逆变弧焊电源?

①检查接地线是否符合要求和接地是否良好；②根据焊机使用铭牌上的相关规定，接通网络电源（焊机的一次电源线长度一般不超过 3m)；③接通电源时，要戴绝缘手套，穿绝缘鞋，站在侧面右手合闸；④打开电源开关；⑤调节焊接电流；⑥使用碱性焊条焊接时，要注意焊钳接正极“+”，被焊工件接负极“－”，快速插头插入相应的插孔，并沿顺时针方向拧紧；⑦将焊接转换开关调至“手弧焊”位置；⑧焊接结束后，把电流调节开关旋至“关”的位置，切断一次电源。

3-17 全数字控制逆变弧焊电源有何特点?

全数字控制焊条电弧焊电源引入了全新的设计思想，并利用功能强大、快速反应的数字信号处理器和相应的计算机软件，使这种智能逆变弧焊电源具有以下特点：

① 焊接电弧极其稳定。与普通的逆变电源相比，功率储备充分，电弧特性趋于完美，并恒定不变，即使加长输入电源电缆，或电网电压波动较大，也不会影响电弧的稳定性。

② 良好的引弧性能。全数字控制逆变电源中设置两种引弧控制模块，即热引弧和软引弧模块。其中热引弧模块适用于纤维素型焊条和钛钙型焊条。在引弧的瞬间，输出电流快速上升到正常焊接电流的1.3倍，持续时间1.5～2.0s。热引弧功能不仅保证了可靠的引弧，而且使引弧部位母材熔化区扩大，防止了引弧处未熔合和夹渣等缺陷。软引弧特性适合于碱性药皮焊条，引弧时以低于正常焊接电流50～60A的起始电流引弧。这种引弧方式除了提高引弧成功率外，还可明显减少焊接飞溅。

③ 优异的焊接工艺适应性。该类电源具有适应各类焊条的焊接特性，包括纤维素型向下立焊特性。可优化的模块存储各种焊条的标准焊接参数，如预设焊条类型和焊接电流，其他焊接参数则相应自动调整。

④ 自动防粘连功能。该类电源可设置两种自动防粘连功能。一种是当焊条将要粘连时，焊接电源在1s后自动切断焊接电流。当焊条提升离开焊件后，焊接电源恢复至正常工作状态。

⑤ 操作简易。电源的面板布置简单，界面友好。

⑥ 遥控操作十分方便。

3.3 焊条电弧焊机的维护

3-18 交流弧焊电源常见故障有哪些? 如何排除?

交流弧焊电源常见的故障主要有：焊接电源的空载电压不正常、输出的焊接电流不稳定、焊接电源过热、保险丝经常烧断、电源外壳带电及焊接电源振动和响声等。

常见故障的产生原因和排除方法见表3-11。

表 3-11 交流弧焊电源常见故障的原因和排除方法

故障现象		产生的可能原因	排除方法
空载电压不正常	无空载电压	① 焊接电源开关工作不正常、触点接触不良 ② 动力线断或一次、二次绕组断路 ③ 焊接电缆接触不良或断路	① 检修电源开关 ② 检查动力线或一次、二次绕组的通断,更换断线 ③ 检查焊接回路,使之接触良好
	空载电压低	① 供电线路电阻太大 ② 二次绕组匝间短路,焊接回路上接头接触电阻过大	① 检查动力线规格选择是否合适,如过长过细等 ② 检查线圈绝缘情况,更换绝缘材料或重绕线圈,改善接头接触条件
焊接电流不正常	焊接电流过小	① 焊接电缆过长,电阻大 ② 焊接电缆盘成盘形,感抗大 ③ 电缆接头或与焊件接触不良 ④ 铁芯绝缘破坏,涡流增加	① 减少电缆长度或加大电缆线径 ② 将电缆放开,不绕成盘 ③ 改善接头接触状况,使之接触良好 ④ 检查磁路绝缘,重新刷绝缘漆
	焊接电流过大	电抗器线圈有短路	检查并修复电抗器线圈
	焊接电流不稳定、忽大忽小	① 焊接回路接线处接触不良,时松时紧 ② 电流调节机构随焊机振动而移动	① 紧固接线处,使接触良好 ② 检修电流调节机构,使可动部分固定
过热	线圈过热	① 焊机过热 ② 变压器线圈短路	① 按规定的负载持续率下使用焊接电流值 ② 重绕线圈或更换绝缘
	铁芯过热	① 电源电压超过额定值 ② 铁芯硅钢片的螺杆等的绝缘损坏	① 检查电源开关并对照焊机铭牌上的规定数值 ② 清洗硅钢片,重刷绝缘漆或更换绝缘材料
		接线处接触电阻过大或接线螺母松动	① 清理接线部位 ② 旋紧螺母
保险丝烧断		① 电源线有短路或接地 ② 一次线圈与二次线圈短路	① 检查电源线,消除短路 ② 检查线圈情况,更换绝缘材料或重绕线圈

续表

故障现象	产生的可能原因	排除方法
焊机外壳带电	① 电源线或焊接电缆碰外壳 ② 一次、二次线圈碰外壳 ③ 外壳没接地或接触不良	① 检查电源引线和电缆与接线板连接情况 ② 用兆欧表检查线圈的绝缘电阻 ③ 接好地线
焊机振动和响声	① 动铁芯或线圈的传动结构有故障 ② 动铁芯上的螺杆和拉紧弹簧太松或脱落	① 检修传动机构 ② 加固动铁芯及拉紧弹簧

3-19 直流弧焊电源常见故障有哪些？如何排除？

直流弧焊电源常见的故障包括：空载电压太低，焊接电流调节失灵、焊接电流不稳定、风扇电机不转、焊接时电压突然降低、焊接电流小、焊接电源外壳带电、指示灯不亮以及无输出等。常见的直流弧焊电源故障原因及排除方法见表 3-12。

表 3-12 常见的直流弧焊电源故障原因及排除方法

故障现象	可能产生的原因	排除方法
空载电压太低	①网路电压过低 ②变压器一次绕组匝间短路 ③开关接触不良	①调整电源电压 ②消除短路 ③检修开关
焊接电流调节失灵	①控制绕组匝间短路 ②焊接电流控制器接触不良 ③控制整流回路整流元件被击穿	①消除短路 ②消除接触不良 ③更换元件
焊接电流不稳定，忽大忽小	①主回路交流接触器抖动 ②风压开关抖动 ③控制绕组接触不良	①消除抖动 ②检修控制线路
风扇电机不转	① 熔断器烧断 ②电动机引线绕组断线 ③开关接触不良	①更换熔断器 ②修理电动机和接线 ③修理开关

续表

故障现象	可能产生的原因	排除方法
焊接时，电压突然降低，焊接电流变小	①主回路部分或全部短路 ②整流元件被击穿 ③控制回路短路	① 修复线路 ②检查保护电路更换元件 ③检修控制回路
焊机壳带电	①电源线碰机壳 ②变压器、电抗器、风扇及控制电路元件等碰机壳 ③未接地线或接触不良	① 检查并消除碰机壳现象 ② 接好地线
指示灯不亮，无输出	①熔断器烧断 ②主电路故障 ③交流接触器不接触	①更换熔断器 ②排除主回路故障 ③修理接触器

第4章

焊条电弧焊工艺与操作技术

4.1 焊条电弧焊工艺

4-1 何谓焊接工艺和焊接参数？焊条电弧焊有哪些焊接参数？

焊接工艺是指焊接过程中的一整套技术规定，即焊接结构或焊接接头加工所涉及的方法、内容和要求，包括焊接工艺规程及焊接工艺卡或焊接作业指导书编制、焊前准备（包括坡口准备、焊接设备和辅助设备及工装准备、焊接材料和辅助材料，如保护气体及衬垫等的准备、预热及加热手段的准备等）、焊接过程实施（包括装配顺序、对定位焊要求、焊接顺序、焊接参数的实施和调整、清根和层间清理要求及手段等）以及焊后保障（包括保温要求及实施、后热或焊后热处理要求及实施、焊缝无损探伤要求及实施等），必要时还需制订对焊接试验的要求，如焊缝金属及焊接接头的力学性能试验、熔敷金属化学成分分析、硬度试验、耐腐蚀试验等。因此，焊接工艺是制造一个焊接接头的系统工程，而非仅局限于制订焊接方法、焊接材料和焊接参数。

焊接参数又称焊接工艺参数，是为实施焊接工艺而选定的各项参数的总称。焊接参数的数量及其数值随被焊材料、接头和坡口形式、焊接方法等的要求不同而变化。

焊条电弧焊的焊接参数主要有：坡口形式、焊条型号（牌号）及直径、电源类型和极性、焊接电流、电弧电压、焊接层次和各层道数、焊接速度。其中最主要的参数是焊条型号及直径和焊接电流。因为焊条型号决定后，电源类型和极性也相应确定。而电弧电压和焊接速度主要取决于操作因素，不可能精确调节。而坡口形式所涉及的要素主要是接头形式和板厚，一般在结构设计中已明确。

4-2 焊条电弧焊焊前需要进行哪些准备？

① 焊条烘干　焊前对焊条烘干的目的是去除受潮焊条中的水分，减小熔池和焊缝中氢，以防止产生气孔和冷裂纹。不同药皮类型的焊条，其烘干工艺不同，可参照第 2 章 2.3 中表 2-9 中各类焊条烘干温度进行或按照焊条产品说明书中指定的工艺进行。

② 焊前清理　焊前清理是指焊前对接头坡口及其附近（约 20～30mm 范围内）的表面油污、铁锈、水分等杂质的清除。用低氢碱性焊条焊接时，清理要求严格和彻底，否则极易产生气孔和延迟裂纹。酸性焊条对锈不很敏感，对焊缝质量要求不高，且锈得较轻时，可不清理。

③ 焊前预热　预热是指焊前对焊件整体或局部进行适当加热的工艺措施。预热的主要目的是减小接头焊后的冷却速度、避免产生淬硬组织和减小焊接应力和变形。它是防止产生裂纹的有效办法之一。

4-3 何谓正接和反接？如何选择极性？

采用直流焊接电源，存在极性的选择问题。

正接是指直流电源焊接时焊件接电源正极，电极接电源负极的接线法，又称正极性。

反接是指焊件接电源负极，电极接电源的正极的接线法，又称反极性。

极性的选择主要根据焊条的性质和焊件所需的热量来决定的，其选择原则如下：

① 当焊接重要结构件，选用 E4315、E5015 等低氢碱性焊条时，为了减少气孔的产生，规定要使用直流反接。

② 选用 E4303 等酸性焊条焊接时，因正极区温度高于负极区，因此，厚板焊接时采用正接以增加熔深。

③ 若焊接薄钢板、铝及其合金、黄铜及铸铁等焊件，不论用碱性焊条还是酸性焊条，都宜采用直流反接法。

4-4 焊条电弧焊如何选择电源类型?

焊条电弧焊既可用交流电也可用直流电，用直流电焊接的最大特点是电弧稳定、柔顺、飞溅少，容易获得优质焊缝，但直流焊接有极性和明显偏吹现象。交流电焊条电弧焊稳定性差，特别是在小电流焊接时对焊工操作技术要求高，但交流电焊接有两大优点：一是电源成本低，二是电弧磁偏吹不明显。因此，除特殊情况外，一般都选用交流电源进行焊条电弧焊，特别是用铁粉焊条在平焊位置焊接可选较大的焊条直径，较高的焊接电流，以提高生产率。

焊接电源种类的选择通常根据焊条类型来决定，一般除高纤维素钠型及低氢钠型焊条必须采用直流反接外，低氢钾型焊条、高纤维素钾型及铁粉低氢钾型药皮焊条如使用直流均宜反接，而高钛钠型及铁粉氧化型药皮焊条则要求正接。酸性焊条可以采用交流电源焊接，也可以用直流电源，焊厚板时用直流正接，焊薄板用直流反接。

总之，从稳弧考虑直流优于交流，直流反接又优于直流正接；从熔深看，直流正接可增加酸性药皮焊条焊接时熔深；从焊缝含氢量考虑，直流优于交流，直流反接优于直流正接。

4-5 焊条电弧焊如何选择焊条直径?

焊条直径大小对焊接质量和生产率影响很大。焊条直径的选择是根据焊件厚度、焊接位置、接头形式、焊接层数等进行的。通常是在保证焊接质量前提下，尽可能选用大直径焊条以提高生产率。但是用直径过大的焊条焊接，容易造成未焊透或焊缝成形不良等缺陷。

焊条直径的选择主要根据被焊工件的厚度，表 4-1 是按板厚来选择焊条直径。厚度较大的焊件，搭接和 T 形接头的焊缝应选用直径较大的焊条。对于小坡口焊件，为了保证根部的熔透，宜采用较细直径的焊条，如打底焊时一般选用 ϕ2.5mm 或 ϕ3.2mm 焊条。不同的焊接位置，选用的焊条直径也不同，通常平焊时选用较粗的 ϕ4.0～6.0mm 的焊条，立焊和仰焊时选用 ϕ3.2～4.0mm 的焊条；横焊时选用 ϕ3.2～5.0mm 的焊条。在“船形”位置上焊接角焊缝时，焊条直径不应大于角焊缝尺寸。对于特殊钢材，需要小工艺参数焊接时可选用小直径焊条。

表 4-1 焊条直径与焊件厚度的关系

焊件厚度/mm	2	3	4～5	6～12	>13
焊条直径/mm	2	3.2	3.2～4	4～5	4～6

4-6 焊条电弧焊如何选择焊接电流的种类?

按照焊条药皮的类型，焊条电弧焊可以采用交流电或直流电。采用直流电焊接时，某些焊条适用直流反接；另一些焊条则应使用直流正接。通常，低氢钠型焊条必须采用直流反接，低氢钾型焊条可以采用直流反接或交流电。酸性药皮焊条可以采用交流电，也可以采用直流电进行焊接。

① 直流电　直流电与交流电相比，焊接电弧比较稳定，焊条熔滴的过渡较平稳。熔池金属具有良好的润湿作用，焊道成形匀整。直流电适合于薄板焊件的焊接和全位置焊接。但采用直流电进行焊接磁性金属材料时会产生电弧磁偏吹，引起气孔、未熔合和焊道成形不良等焊接缺陷。此外，采用直流电源价格相对较高、维修费用较大，总的使用成本较高。

② 交流电　不会产生磁偏吹，因此可以选用较大直径的焊条和较高的焊接电流，有利于提高熔敷率和焊接速度。另一方面，交流焊接电源的结构简单，价格较低，维修简易。此外，交流电焊条电弧焊时，工夹具的材料和结构形式、接地线的位置、焊接操作技术等不像直流电焊接时那样严格。

4-7 如何选择焊接电流？焊接电流选择与焊条直径之间存在怎样的关系？

焊接电流是焊条电弧焊的主要工艺参数，它直接影响焊接质量和生产率。焊工在操作过程中需要调节的只有焊接电流，而焊接速度和电弧电压都是由焊工控制的。

焊接电流的选择主要根据焊条类型、焊条直径、焊件厚度、接头形式、焊缝位置及焊接层数等因素来综合考虑。在保证焊接质量的前提下，尽量采用较大的焊接电流，以提高生产效率。

① 考虑焊条直径　焊条直径越粗，熔化焊条所需的热量越大，必须增大焊接电流，每种焊条都有一个最合适电流范围，表 4-2 是常用的各种直径焊条合适的焊接电流参考值。

表 4-2　常用的各种焊条直径合适的焊接电流参考值

焊条直径 d/mm	平焊焊接电流/A	平焊焊接电流/A	横焊焊接电流/A
1.6	25～40	20～35	22～38
2.0	40～60	35～55	36～62
2.5	50～80	40～70	45～75
3.2	100～130	85～115	95～125
4.0	160～210	135～190	145～200
5.0	200～270	170～240	180～255
5.8	260～300	220～270	235～285

焊条电弧焊使用碳钢焊条时，还可以根据选定的焊条直径，用经验公式计算焊接电流

$$I=kd \tag{4-1}$$

式中，I 为焊接电流，A；d 为焊条直径，mm；k 为经验系数，A/mm，见表 4-3。

表 4-3　焊接电流经验系数与焊条直径的关系

焊条直径 d/mm	1.6	2～2.5	3.2	4～6
经验系数 k/(A/mm)	20～25	25～30	30～40	40～50

根据上面经验公式计算出的焊接电流，只是大概的参考数值，在实际使用时还应根据具体情况灵活掌握。在采用同样直径的焊条焊接不同厚度的钢板时，电流就应有所不同。一般来说，板越厚，焊接热量散失得就越快，因此应选用电流值的上限。厚板、T 形接头、搭接接头、施焊环境温度低时，由于导热较快，焊接电流要大一些。使用不锈钢焊条焊接不锈钢时，为了降低晶间腐蚀，减少焊

条发红，焊接电流应选小一些。

② 考虑焊接位置　在平焊位置焊接时，可选择较大的焊接电流。立焊、横焊和仰焊时，为了防止熔化金属从熔池中流淌，应减小熔池面积以便于控制焊缝成形，焊接电流比平焊位置要小些。仰、横焊时所用电流比平焊小5%～10%左右，立焊时应比平焊小10%～15%左右。

③ 考虑焊接层次　通常焊接打底焊道时，为保证背面焊道的质量，使用的焊接电流较小；焊接填充焊道时，为提高效率，保证熔合好，使用较大的电流；焊接盖面焊道时，防止咬边和保证焊道成形美观，使用的电流稍小些。

实际生产过程中焊工一般都是根据试焊的试验结果，根据自己的实践经验选择焊接电流。通常焊工根据焊条直径推荐的电流范围，或根据经验选定一个电流，在试板上试焊，在焊接过程中看熔池的变化情况、渣和铁水的分离情况、飞溅大小、焊条是否发红、焊缝成形是否好、脱渣性是否好等来选择合适的焊接电流。但对于有力学性能要求的锅炉、压力容器等重要结构，焊接电流必须通过焊接工艺评定合格以后，才能最后确定焊接电流等工艺参数。对焊接热输入敏感的金属材料，必须根据试验得出的许用焊接热输入来确定焊接电流范围。

4-8 焊条电弧焊时如何控制电弧电压？电弧长度对焊接质量有何影响？

焊条电弧焊中电弧电压不是焊接工艺的重要参数，一般不确定。焊缝宽度主要靠焊条的横向摆动幅度来控制，因此电弧电压对焊缝的宽窄没有明显的影响。当焊接电流调好以后，焊机的外特性曲线就决定了。

实际上电弧电压主要是由电弧长度来决定。电弧长，电弧电压高；电弧短，电弧电压低。操作时，焊工只要控制好弧长，就等于控制了电弧电压。

电弧长度是焊条焊芯熔化端到焊接熔池表面的距离，它的长短控制主要决定于焊工的知识、经验、视力和操作技巧。正常的电弧长度等于或小于焊条直径（即所谓短弧焊），相应的电弧电压为

16～28V。除了盖面焊和收弧时为了填满弧坑而进行短时稍微拉长电弧操作外，一般都希望正常弧及短弧操作。碱性焊条的电弧长度不超过焊条的直径，为焊条直径的一半较好，尽可能选择短弧焊；酸性焊条焊接时，电弧长度应等于焊条直径，有时为了预热待焊部位或降低熔池温度和加大熔宽，将电弧稍微拉长进行焊接。

在焊接过程中，电弧长度影响焊缝的质量和成形。焊接过程中，电弧不宜过长，否则会出现电弧漂摆、燃烧不稳定、飞溅大、熔深浅、熔宽加大及产生咬边、气孔等缺陷；但电弧太短，熔滴过渡时可能经常发生短路、粘焊条，使操作困难。电弧长度对焊接质量的影响见表4-4。

表4-4　电弧长度对焊接质量的影响

焊接质量项目	正常弧	短弧	长弧
电弧电压	适中	低	高
电弧稳定性	稳定	稳定	不稳定
热量集中程度	好	更好	不好
熔滴过渡	易控制	易控制	不易控制
保护效果	好	更好	差
熔深	适中	较深	较浅
飞溅	少	更少	多
焊缝成形	正常	正常	高而窄
操作要求	熟练	高	一般

4-9　焊条电弧焊时焊接电流对焊缝形状有何影响？

焊条电弧焊时，随着焊接电流增加，熔深几乎成正比地增加。主要是由于电弧吹力增加，熔池底部液态金属被吹开，使电弧能达到熔池底部未熔化金属的原因。由于电弧的深入，弧柱所覆盖面积并未明显加大，因此熔宽没有明显增加。此外，随着焊接电流增加，焊条熔化速度增加，过渡到熔池中的填充金属量也随之增加，从而在熔宽变化不大的情况下，势必使焊缝余高略有增加。焊接电流与熔深、熔宽和焊缝余高的关系，如图4-1所示。

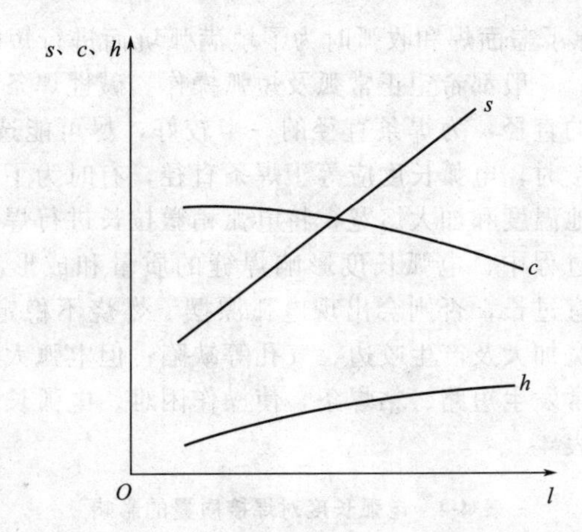

图 4-1 焊接电流与熔深、熔宽和焊缝余高的关系

s—熔深；c—熔宽，h—余高

焊接电流越大，熔深越大，焊条熔化快，焊接效率也高。但是焊接电流太大时，飞溅和烟雾大，焊条尾部易发红，部分药皮失效或崩落，保护效果变差，造成气孔和飞溅，出现焊缝咬边、焊瘤、烧穿等缺陷。此外，增大焊件变形，还会使接头热影响区晶粒粗大，焊接接头的韧性降低。

焊接电流太小，则引弧困难，焊条容易粘连在工件上，电弧不稳定，易造成未焊透、未熔合、气孔和夹渣等缺陷，且生产率低。

焊接电流适中时，焊缝熔敷金属高度适中，焊缝熔敷金属两侧与母材结合得很好（图 4-2）。

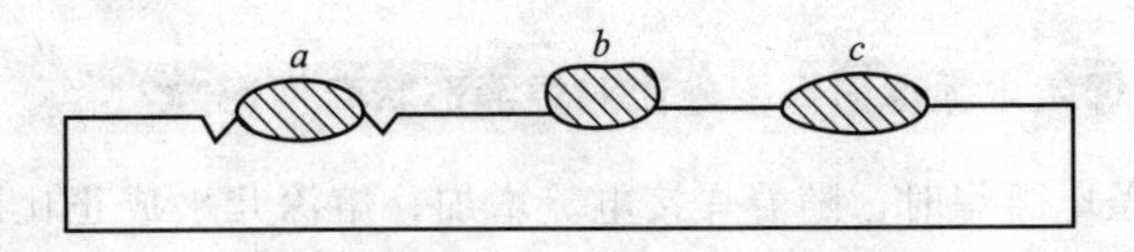

图 4-2 不同焊接电流对焊缝成形影响

a—电流过大；b—电流过小；c—电流适中

4-10 焊条电弧焊时电弧电压对焊缝形状有何影响？

电弧电压对焊缝形状影响的一般规律是：电弧电压增加时，熔宽会显著增加，熔深和余高略有减少。焊条电弧焊时，为了稳定电弧和保证焊缝质量，对弧长的波动范围有一定的限制。一般都控制在 2～10mm 范围内，因此对电弧电压的影响有限。焊条电弧焊的使用电压范围在 16～28V 之间，但对一定直径焊条来说，其所允许电流范围相匹配的电弧电压，最多只能波动 2～4V，因此电弧电压对熔宽的影响很有限，对熔深和余高的影响就更小了。因此，焊条电弧焊时，并不能有效地利用改变电弧电压来调节焊缝形状，而只能作为一种辅助手段加以利用。

4-11 焊条电弧焊焊接速度对焊缝质量有何影响?

焊接速度是指焊接过程中沿焊接方向移动的速度，即单位时间内完成的焊缝长度。焊接速度过快会造成焊缝变窄，严重凹凸不平，容易产生咬边及焊缝波形变尖；焊接速度过慢会使焊缝变宽，余高增加，生产率降低。焊接速度还直接决定着焊接热输入的大小，一般根据钢材的淬硬倾向来选择。焊条电弧焊时，在保证焊缝具有所要求的尺寸和外形及良好的熔合原则下，焊接速度由焊工根据具体情况灵活掌握。

4-12 焊条电弧焊焊接厚板时为什么要采用多层焊或多层多道焊?

厚板焊接时，一般要开坡口并采用多层焊或多层多道焊，如图 4-3 所示。层数增加对提高焊缝的塑性和韧性有利。一般多层焊和多层多道焊接头的组织较细，热影响区较窄。因为后焊道对前焊道有热处理作用，因此，接头的塑性和韧性都比较好。特别是对于易淬火钢，后焊道对前焊道的回火作用，可改善接头组织和性能。

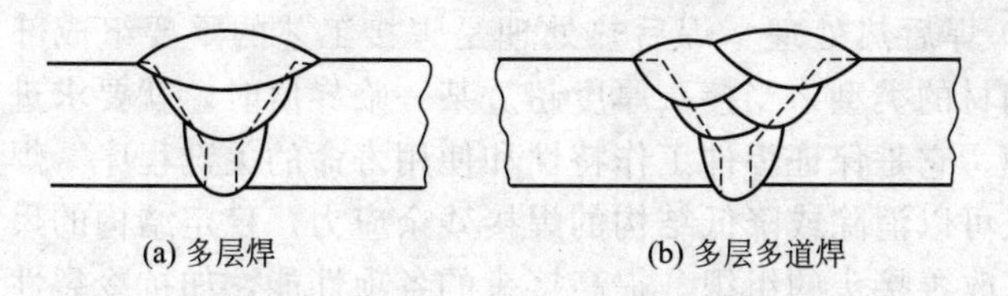

图 4-3　多层焊与多层道焊

对于低合金高强钢等钢种，焊缝层数对接头性能有明显影响。

焊缝层数少，每层焊缝厚度太大时，由于晶粒粗化，将导致焊接接头的塑性和韧性下降。每层焊道厚度不能大于4～5mm。但随着层数增加，生产率下降，往往焊接变形也随之增加。

4-13 焊接温度参数有哪些？其作用是什么？

焊接温度参数包括焊前预热温度、层间温度、后热温度和焊后热处理温度等。这些温度参数对焊接接头的质量和组织性能产生重要的影响，在焊接工艺规程中必须明确作出规定。

① 预热温度　焊件是否需要预热和预热温度的高低，取决于被焊材料的特性、所用焊条和接头的拘束度。预热是防止焊接接头冷裂纹的有效措施。对于刚性不大的低碳钢和强度级别较低的低合金钢的一般结构，一般不需要预热。但对刚性大或焊接性差而容易产生裂纹的结构，焊前需预热。如普通低碳钢焊接时，由于其淬硬倾向较小，焊前可不进行预热。但如接头壁厚超过90mm，或拘束度很大时，也应适当预热，以降低焊接应力。淬硬倾向较高的合金钢（包括低合金钢、中合金钢和高合金钢）焊接时，为防止冷裂纹的产生，焊前必须预热。

② 层间温度　层间温度是厚壁接头多层多道焊接时应保持的温度。对于要求预热的钢材，层间温度应不低于预热温度。而焊接某些敏感于焊接热循环的钢材如铬镍奥氏体不锈钢、高强度调质钢等，则要求控制温度不高于临界值，否则接头性能可能达不到要求。

③ 后热温度　后热是焊接结束后立即将焊接接头加热到某一温度的一种工艺措施，主要用于焊前预热还不足以可靠防止冷裂纹形成的一些淬硬倾向相当高的钢材。

④ 焊后热处理　焊后热处理是焊接工艺的重要组成部分。按所焊钢材的类型，当接头厚度超过某一临界值时，就要求进行焊后热处理。它是保证焊件工作特性和使用寿命的关键程序。焊后热处理不仅可以消除或降低结构的焊接残余应力，稳定结构的尺寸，而且可以改善接头的组织，提高接头的各项性能，如抗冷裂性、耐应力腐蚀性、抗脆断性能和热强性等。对于某些合金钢焊件，焊后热处理是决定接头性能的关键工艺。

4.2 焊条电弧焊操作技术

4-14 焊条电弧焊时如何引弧?

电弧焊开始时，引燃焊接电弧的过程叫引弧。引弧是焊条电弧焊操作中最基本的动作，如果引弧方法不当会产生气孔、夹渣等焊接缺陷。焊条电弧焊一般不采用不接触引弧方法，主要采用接触引弧方法，包括敲击法和划擦法两种方法。

① 敲击引弧法　敲击引弧法是一种理想的引弧方法。将焊条垂直于焊件接触，端部与焊件起弧点轻轻敲击，形成短路后迅速提起焊条 2～4mm 的距离后电弧即引燃，如图 4-4 所示。

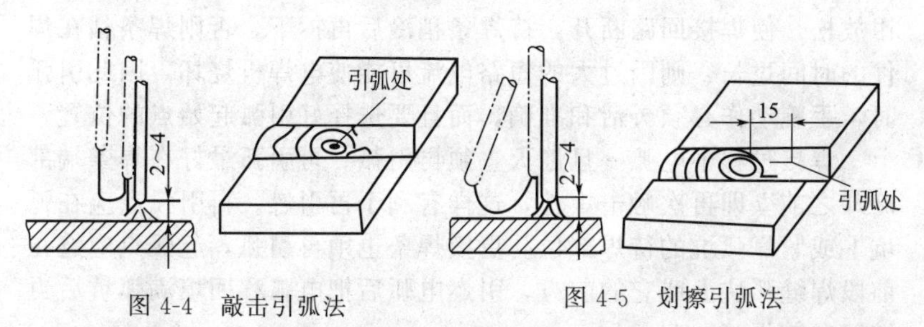

图 4-4　敲击引弧法

图 4-5　划擦引弧法

② 划擦引弧法　划擦引弧法是将焊条在焊件表面上划一下，即可引燃电弧，见图 4-5。引弧点最好在焊缝起点 10mm 左右的待焊部位，引燃电弧后立即提起，并移至焊缝起点，再沿焊接方向进行正常焊接。划动长度以 20～25mm 为佳，以减少污染。

4-15 试述敲击引弧法与划擦引弧法优缺点?

敲击引弧法优点是可用于困难位置，污染焊件轻。缺点是不容易掌握，操作不熟时焊条易粘于焊件表面，而发生电弧熄灭或造成短路现象，这是没有掌握好离开焊件时的速度和保持一定距离的原因，如果操作时焊条上拉太快或提得太高，都不能引燃电弧或电弧只燃烧一瞬间就熄灭。相反，动作太慢则可能使焊条与焊件粘在一起，造成焊接回路短路。此外该法受焊条端部状况限制，用力过猛时，药皮易大块脱落，造成暂时性偏吹。对于焊接淬硬倾向较大的钢材最好是采用敲击法。

划擦引弧法的优点是与划火柴相似，容易掌握，不受焊条端部状况的限制。其缺点是操作不熟练时易污染焊件，容易在焊件表面造成电弧擦伤，因此必须在焊缝前方的坡口内划擦引弧。该法不适合淬硬倾向较大的钢材，以及在狭小工作面上或不允许烧伤焊件表面引弧。

4-16 如何处理引弧过程中焊条和焊件粘结？如何再引弧？为什么严禁随意引弧？

引弧时，如果发生焊条和焊件粘在一起时，只要将焊条左右摇动几下，就可脱离焊件。如果此时还不能脱离焊件，就应立即将焊钳放松，使焊接回路断开，待焊条稍冷后再拆下，否则焊条粘在焊件的时间过长，则因过大的短路电流可能使电焊机烧坏。因此引弧时，手腕动作必须灵活和准确，而且要选择好引弧起始点的位置。

焊接过程中电弧一旦熄灭，须再引弧。再引弧最好在焊条端部冷却之前立即再次触击焊件，这样有利于再引燃。再引弧点应在弧坑上或紧靠弧坑的待焊部位。更换焊条也须再引弧，起弧点应选在前段焊缝弧坑上或它的前方，引燃电弧后把电弧移回填满弧坑后再继续向前焊接。

焊条电弧焊时不许在非焊部位引弧，否则将会在引弧处留下坑疤、焊瘤或龟裂等缺陷。尤其是在焊接不锈钢时，如在非焊部位引弧，易造成耐腐蚀性能降低。

4-17 何谓运条？焊条电弧焊如何运条？

焊接过程中，焊条相对焊缝所做的各种动作的总称称为运条。焊接时，通过正确运条可以控制焊接熔池的形状和尺寸，从而获得良好的熔合和焊缝成形。焊条电弧焊电弧引燃后运条时，焊条末端有三个基本动作要互相配合，即焊条沿着轴线向熔池送进、焊条沿着焊接方向移动、焊条作横向摆动，这三个动作组成焊条有规则的运动，见图 4-6。

① 焊条前进动作　是使焊条沿焊缝轴线方向向前移动的动作，

此动作的快慢代表着焊接速度（每分钟焊接的焊缝长度）。焊条移动速度对焊缝质量、焊接生产率有很大影响。如果焊条移动速度太快，则电弧来不及熔化足够的焊条与母材金属，产生未焊透或焊缝较窄；若焊条移动速度太慢，则会造成焊缝过高、过宽、外形不整齐。在焊较薄焊件时容易焊穿。移动速度必须适当才能使焊缝均匀。

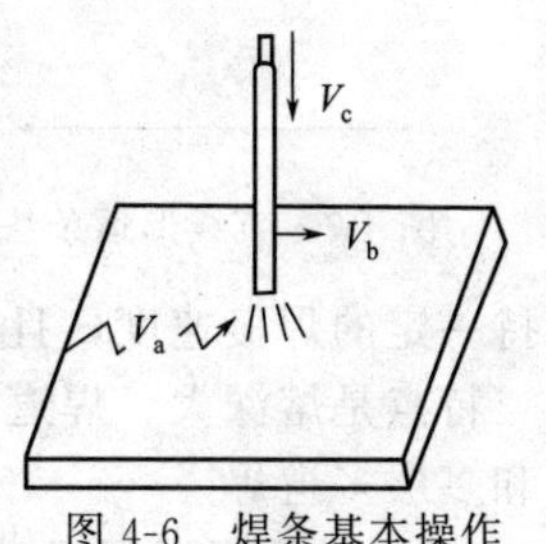

图 4-6　焊条基本操作
V_a—横向摆动速度；
V_b—直线焊接速度；
V_c—焊条送进速度

② 焊条送进动作　是使焊条沿自身轴线向熔池不断送进动作。焊接时，如果焊条送进速度和它的熔化速度相等，则弧长保持不变；若送进速度慢于焊条熔化的速度，则电弧的长度变长，使熔深变浅，熔宽增加、电弧飘动不稳，保护效果变差，飞溅大等，甚至导致断弧；如果焊条送进速度太快，则电弧长度迅速缩短使焊条末端与焊件接触发生短路，同样会使电弧熄灭。因此，在操作中，可通过改变电弧长度来调节焊条熔化的快慢，一般情况下应使送进速度等于或略大于熔化速度、让弧长等于或小于焊条直径下焊接。

③ 焊条的横摆动作是焊条端头在垂直前进方向上作横向摆动。横向摆动的作用是为获得一定宽度的焊缝，并保证焊缝两侧熔合良好。摆动的方式、幅度和快慢直接影响焊缝的宽度和深度，以及坡口两侧的熔合情况。摆动幅度应根据焊缝宽度与焊条直径决定。横向摆动力求均匀一致，才能获得宽度整齐的焊缝。

在实际操作时，应根据熔池形状与大小的变化、灵活地调整运条动作，使三者很好协调，将熔池控制在所需要的形状与大小范围内。

4-18 焊条电弧焊常用的运条方法有哪些？ 各有何特点？

焊条常用的运条方法有很多，可以根据焊接接头形式、焊件厚度、装配间隙、焊缝的空间位置、焊条直径、焊接电流及操作熟练程度等因素合理地选择各种运条方法。

① 直线形运条法　如图 4-7 所示。焊条端头不作横向摆动，

图 4-7　直线形运条法　　　　图 4-8　直线往复形运条法

保持一定的焊接速度，且焊条沿着焊缝的方向前移。

特点是熔深大、焊道窄。适用于不开坡口对接平焊，多层焊打底和多层多道焊。

② 直线往复形运条法　如图 4-8 所示。焊条端头不作横向摆动，只沿着焊缝前进方向来回直线摆动。在实际操作中，电弧长度是变化的，焊接时应保持较短电弧，焊接一小段后，电弧拉长，向前跳跃，待熔池稍凝，焊条又回到熔池继续焊接。

特点是焊接速度快、焊道窄、散热快。适用于薄板焊接和接头间隙较大的多层焊第一层焊缝。

③ 锯齿形运条法　如图 4-9 所示。焊条端头作锯齿形横向摆动，并在两侧稍作停留，停留时间根据工件厚度、电流的大小、焊缝宽度及焊接位置而定。根据熔池形状及熔孔（指根部焊接时）大小来控制焊条的前进速度。

(a) 正锯齿形

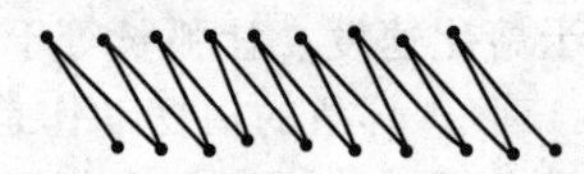

(b) 斜锯齿形

图 4-9　锯齿形运条法

特点是焊缝宽度大。适用于根部焊道和较厚钢板的焊接，如平焊、立焊、仰焊位置的对接及角接。锯齿形运条法又分为正锯齿形和斜锯齿形两种。斜锯齿形运条法适用于平、仰位置的 T 形接头焊缝和对接接头的横焊缝。运条时两侧的停留时间应上长下短，以利于控制熔化金属的下流，有助于焊缝成形。

④ 月牙形运条法　如图 4-10 所示。月牙形运条法在实际生产中应用也比较广泛，操作方法与锯齿形相似。焊条端头作月牙形横向摆动，并在焊缝两侧稍作停留，沿着焊接方向前移。这种运条法对熔池的加热时间较长，金属的熔化良好，容易使熔池中的气体逸出和熔渣浮出，能消除气孔和夹渣，焊缝质量较高。

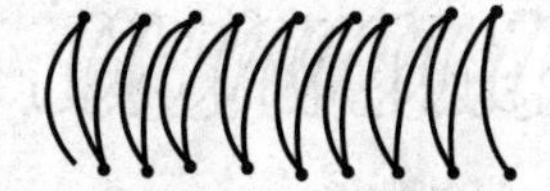

(a) 正月牙形

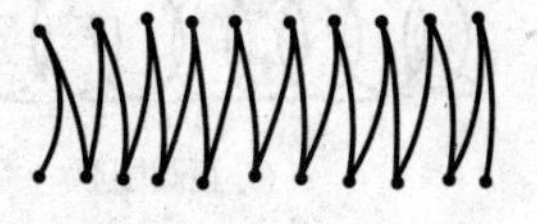

(b) 反月牙形

图 4-10　月牙形运条法

特点是使焊缝宽度和余高增加。为了使焊缝两侧熔合良好、避免咬肉，要注意在月牙两尖端的停留时间。可根据焊缝的空间位置和熔池的温度来选择正月牙或反月牙运条法。正月牙形适用于较厚钢板的焊接，尤其适用于盖面焊道，但不适合于宽度小的立焊缝。当对接接头平焊时，为了避免焊缝金属过高及使两侧熔透，可采用反月牙形运条。

⑤ 三角形运条法　如图 4-11 所示。焊接过程中，焊条端头呈三角形摆动。

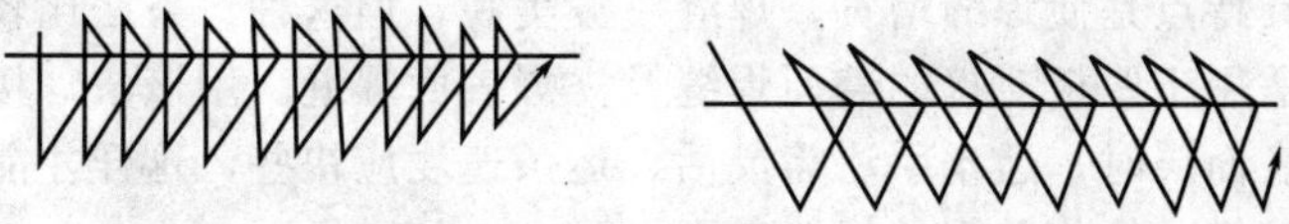

(a) 正三角形

(b) 斜三角形

图 4-11　三角形运条法

特点是一次能焊较厚的焊缝截面。三角形运条法分为正三角形和斜三角形运条法两种。正三角形运条法适用于开坡口立焊和填角焊，其特点是一次能焊出较厚的焊缝断面。当内层受坡口两侧斜面的限制，宽度较小时，在三角形折角处要稍加停留，以利于两侧熔化充分，避免产生夹渣；而斜三角形适用于平焊、仰焊位置的角焊缝和开坡口横焊，其特点是能够借助焊条的不对称摆动来控制熔化金属，以形成良好的焊缝成形。立焊时在三角折角处应作停留；斜三角形转角部分的运条速度要慢些。

⑥ 圆圈形运条法　如图 4-12 所示。焊接过程中，焊条端头作圆环形运动。圆圈形运条法又分为正圆圈形和斜圆圈形。

正圆圈形适用于厚板平焊，其特点是熔池在高温停留的时间长，有利于气体的逸出和熔渣的上浮；而斜圆圈形适用于平焊、仰

(a) 正圆圈形

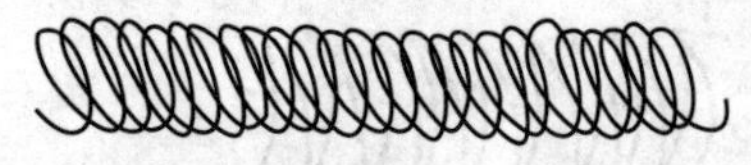
(b) 斜圆圈形

图 4-12　圆圈形运条法

焊位置的角焊缝和开坡口横焊，其特点是有利于控制熔化金属不受重力的影响而产生下淌现象，有助于横焊缝的成形。

⑦“8”字形运条法　如图 4-13 所示。焊接过程中，焊条端头作“8”字形运动。

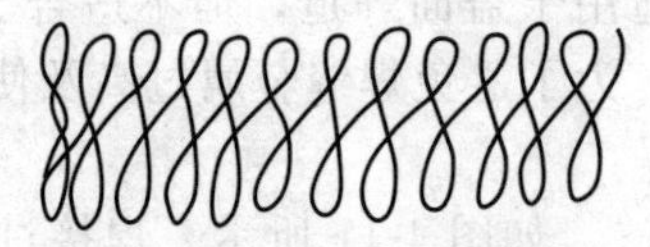

图 4-13　“8”字形运条方法

其特点是使焊缝增宽，焊缝纹波美观，但这种运条法比较难掌握。适用于厚板对接的盖面焊缝及立焊表面焊缝。用该法焊接对接立焊表面层时，运条手法需灵活，运条速度应快些，这样才能获得焊波较细、均匀美观的焊缝表面。

4-19　焊条电弧焊收弧时易产生哪些缺陷？常见的收弧方法有哪些？

收弧是焊接过程中的关键动作。焊接结束时，如果立即将电弧熄灭，则在焊缝收尾处会产生凹陷很深的弧坑，不仅会降低焊缝收尾处的强度，还容易产生弧坑裂纹。过快拉断电弧，使熔池中的气体来不及逸出，就会产生气孔等缺陷。为防止出现这些缺陷，必须采取合理的收弧方法，填满焊缝收尾处的弧坑。

焊条电弧焊常用的收弧方法主要有：

① 划圈收弧法　如图 4-14(a) 所示。电弧移到焊缝终点处，焊条端部沿弧坑作圆圈运动，直到填满弧坑再拉断电弧，此法适于厚板收弧，对于薄板有烧穿的危险。

② 回焊收弧法　如图 4-14(b) 所示。电弧移至焊缝终点时，电弧稍作停留，且改变焊条角度并向与焊接方向相反的方向回焊一

段很小的距离，然后立即拉断电弧。此法适合于碱性焊条收弧。

③ 反复断弧法再引弧法　如图 4-14(c) 所示。电弧移到焊缝终点时，电弧在弧坑处反复熄弧、引弧数次，直到填满弧坑为止。此方法适用于薄板和大电流焊接时的收弧，不适于碱性焊条收弧。

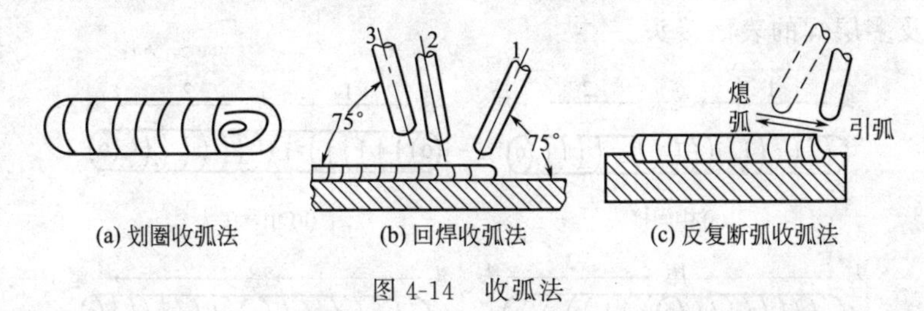

图 4-14　收弧法

④ 转移收弧法　电弧移至焊缝终点时，在弧坑处稍作停留，将电弧慢慢抬高，引到焊缝边缘的母材坡口内，这时熔池会逐渐缩小，凝固后一般不出现缺陷。适用于换焊条或临时停弧时的收弧。

4-20　焊条电弧焊如何进行连弧焊和断弧焊收弧？

连弧焊收弧方法　可分为焊接过程中更换焊条的收弧方法和焊接结束时焊缝收尾处的收弧方法。更换焊条时，为了防止产生缩孔，应将电弧缓慢低拉向后方坡口一侧约 10mm 后再衰减熄弧。焊缝收尾处的收弧应将电弧在弧坑稍作停留，待弧坑填满后将电弧慢慢地拉长，然后熄弧。

采用断弧法进行收弧操作时，焊接过程中的每一个动作都是起弧和收弧的动作。收弧时，必须将电弧拉向坡口边缘后再熄弧，焊缝收尾处应采取反复断弧的方法填满弧坑。

4-21　常见的焊条电弧焊焊缝接头有哪几种？

一般 500mm 以下的焊缝为短焊缝；500～1000mm 以内的焊缝为中等长度焊缝；1000mm 以上的焊缝为长焊缝。在焊接中等长度和长焊缝需要进行焊缝的接头。常见的焊条电弧焊焊缝接头方法有以下四种。

① 中间接头　如图 4-15(a) 所示，这种接头方式应用最多。接头方法是后焊焊缝从先焊焊缝收尾处开始焊接。先在前焊道的弧

坑稍前约 10～15mm 处引弧，电弧长度比正常焊接时稍微长些（碱性焊条不宜加长，否则易产生气孔），然后将电弧移到弧坑的2/3 处，压低电弧，稍作摆动，填满弧坑后，再转入正常焊接向前移动。这种接头方法操作适当时，几乎看不出接头。适用于单层焊及多层焊的表面接头。

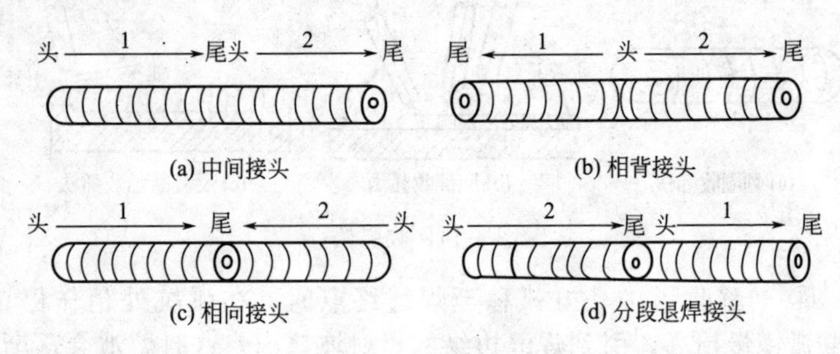

图 4-15　焊缝接头形式

1—先焊焊缝；2—后焊焊缝

这种接头如果电弧后移太多，可能造成接头过高。后移太少，则产生脱节或弧坑未填满等缺陷。需接头时，更换焊条的动作越快越好，由于在熔池尚未冷却时接头，不仅能增加电弧稳定性，保证和前焊缝的结合性能，减少气孔，并且焊道外表成形美观。

② 相背接头　如图 4-15(b) 所示。两段焊缝的起头处接在一起。要求先焊焊缝起头稍低，后焊焊缝应在先焊焊缝起头处前 10mm 左右引弧，然后稍拉长电弧，并将电弧移至接头处覆盖住先焊焊缝的端部，待熔合好，再向焊接反向移动。这种接头往往比焊缝高，因此接头前可将先焊焊缝的起头处用角向砂轮磨成斜面再接头。

③ 相向接头　如图 4-15(c) 所示。两段焊缝的收尾处接在一起。当后焊焊缝焊到先焊焊缝的收弧处时，应降低焊接速度，将先焊焊缝的弧坑填满后，以较快的速度向前焊一段，然后熄弧。为了获得好的接头，先焊焊缝的收尾处焊接速度要快些，使焊缝较低，最好呈斜面，而且弧坑不能填得太满。若先焊焊缝收尾处焊缝太高，可预先磨成斜面，以获得好的接头。

④ 分段退焊接头　如图 4-15(d) 所示。后焊焊缝的收尾与先焊焊缝起头处连接。要求先焊焊缝起头处较低，最好呈斜面，后焊

焊缝焊至前焊焊缝始端时，改变焊条角度，将前倾改为后倾，使焊条指向先焊焊缝的始端，拉长电弧，待形成熔池后，再压低电弧，并往返移动，最后返回到原来的熔池处收弧。

4-22 如何进行焊缝的冷接头和热接头操作？

焊条电弧焊时，根据施焊焊缝接头操作方法的不同，焊缝的接头方法有冷接头和热接头两种操作方法。不同的接头形式，可采用不同的操作方法。

(1) 冷接头操作方法

冷接头即焊缝与焊缝之间的接头连接，如图 4-16(a) 所示。在施焊前，应使用砂轮机或机械方法将焊缝被连接处打磨出斜坡形过渡带，在接头前方 10mm 处引弧，电弧引燃后稍微拉长一些，然后移到接头处，并稍作停留，待形成熔池后再继续向前焊接。用这种方法可以使接头得到必要的预热，保证熔池中气体的逸出，防止在接头处产生气孔。收弧时要将弧坑填满后，慢慢地将焊条拉向弧坑一侧熄弧。

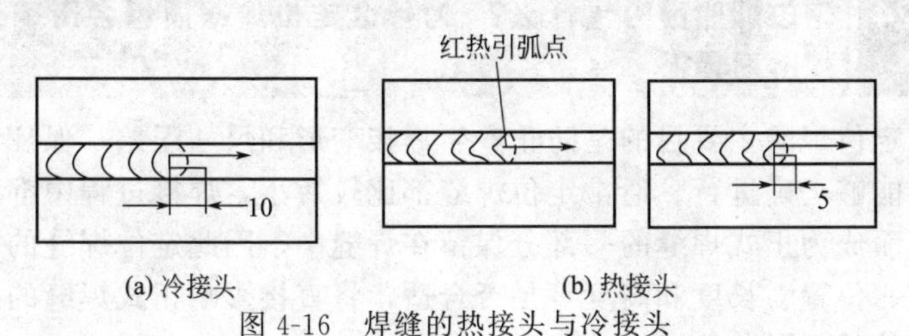

(a) 冷接头　　(b) 热接头

图 4-16　焊缝的热接头与冷接头

(2) 热接头操作方法

热接头是熔池处在高温红热状态下的接头连接，如图 4-16(b) 所示。热接头的操作方法可分为快速接头法和正常接头法两种。

① 快速接头法　在熔池熔渣尚未完全凝固的状态下，将焊条端头与熔渣接触，在高温热电离的作用下重新引燃电弧后的接头方法。这种方法适用于厚板的大电流焊接，要求焊工更换焊条的动作要特别迅速而准确。

② 正常接头法　在熔池前方 5mm 左右处引弧后，将电弧迅速拉回熔池，按照熔池的形状摆动焊条后正常焊接的接头方法。

如果等到接头收弧处完全冷却后再接头，则以采用冷接头操作方法为宜。

4-23 焊缝接头操作时应注意哪些事项?

① 接头要快。接头平整除与焊工操作技术水平有关外，还与接头处的温度有关。温度越高，接头处熔合越好，填充金属合适，接头平整。因此，中间接头时，要求熄弧时间越短越好，换焊条越快越好。

② 接头要相互错开。多层多道焊时，每层焊道和不同层的焊道的接头必须错开一段距离，不允许接头相互重叠或在一条线上，否则影响接头的强度和其他性能，如耐腐蚀性能等。

③ 要处理好接头处的先焊焊缝。为了保证接头质量，接头处的先焊焊道必须处理好，没有缺陷，而且要焊透，接头区呈斜坡状。如果发现先焊焊缝太高，或有缺陷，最好先将缺陷清除，并打磨成斜面。

4-24 定位焊的目的是什么? 为什么定位焊缝质量会影响正式焊缝质量?

定位焊的主要目的是防止产生焊接变形和尺寸误差，保证正式焊接能够正确进行。通常定位焊缝都比较短小，焊接过程中都不去掉，而成为正式焊缝的一部分保留在焊缝中，因此定位焊缝的质量好坏、位置、长度和高度等是否合适，将直接影响正式焊缝的质量及焊件的变形。

由于定位焊焊道短，冷却快，比较容易产生焊接缺陷，若焊接缺陷被正式焊缝所掩盖而未被发现，将造成隐患。因此，对所用的焊条及对焊工操作技术熟练程度的要求，应与正式焊缝完全一样，甚至应更高些。当发现定位焊缝有缺陷时，应该铲掉或打磨掉并重新焊接，不允许留在焊缝内。

4-25 定位焊操作时有哪些要求?

① 焊条要求　采用与正式焊缝工艺规定的同型号、同规格的焊条。焊前同样进行焊条再烘干，不许使用废焊条或不知型号的

焊条。

② 定位焊的位置 双面焊且背面须清根的焊缝，定位焊缝最好布置在背面；形状对称的构件，定位焊缝也应对称布置；有交叉焊缝的地方不设定位焊缝，至少离开交叉点50mm。

③ 定位焊缝焊接工艺 施焊条件应和正式焊缝的焊接相同。但由于定位焊为间断焊，工件温度较正常焊接时低，易因热量不足而产生未焊透，因此焊接电流应采用比正式焊接时稍高10%～15%。若工艺规定焊前需要预热，焊后需缓冷，则定位焊缝焊前也要预热，焊后也要缓冷。预热温度与正式焊接时相同。定位焊后必须尽快焊接，避免中途停顿或存放时间过长。定位焊缝的引弧和收弧端应圆滑不应过陡，防止焊缝接头时两端焊不透。定位焊缝必须保证熔合良好，焊道不能太高。在允许的条件下，可选用塑性和抗裂性较好而强度略低的焊条进行定位焊。

④ 定位焊缝尺寸 定位焊缝的尺寸可根据结构的刚性大小而定。其原则是在满足装配强度要求的前提下，尽可能小一些。从减小变形和填充金属考虑，可缩小定位焊的间距，以减少定位焊缝的尺寸。为防止焊接过程中工件裂开，尤其是在低温下焊接时，应尽量避免强制装配，若经强行组装结构，其定位焊缝长度应根据具体情况加大，并减小定位焊缝的间距。必要时采用低氢碱性焊条，而且特别注意定位焊后应尽快进行焊接并焊完所有接缝，避免中途停顿和过夜。定位焊缝起头和收尾很接近，容易产生始端未焊透及收尾裂纹等缺陷，正式焊接时必须把有缺陷的定位焊缝清除重焊。

定位焊缝的长度、余高、间距等尺寸可参见表4-5。但在个别对保证焊件尺寸起重要作用的部位，可适当增加定位焊的焊缝尺寸和数量。

表4-5 定位焊缝的参考尺寸

焊件厚度/mm	焊缝余高/mm	焊缝长度/mm	焊缝间距/mm
≤4	<4	5～10	50～100
4～12	3～6	10～20	100～200
>12	>6	15～30	200～300

4.3 各种接头不同焊接位置的操作技术

4-26 影响焊条电弧焊熔池形状和大小的操作技术有哪些?

焊条电弧焊的操作，最根本的目的是控制焊接熔池，使其达到所要求的形状和大小。影响熔池形状和大小的操作技术要求有以下五点：

① 焊条倾角　掌握好焊条的倾斜角度，可控制住铁水与熔渣，使其很好分离，防止熔渣的超前现象和控制一定的熔深。立焊、横焊、仰焊时，还有防止铁水下坠的作用。

② 横摆动作　能保证两侧坡口根部与每个焊波之间相互很好熔合，获得适量的焊缝熔深与熔宽。

③ 稳弧动作（横摆时电弧在某处稍加停留）　能保证坡口根部很好熔合，增加熔合面积。

④ 直线动作　能保证焊缝直线敷焊，并通过变化直线速度控制每道焊缝的横截面积。

⑤ 焊条送进动作　主要是控制弧长，其作用与焊条倾角相似。

以上动作是相互密切配合的。横摆速度和直线速度在一定焊条倾角条件下，两者间的变化直接影响熔池形状与大小，在两个速度相同或以不同速度配合时，可以使熔池呈半圆形、横向半椭圆形或纵向椭圆形。熔池大小的控制，必须在很好地熔合与保持开始形状的情况下，使这两种速度等速增减来加以控制。

4-27 焊条电弧焊平焊操作有何特点?

平焊是焊件处于水平位置进行焊接的一种操作方法，具有以下特点：

① 焊接时熔滴金属主要靠自重自然过渡。操作技术简单，比较容易掌握。允许用较大直径的焊条和较大电流，提高生产率。

② 熔渣和铁水易出现混在一起分不清的现象，或熔渣超前形成夹渣。

③ 如果焊接参数选择不当或操作不当，在施焊第一层焊道时，

容易造成焊瘤或未焊透。因此，对接接头平焊时，常采用双面焊，即焊完正面后，将焊根由背面用风铲或碳弧气刨开槽清根后再焊背面。

④ 要求单面焊双面成形时，打底层容易产生焊透程度不匀，背面成形不良等现象。其余各层的焊接比较容易掌握。

4-28 平焊操作技术要点有哪些?

① 正确控制焊条角度，使熔渣与液态金属分离，防止熔渣前流，尽量采用短弧焊接。

② 对于不同厚度的 T 形、角接、搭接的平焊接头，在焊接时应适当调整焊条角度，使电弧偏向工件较厚的一侧，保证两侧受热均匀。对于多层多道焊应注意焊接层次及焊接顺序。

③ 选择合适的运条方法。对于厚度小于 6mm 的工件一般采用不开坡口进行焊接，不开坡口的对接平焊正面焊缝时采用直线运条方法，反面焊缝也采用直线运条方法。为了保证焊透，电流可大些，运条速度也随之增大。

对于开坡口的对接平焊可采用多层焊或多层多道焊，打底焊时采用直线形运条，焊条直径和焊接电流均小些。多层焊时其余各层焊道应根据要求采用直线形、锯齿形或月牙形运条。多层多道焊时采用直线形运条方法。

对于焊脚尺寸较小的 T 形接头、角接、搭接接头可采用单层焊，采用直线或斜锯齿形、斜环形运条方法。焊脚尺寸较大时，一般采用多层焊或多层多道焊，第一层采用直线形运条方法，其余各层可采用斜环形、锯齿形运条。多层多道焊时，一般采用直线形运条。

对于船形焊缝，为了保证根部焊透，其操作要点与开坡口对接平焊相似。

4-29 不开坡口对接平焊如何操作?

焊条电弧焊对接平焊主要包括不开坡口和开坡口对接平焊。

当板厚小于 6mm 时，一般采用 I 形坡口对接平焊，即不开坡口的对接平焊。采用双面双道焊，焊条直径 $\phi3.2\sim\phi4$mm。

焊接正面焊缝时，采用短弧焊，运条为直线移动，其移动速度决定于间隙大小和所需的熔宽和熔深，一般要求熔深为工件厚度的2/3，焊缝宽5～8mm，余高应小于1.5mm，如图4-17所示。

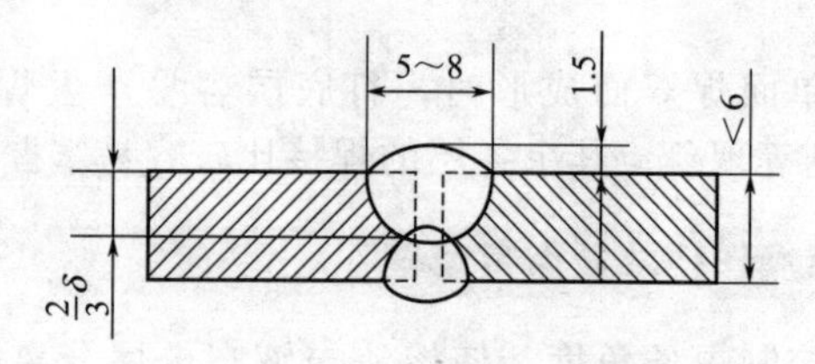

图4-17　I形坡口对接焊缝

焊接反面焊缝时，对于不重要构件，可不清焊根，但必须将熔渣清除干净。用ϕ3.2～4mm焊条，电流可稍大些，直线运条，速度稍快，使熔宽小些。焊条角度如图4-18所示。

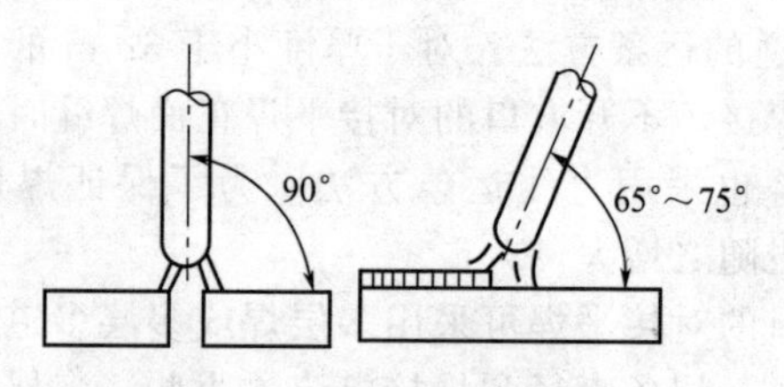

图4-18　对接平焊的焊条角度

4-30 坡口对接平焊如何操作？

当板厚超过6mm时，由于电弧的热源较难深入到I形坡口根部，常开单V形坡口、双V形坡口、U形坡口、双U形坡口等。

① 多层焊　适于厚度≥6mm。正面第一层打底焊缝用较小直径焊条，运条方法根据间隙大小而选，小间隙时用直线形运条；大间隙用直线往返运条，以免烧穿。焊第二层前，第一层焊渣清除干净，后用较大直径焊条，较高焊接电流进行焊接，采用短弧焊，以直线形，幅度较小月牙形或锯齿形运条。在坡口两侧稍作停留。以后各层焊接反向相反，焊缝的接头错开。

② 多层多道焊　适于厚度≥10mm。先大致确定焊接层数和每层的道数，每层焊缝不宜过厚。第一层用较小直径焊条，直线形运条，焊后清渣。第二层与多层焊相似用较大直径焊条和较大电流焊

接，但同一层用多道焊焊缝并列，因此，采用直线运条。对于“V”或“U”形坡口，为了减小角变形，正反面焊缝可以对称交替焊。

I形直边对接接头、V形和X形坡口对接接头焊条电弧焊典型焊接参数见表4-6。

表 4-6　对接接头平焊典型焊接参数

焊缝横断面形式	焊件厚度/mm	第一层焊缝		其他各层焊缝		封底焊缝	
		焊条直径/mm	焊接电流/A	焊条直径/mm	焊接电流/A	焊条直径/mm	焊接电流/A
	2	2	50～60	—	—	2	55～60
	2.5～3.5	3.2	80～110	—	—	3.2	85～120
	4～5	3.2	90～130	—	—	3.2	100～130
		4	160～200	—	—	4	160～210
		5	200～260	—	—	5	220～260
	5～6	4	160～200	—	—	3.2	100～130
				—	—	4	180～210
	>6	4	160～200	4	160～210	4	180～210
				5	220～280	5	220～260
	>12	4	160～210	4	160～210	—	—
				5	220～280	—	—

4-31 对接平焊多层焊时如何选择打底层的焊条角度?

对接平焊位置打底层的焊条角度如图 4-19 所示。

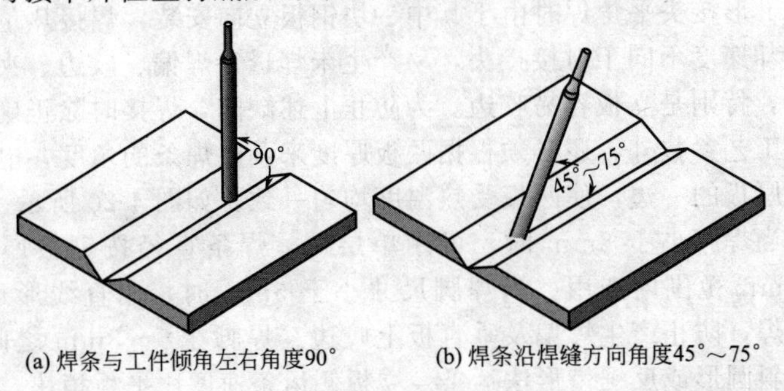

(a) 焊条与工件倾角左右角度90°　(b) 焊条沿焊缝方向角度45°～75°

图 4-19　打底焊焊条角度

① 焊条和铁板左右角度都是 90°。

② 焊条沿焊接方向夹角 45°～75°。

4-32 平板对接平焊位置填充层（第二层）怎样施焊?

① 焊前必须把打底层清理干净。

② 采用锯齿运条法，焊条角度呈 60°左右。

③ 要注意两坡口边和层间的熔合良好。

④ 焊条选用 ϕ3.2mm 时，焊接电流为 110～120A；焊条选用 ϕ4.0mm 时，焊接电流为 130～150A。第一次层填充的电流较大，主要是熔化断弧打底时产生的气孔等缺陷。

4-33 对接平焊位置盖面层焊接如何操作?

① 盖面层是保证焊接质量的最后环节，焊前必须把填充层焊缝两侧坡口边清理干净，以利于盖面时看清焊缝两侧坡口边，保证焊缝边缘直线度符合技术要求。

② 焊条和工件夹角 70°～80°，锯齿形运条，焊条到坡口两侧要稍作停留以填满焊道并防止咬边，动作要稳且均匀。

③ 重点观察坡口两侧和熔池，熔池形状保持椭圆形，电流要稍大，要求焊缝到母材过渡圆滑，一般焊层厚度小于 3mm。较好焊缝厚度小于 2mm，最好焊缝的厚度为 0～1.5mm。

4-34 T 形接头平焊易产生哪些缺陷? 如何防止?

T 形接头平角焊时由于其中一块钢板立向安装，焊接热量分配和冷却速度不同于对接接头，易产生未焊透、焊偏、咬边、夹渣等缺陷，特别是立板容易咬边。为防止上述缺陷，焊接时除正确选择焊接工艺参数外，还必须根据两板厚度来调整焊条的角度，电弧应偏向厚板的一边，使两板受热温度均匀一致，如图 4-20 所示。

当焊脚小于 8mm 时，可用单层焊。焊条直径按钢板厚度在 3～5mm 范围内选用。当焊脚尺寸小于 5mm 时，用直线形运条，短弧焊，防止产生焊偏及垂直板上咬边。焊脚在 5～8mm 之间时，可用斜圆形或反锯齿形法运条。立板侧运条速度比平板稍快，否则产生咬边和夹渣。收尾时，一定要填满弧坑。

当焊脚大于 8mm 时，采用多层多道焊，第一层用直径 ϕ3.2～

4mm 的焊条，焊接电流稍大些，以获得较大熔深，直线运条。清渣后焊第二层，可用直径 ϕ4mm 的焊条。电流不宜过大，否则易产生咬边。用斜圆圈形或反锯齿形运条，进行多道焊时，第二道焊缝应覆盖第一层焊缝的 2/3 以上，排列如图 4-21 所示。

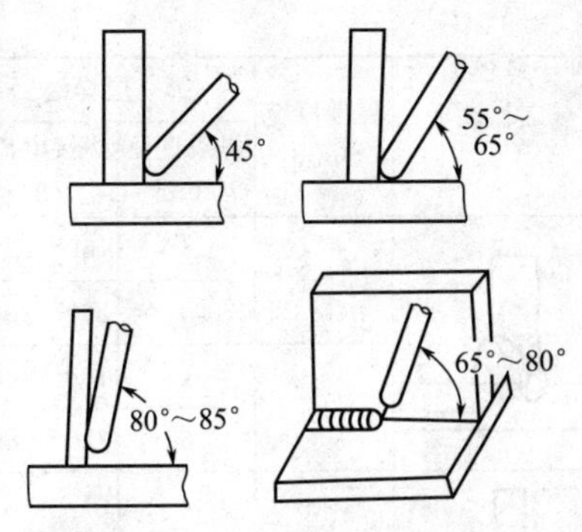

图 4-20 T 形接头平焊的焊条角度

在实际生产中，当焊件能翻动时，尽可能把焊件放成船形焊位置进行焊，接如图 4-22 所示，舶形位置焊接既能避免产生咬边等缺陷，焊缝平整美观，又能使用大直径焊条和较大的焊接电流并便于操作，从而提高生产率。

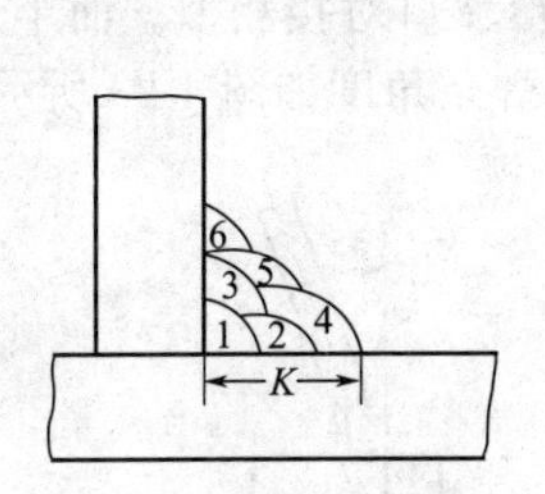

图 4-21 T 形接头多层焊

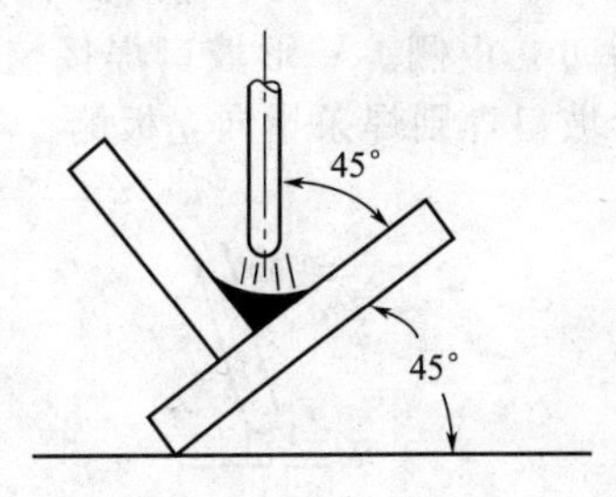

图 4-22 船形焊

T 形接头平角焊焊条典型焊接参数见表 4-7。

表 4-7 T 形接头平角焊焊条典型焊接参数

焊缝横断面形式	焊件厚度/mm	第一层焊缝		其他各层焊缝		封底焊缝	
		焊条直径/mm	焊接电流/A	焊条直径/mm	焊接电流/A	焊条直径/mm	焊接电流/A
	2	3	55～65	—	—	—	—
	3	3.2	100～120	—	—	—	—
	4	3.2	100～120	—	—	—	—
		4	160～200	—	—	—	—

续表

焊缝横断面形式	焊件厚度/mm	第一层焊缝		其他各层焊缝		封底焊缝	
		焊条直径/mm	焊接电流/A	焊条直径/mm	焊接电流/A	焊条直径/mm	焊接电流/A
	5～6	4	160～200	—	—	—	—
		5	220～280	—	—	—	—
	>7	4	160～200	5	220～280	—	—
		5	220～280				
		4	160～200	4	160～200	4	160～200
				5	220～280		

4-35 角接头和搭接横角焊焊条电弧焊时如何操作?

角接头 I 形坡口焊接技术与对接接头 I 形坡口相似，但焊条应指向立板侧。V 形坡口焊接技术与 V 形坡口对接相似。而半边 V 形坡口焊则焊条指向立板侧。角接头的焊条角度如图 4-23 所示。

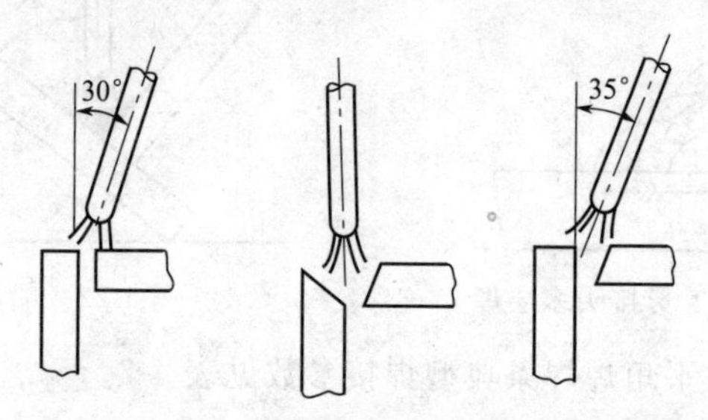

图 4-23 角接头焊条倾角

搭接横角焊时主要的困难是上板边缘易受电弧高温熔化而产生咬边，同时也容易产生焊偏，因此必须掌握好焊条角度和运条方法。基本原则是电弧要更多地偏向于厚板一侧，其偏角的大小可依据板厚来选定。焊条与下板表面的角度应随下板的厚度增大而增大（图 4-24）。搭接横角焊根据板厚不同也可分为单层焊、多层焊、多层多道焊。选择方法基本上与 T 形接头相似。

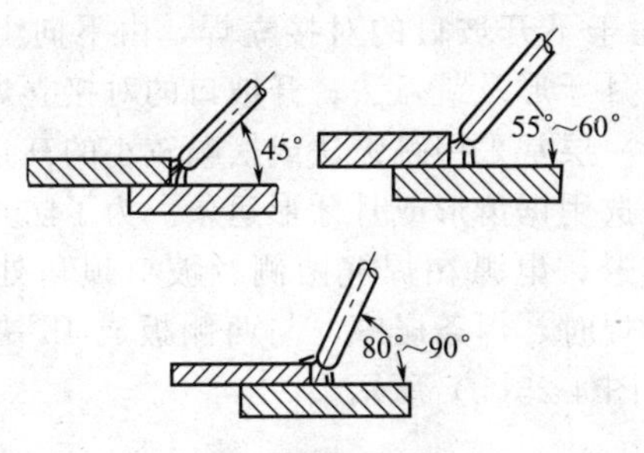

图 4-24 搭接横角焊焊条角度

4-36 焊条电弧焊立焊操作应注意哪些问题?

立焊是在垂直方向进行焊接的一种操作方法，属于难焊位置的焊接，焊工必须经过专门的训练才能掌握立焊操作技术。因此，立焊操作时应注意以下问题：

① 熔池金属和熔渣因自重倾向于下坠，因此必须采用小直径焊条和小的焊接电流，控制熔池的尺寸。

② 为保证焊缝成形良好，必须采取各种适当的运条方法，使焊接熔池有规律地间歇冷却。

③ 当熔池尺寸过大，熔池金属易流下并形成焊瘤。利用电弧吹力可在一定程度上防止焊瘤的形成，因此必须掌握好正确的焊条倾角。选用纤维素型和低氢碱性焊条，可使熔池快速凝固，也是防止焊瘤的有效方法。

4-37 焊条电弧焊立焊操作有哪两种基本操作方法?

立焊按焊接方向有两种基本操作方法，一种是自下向上焊接，简称向上立焊，是目前焊接生产中最常用的方法；另一种是由上向下焊接，简称向下立焊，主要用于薄板，或采用专门的焊条进行焊接。

4-38 焊条电弧焊向上立焊有哪些操作要点?

① 保证正确的焊条角度和运条方法。在对接接头向上立焊时，焊条电弧对准熔池中心，同时应使焊条角度向下倾斜 60°~80°，如

图 4-25 所示。对于不开坡口的对接立焊，由下向上焊，可采用直线形、锯齿形、月牙形及跳弧法；开坡口的对接立焊常采用多层或多层多道焊，第一层常采用跳弧法或摆幅较小的三角形、月牙形运条，其余各层可选用锯齿形或月牙形运条。为了防止焊缝两侧产生咬边，根部未焊透，电弧在焊缝两侧及坡口顶角处要有适当的停留。角接接头立焊时，焊条居中，与两侧板成 45°夹角，并向下倾斜 10°～30°，如图 4-25(b) 所示。

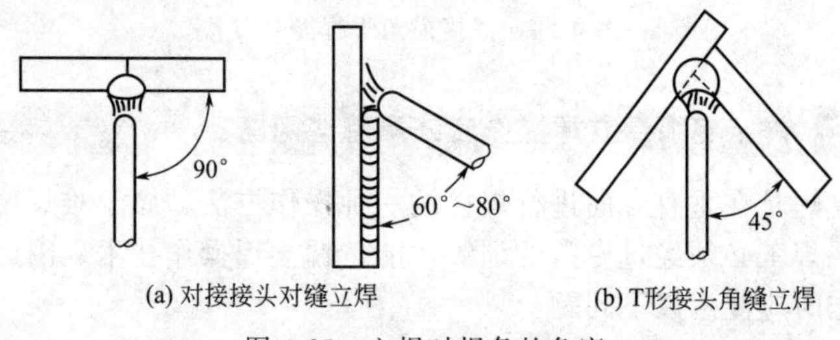

图 4-25　立焊时焊条的角度

② 焊接过程中要始终注意观察熔池尺寸，使其不超过某一极限值。因此，应选用较小直径焊条和较小焊接电流，通常焊接电流比一般平焊小 10%～15%，以减小熔滴体积，使之受自重的影响减小，有利于熔滴过渡。

③ 采用短弧焊，缩短熔滴过渡到熔池的距离，以形成短路过渡。

④ 根据接头形式、坡口形状和熔池温度的情况，灵活运用运条方法。此外，充分利用焊接过程引起气体吹力、电磁力和表面张力等促进熔滴顺利过渡。在 V 形坡口内焊接第一道焊缝时，可将焊条向上提升后再回到弧坑，往复操作，如图 4-26 所示。

⑤ 为了控制熔池温度有时要采用跳弧法焊接，但这种操作易产生气孔。克服办法是，跳弧时只将电弧拉长而不灭弧，使熔池表面始终得到电弧气氛的保护；另外在焊第二层时，适当加大电流，可消除第一层中的气孔。

⑥ 对于力学性能要求不高的对接接头，可选用 E4310、E4311、E5010 和 E5011 等纤维素型焊条，因这类焊条药皮较薄，焊接时覆盖焊缝表面的渣壳厚度较小，熔池冷却速度易于控制。焊

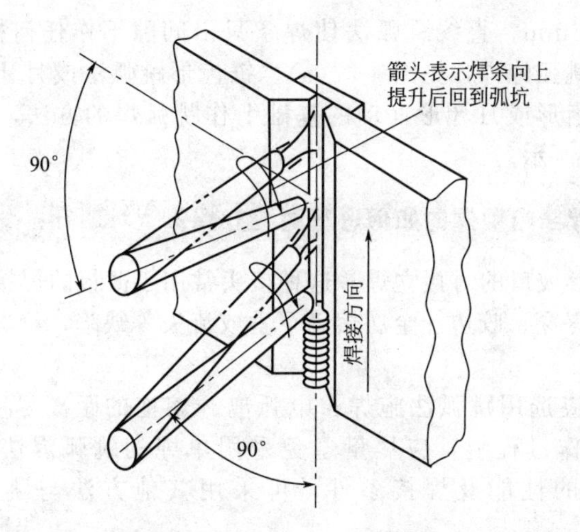

图 4-26　V 形坡口对接接头第一道焊缝立焊时操作法

接重要结构时，可选用 E5016、E5015 等低氢型碱性焊条进行短弧焊，加速冷却熔池。

4-39　立焊操作时如何进行跳弧法焊接？

跳弧法如图 4-27 所示。该法是熔滴脱离焊条末端过渡到熔池后，立即将电弧向焊接方向提起，使熔化金属有凝固时间，随后即把电弧拉回熔池，当新的熔滴过渡到熔池后，再提起电弧。为了不使空气侵入熔池，电弧移开熔池的距离尽可能短，且跳弧的最大弧

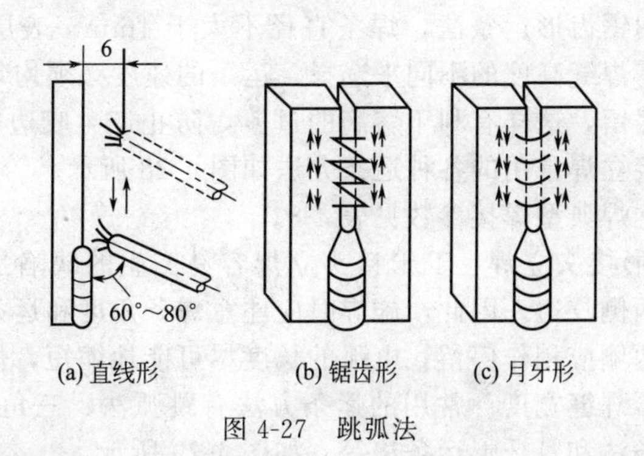

图 4-27　跳弧法

长不超过 6mm。直线跳弧法使焊条只沿间隙不作任何横向摆动，直线向上跳弧施焊，见图 4-27(a)。锯齿形跳弧法或月牙形跳弧法是在作锯齿形或月牙形摆动的基础上作跳弧焊的方法，如图 4-27(b)、(c) 所示。

4-40 焊条电弧焊时如何进行对接立焊？

① I 形坡口的对接立焊　这种接头常用于薄板的焊接。焊接时容易产生焊穿、咬边、金属熔滴下垂或流失等缺陷，给焊接带来很大困难。

一般应选用跳弧法施焊，电弧离开熔池的距离尽可能短些。在实际操作过程中，应尽量避免采用单纯的跳弧焊法，有时可根据焊条的性能及焊接条件，可采用其他方法与跳弧法配合使用。

② 开坡口的对接立焊　开坡口的对接立焊根据坡口形式的不同易产生未焊透、夹渣或咬边缺陷。

钢板厚度大于 6mm 时，为了焊透常开坡口多层焊。对接立焊的坡口有 V 形或 U 形等形式。如果采用多层焊时，层数则由焊件的厚度来决定，每层焊缝的成形都应注意。焊正面第一层是关键，应选用较小直径的焊条和较小焊接电流。对厚板采用三角形运条法，并在每个转角处稍作停留；对中厚板或较薄板可采用小月牙形或锯齿形跳弧运条法，并检查焊接质量，各层焊缝都应及时清理焊渣，否则焊第二层时易未焊透或产生夹渣等缺陷。焊第二层以上的焊缝宜采用锯齿形运条法，焊条直径不大于 4mm。表层焊缝运条方法按所需焊缝高度的不同来选择，运条的速度必须均匀，在焊缝两侧稍作停留，这样有利于熔滴的过渡，防止产生咬边等缺陷。V 形坡口对接立焊常用的各种运条方法如图 4-28 所示。

对接立焊典型焊接参数见表 4-8。

③ T 形接头立焊　T 形接头立焊容易产生的缺陷是根部未焊透和焊缝两侧咬边。因此，施焊时应注意焊条角度和运条方法。焊条在焊缝两侧应稍作停留，电弧的长度尽可能地缩短，焊条摆动幅度应不大于焊缝宽度。常用的运条方法有跳弧法、三角形运条法、锯齿形运条法和月牙形运条法等，如图 4-29 所示。

表 4-8　对接接头立焊典型焊接参数

焊缝横断面形式	焊件厚度/mm	第一层焊缝		其他各层焊缝		封底焊缝	
		焊条直径/mm	焊接电流/A	焊条直径/mm	焊接电流/A	焊条直径/mm	焊接电流/A
	2	2	45～55	—	—	2	50～55
	2.5～4	3.2	75～100	—	—	3.2	80～110
	5～6	3.2	80～120	—	—	3.2	—
	7～10	3.2	90～120	4	120～160	3.2	90～120
		4	120～160				
	＞11	3.2	90～120	4	120～160	3.2	90～120
		4	120～160	5	160～200		
	12～18	3.2	90～120	4	120～160	—	—
		4	120～160				
	＞19	3.2	90～120	4	120～160	—	—
		4	120～160	5	160～200	—	—

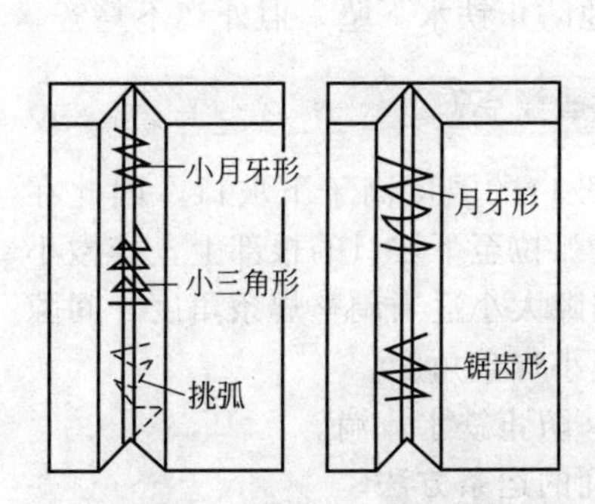

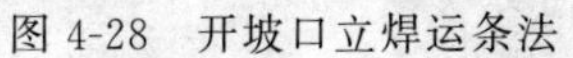
图 4-28　开坡口立焊运条法

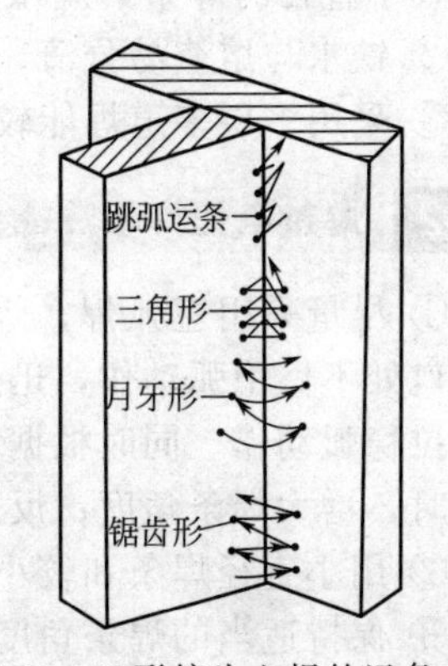

图 4-29　T 形接头立焊的运条方法

T 形接头立焊的典型焊接参数见表 4-9。

4-41　焊条电弧焊横焊有何特点?

横焊是在垂直面上焊接水平焊缝的一种操作方法，具有以下特点：

表 4-9　T 形接头立焊的典型焊接参数

焊缝横断面形式	焊件厚度或焊脚尺寸/mm	第一层焊缝		其他各层焊缝		封底焊缝	
		焊条直径/mm	焊接电流/A	焊条直径/mm	焊接电流/A	焊条直径/mm	焊接电流/A
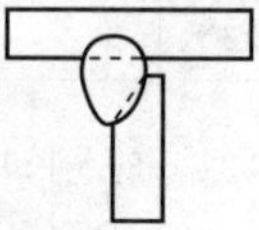	2	2	50～60	—	—	—	—
	3～4	3.2	90～120	—	—	—	—
	5～8	3.2	90～120	—	—	—	—
		4	120～160	—	—	—	—
	9～12	3.2	90～120	4	120～160		
		4	120～160				
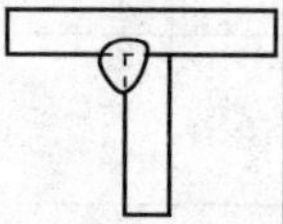	—	3.2	90～120	4	120～160	3.2	90～120
		4	120～160				

① 铁水因自重易下坠至坡口上，形成未熔合和层间夹渣。宜采用较小直径的焊条，短弧焊接。

② 铁水与熔渣易分清，类似立焊。

③ 采用多层多道焊能较容易地防止铁水下坠，但外观不整齐。

4-42　焊条电弧焊横焊操作有哪些要点?

① 尽量采用短弧焊，焊接上坡口的温度高于下坡口，因此在上坡口处不做稳弧动作，迅速将电弧拉至下坡口的根部上，作微小的横拉稳弧动作。同时根据坡口间隙大小适当调整焊条角度，间隙较小时，增大焊条角度；反之，减小焊条角度。

② 用小直径焊条和较小电流，防止铁水流淌。

③ 保持适当的焊条角度和正确的运条方法。

4-43　焊条电弧焊如何进行横焊焊接?

根据板厚不同可进行 I 形坡口焊接和开坡口焊接。

① I 形坡口的对接横焊　板厚为 3～5mm 时，可采用 I 形坡口的对接双面焊。正面焊时选用直径 $\phi 3.2$～4mm 焊条，施焊时的角度如图 4-30 所示。焊件较薄时，可用直线往返形运条法焊接，使

熔池中的熔化金属有机会凝固，可以防止焊穿。焊件较厚时，可采用短弧直线形或小斜圆圈形运条法焊接，使得到合适的熔深，焊接速度应稍快些，且要均匀，避免焊条的熔化金属过多地聚集在某一点上形成焊瘤和焊缝上部咬边等缺陷。背面焊缝采用直线形运条，电流可适当加大些。多层焊，打底焊宜选用较小直径的焊条，一般取直径 $\phi 3.2$mm 焊条，电流稍大些，用直线形运条法焊接，其余各层采用斜环形运条。

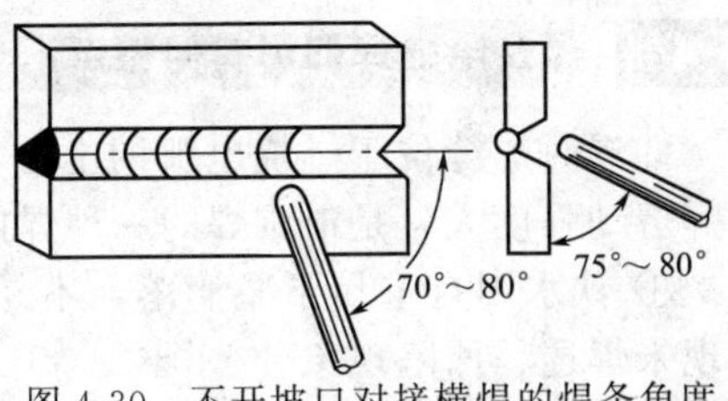

图 4-30　不开坡口对接横焊的焊条角度

② 开坡口的对接横焊　横焊的坡口一般为 V 形或 K 形坡口。坡口主要开在上板上，下板不开坡口或少开坡口，这样有利于焊缝成形，如图 4-31 所示。采用短弧焊焊第一层时，焊条直径一般为 $\phi 3.2$mm，间隙小时用直线形运条；间隙大时，用直线往返形运条；其后各层用直径 $\phi 3.2$mm 或 $\phi 4.0$mm 的焊条，用斜圆圈形运条方法。多层焊焊道的排布见图 4-32。焊每一道焊缝时，应适当调整焊条角度。

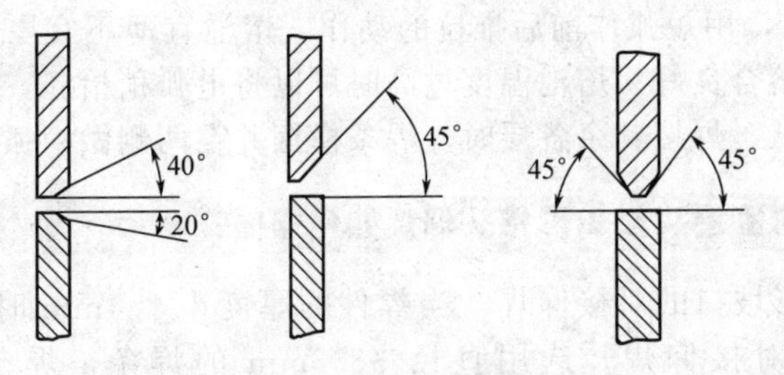

图 4-31　对接横焊接头坡口形式

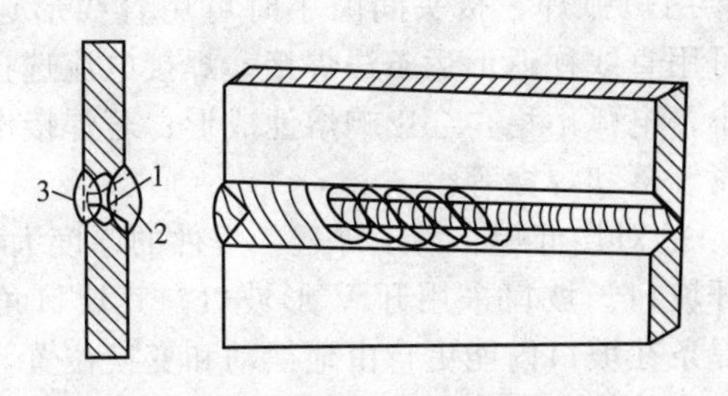

图 4-32　V 形坡口对接横焊

4-44 焊条电弧焊仰焊有何特点?

仰焊时焊缝位于燃烧电弧的上方，焊工在仰视位置进行焊接，仰焊劳动强度大，是最难焊的一种焊接位置。具有以下特点：

① 铁水因自重易下坠滴落，不易控制熔池形状和大小，故易出现未焊透、凹陷现象。

② 熔池尺寸较大，温度较高，清渣困难，有时易产生层间夹渣。

③ 运条困难，焊缝成形不美观。

4-45 焊条电弧焊仰焊操作有哪些要点?

① 采用短弧焊、小直径焊条、小电流，一般焊接电流在平焊与立焊之间。

② 为了保证坡口两侧熔合良好和避免焊道太厚，坡口角度应略大于平焊，以保证操作方便。

③ 保持适当的焊条角度和选择正确的运条方法。焊接带坡口的仰焊焊缝的第一层时，焊条与坡口两侧成 90°角，与焊接方向成 70°～80°角，用短弧作前后推拉的动作。熔池宜薄不宜厚，并应确保与母材熔合良好。熔池温度过高时可以将电弧稍抬起，使熔池温度稍微降低。焊接其余各层时，焊条横摆并在两侧做稳弧动作。

4-46 对接接头与 T 形接头仰焊如何操作?

① I 形坡口的对接仰焊　当焊件的厚度小于 4mm 时，采用 I 形坡口的对接仰焊。选用直径 $\phi 3.2$mm 的焊条，焊条角度如图 4-33所示，用短弧焊。接头间隙小时可用直线形运条法，接头间隙稍大时可用直线往返形运条法焊接。焊接电流选择应适中，若焊接电流太小，电弧不稳，会影响熔池成形；若焊接电流太大则会导致熔化金属淌落和焊穿等。

② 开坡口的对接仰焊　为了焊透，焊件的厚度大于 5mm 的对接仰焊都要开坡口。坡口采用开 V 形坡口，其坡口角比平焊坡口大些，以便焊条在坡口内能更自由地摆动和变换位置。多层焊或多层多道焊时，焊接第一层焊缝采用直径 $\phi 3.2$mm 焊条，用直线形

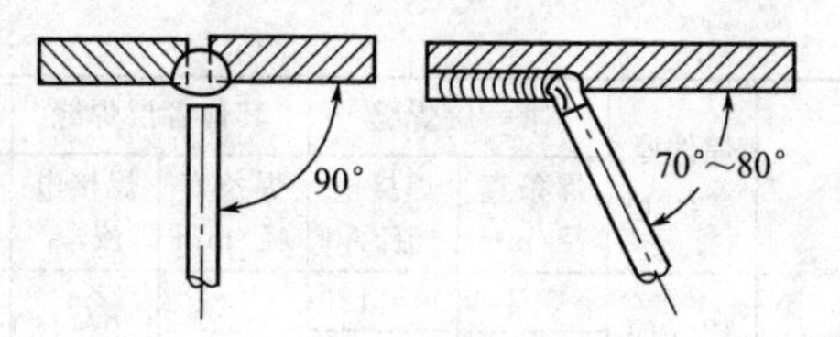

图 4-33　I 形坡口的对接仰焊

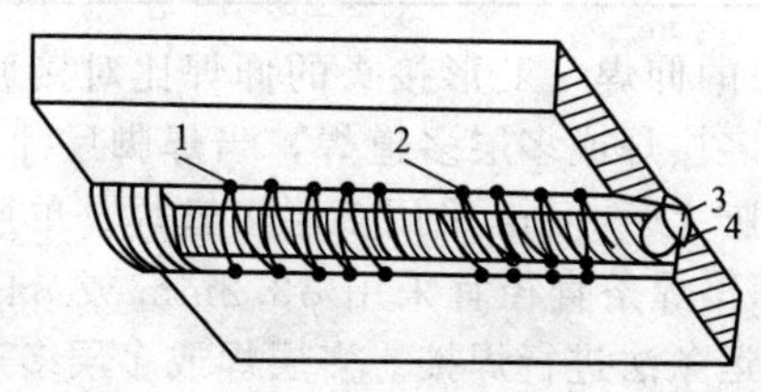

图 4-34　V 形坡口对接仰焊的运条方法

1—月牙形；2—锯齿形；3—第一层焊道；4—第二层焊道

或直线往返形运条，要求焊缝表面要平直，不能向下凸出。在焊接第二层以后的焊缝，可采用锯齿形或月牙形运条法，如图 4-34 所示。无论用哪种运条法，每层熔敷金属量不宜过多。焊条的角度应根据每一焊道的位置作相应的调整，以有利于熔滴金属的过渡和获得较好的焊缝成形。

对接接头仰焊典型的焊接参数见表 4-10。

表 4-10　对接接头仰焊典型的焊接参数

焊缝横断面形式	焊件厚度/mm	第一层焊缝		其他各层焊缝		封底焊缝	
		焊条直径/mm	焊接电流/A	焊条直径/mm	焊接电流/A	焊条直径/mm	焊接电流/A
	2	—	—	—	—	2	40～60
	2.5	—	—	—	—	3.2	80～110
	3～5	—	—	—	—	3.2	85～110
						4	120～160
	5～8	3.2	90～120	3.2	90～120	—	—
				4	140～160		
	>9	3.2	90～120	4	140～160	—	—
		4	140～160				

续表

焊缝横断面形式	焊件厚度/mm	第一层焊缝		其他各层焊缝		封底焊缝	
		焊条直径/mm	焊接电流/A	焊条直径/mm	焊接电流/A	焊条直径/mm	焊接电流/A
	12～18	3.2	90～120	4	120～160	—	—
		4	140～160				
	>19	4	140～160	4	140～160	—	—

③ T 形接头的仰焊　T 形接头的仰焊比对接坡口的仰焊容易操作，通常采用多层焊或多层多道焊，当焊脚尺寸小于 6mm 时宜用单层焊，若焊脚大于 6mm 采用多层多道焊。单层焊时，焊条角度如图 4-35 所示，焊条直径宜采用 $\phi3.2$mm 或 $\phi4.0$mm，用直线形或直线往返形运条法进行焊接。多层焊或多层多道焊时，焊接第一层时采用直线形运条法，以后各层可采用斜圆圈形或斜三角形运条法，如技术熟练可使用稍大直径的焊条和焊接电流。

T 形接头仰焊典型的焊接参数见表 4-11。

表 4-11　T 形接头仰焊典型的焊接参数

焊缝横断面形式	焊件厚度或焊脚尺寸/mm	第一层焊缝		其他各层焊缝		封底焊缝	
		焊条直径/mm	焊接电流/A	焊条直径/mm	焊接电流/A	焊条直径/mm	焊接电流/A
	2	2	50～60	—	—	—	—
	3～4	3.3	90～120	—	—	—	—
	5～6	4	120～160	—	—	—	—
	≥7	4	140～160	4	140～160	—	—
	8～20	3.2	90～120	4		3.2	90～120
		4	140～160			4	140～160

4.4　薄板对接焊操作技术

4-47　薄板焊条电弧焊有何特点？

厚度小于 2mm 的钢板焊条电弧焊属于薄板焊，其最大困难是易烧穿、焊缝成形不良和变形难控制。对接焊比 T 形对接和搭接难操作。

4-48 薄板焊接时对装配和定位焊有何要求？

薄板焊接时装配间隙越小越好，最大不应超过 0.5mm，对接边缘应清理毛刺或切割熔渣；对接边错边量不应超过板厚的 1/3。

定位焊用 ϕ2.0～ϕ3.0mm 小直径焊条，间距适当小些，焊缝呈点状分布，焊点间距 80～100mm，板越薄间距越短。对接两端定位焊缝长约 10mm 左右。

4-49 薄板焊接如何操作？

用与定位焊相同直径的焊条施焊。焊接电流可比焊条使用说明书规定的大一些，但焊接速度大些，以获得小尺寸熔池。采用短弧焊，快速直线形运条，不作横向摆动。如果有可能把焊件一头垫高，呈 15°～20°作下坡焊，可提高焊接速度和减小熔深。对防止薄板焊接时烧穿和减小变形有利。还可以采用灭弧焊法，也可以采用直线往返运条法运条，向前时电弧稍提高一些。

在条件允许情况下，最好在立焊位置作立向下焊。使用立向下焊的专用焊条，这样熔深浅，焊速快、操作简便、不易烧穿。

4.5 焊条电弧焊单面焊双面成形技术

4-50 何谓单面焊双面成形，有何特点？主要应用在哪种场合？

单面焊双面成形技术是以单面施焊的方式获得双面成形的焊缝(该焊缝的正、背两面均应具有良好的内在与外观质量)。它与双面焊相比，可省略翻转焊件和对背面清根等工序，特别适用于无法进行双面施焊的场合。

目前主要用于 V 形和 U 形坡口对接接头。坡口形式和尺寸见图 4-35。坡口尺寸的推荐值见表 4-12。

表 4-12　V 形坡口尺寸推荐值

操作技术	焊条药皮类型	V 形坡口角度 α /(°)	根部间隙 b/mm	钝边高度 c/mm
灭弧焊	酸性焊条(E4303)	30～35	(1.0～1.3)d	(0.4～0.6)d
	碱性焊条(E5015)	30～35	(0.8～1.2)d	(0.4～0.6)d
连弧焊	碱性焊条(E5015)	30～35	(0.8～1.0)d	(0.5～1.0)d

注：d 为焊条直径（mm）。

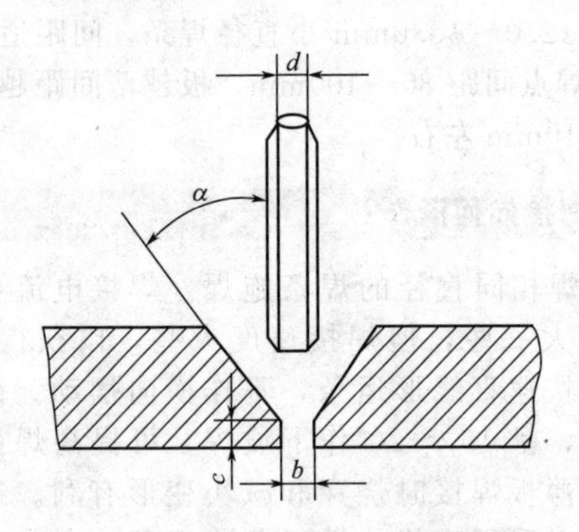

图 4-35　单面焊双面成形坡口形式和尺寸

4-51 焊条电弧焊单面焊双面成形操作技术有哪些基本操作方法?

焊条电弧焊单面焊双面成形操作技术有间断灭弧焊接法（简称灭弧焊）和连续电弧焊接法（简称连弧焊）。按焊接过程中坡口根部的熔化状态，又可分为不穿透法和穿透法两种。由于不穿透法容易使接头在半熔化状态下接合，往往会导致坡口根部的未熔合，因此，在实际生产中主要采用穿透法焊接。

4-52 何谓灭弧焊? 有哪些基本操作方法?

灭弧焊是通过控制电弧的燃烧和灭弧的时间以及运条动作来控制熔池形状、熔池温度以及熔池中液态金属厚度的一种单面焊双面成形焊接技术。具有容易控制熔池状态、对焊件的装配质量及焊接工艺参数的要求较低、适应性强等特点。但是，对焊工的操作技能要求较高，如果掌握不够熟练，则容易产生气孔、夹渣等内部缺陷和焊道外凸、内凹、冷缩孔、咬边、焊瘤等表面缺陷。

灭弧焊操作方法有一点法、两点法和三点法（图 4-36）。其中一点法适用于焊接薄板，小直径管（≤ϕ60mm）及小间隙（1.5～2.5mm）条件下的焊接，两点法与三点法适用于焊接厚板、大直径管、大间隙条件下的焊接。生产中应用较多的是一点法和两点法。

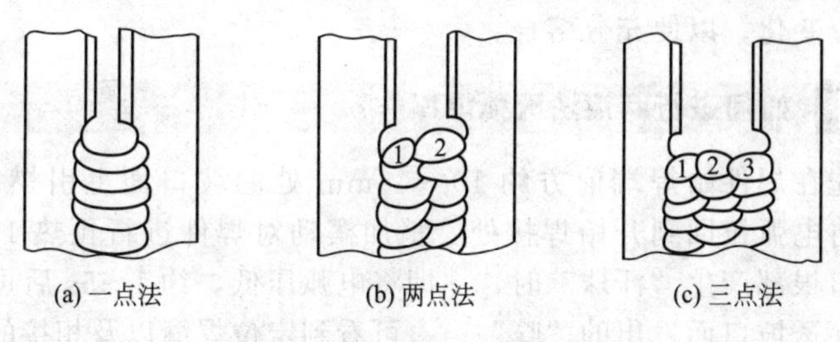

图 4-36　常用灭弧焊操作方法

4-53 如何进行灭弧焊更换焊条时熄弧与接头操作？

灭弧焊施焊过程中，更换焊条时的熄弧与接头也是单面焊双面成形技术的关键之一。

为防止因熄弧不当而产生的冷缩孔，熄弧前应在熔池边缘迅速地连续点弧，使焊条滴下两三滴铁水，以达到填满熔池并使其缓慢冷却的目的。然后再将电弧压低并移至某一坡口面，再迅速灭弧。在迅速更换焊条后，先在距焊道接头端 10～15mm 处的任一侧坡口面上引弧，然后在将电弧回拉的过程中，使电弧从坡口面侧绕至接头端加热，随后再将电弧送入根部，使其形成更换焊条后的第一个熔池，然后即转入正常操作。

为了防止背面焊道脱节，更换焊条后的接头也可从距接头端部 10～15mm 左右的焊道上引弧，然后将电弧拉至接头端前沿稍作左右摆动，当接头端部及坡口根部熔化后，将电弧向下压一下，然后转为正常焊接。这种方法如掌握不好，易造成正面焊道超高。

技术熟练的焊工还可采用预做熔孔的方法，即在收弧前，先将熔池前方预做一个熔孔，见到熔孔后，必须将电弧回焊 10mm 左右再熄弧。迅速更换焊条后，在距接头端部 20mm 处引弧，将焊条运至距接头端部 10mm 处再压低电弧并快速运到接头端部，将焊条沿预先做好的熔孔往下压，听到“噗”的一声，停顿 1～2s 灭弧，随后以正常方法施焊。此方法也可达到保证焊透，防止背面焊道脱节的目的，但如掌握不好易产生焊瘤。

运条至定位焊缝时，必须用电弧熔穿坡口根部，使其充分熔合，当运条至另一端时，焊条在焊接处稍停顿一下，并使焊条倾角做相应变化，以便充分熔合。

4-54 如何进行两点法灭弧焊操作？

先在焊件始焊端前方约 10～15mm 处的坡口面上引燃电弧，然后将电弧拉回到开始焊接处，稍加摆动对焊件进行预热 1～2s，当坡口根部产生“汗珠”时，立即将电弧压低，约 1～5s 后可听到电弧穿透坡口而发出的“噗”声，可看到定位焊缝以及相接的坡口两侧金属开始熔化，并形成第一个熔池时快速灭弧（由于此处所形成的熔池是整条焊道的起点，所以也称之为熔池座）。

当第一个熔池金属尚未完全凝固，熔池中心还处于半熔化状态（在护目镜下呈亮黄颜色）时，重新引燃电弧，并在该熔池左前方（接近钝边）的坡口面上，以一定的焊条角度击穿焊件根部。击穿时，压短电弧对焊件根部加热 1～1.5s，然后再迅速将焊条沿焊接相反方向挑划，当听到焊件被击穿的“噗”声时，说明第一个熔孔已形成，快速地使一定长度的弧柱带着熔滴透过熔孔，使其与背、正面的熔化金属分别形成背面与正面焊道熔池。此时要迅速灭弧，否则会造成烧穿。

灭弧大约 1s 左右，即当上述熔池尚未完全凝固，还有与焊条直径大小的黄亮点时，立即引燃电弧并在第一个熔池右前方进行击穿焊。然后依照上述方法完成以后的焊缝。

4-55 如何进行一点法灭弧焊操作？

一点法建立第一个熔池的方法与两点法相同。施焊时应使电弧同时熔化两侧钝边，听到“噗”声后，果断灭弧。一般灭弧频率保持在每分钟 70～80 次。其焊条倾角与熔孔向坡口根部熔入深度均与两点法相同。

各种位置灭弧焊时的焊条倾角、坡口根部熔入深度见图 4-37，其操作手法见图 4-38。

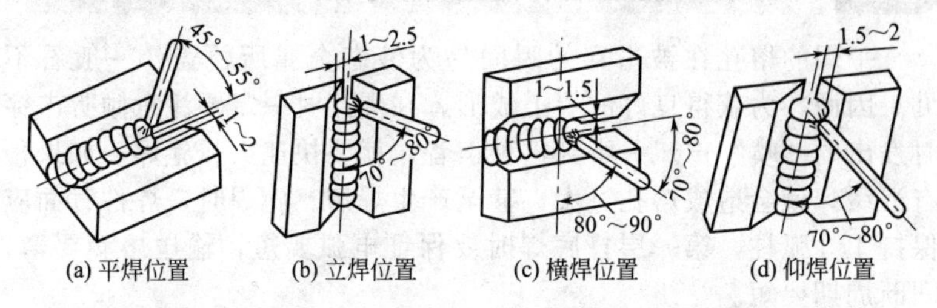

图 4-37　各种位置灭弧焊时的焊条倾角与坡口根部熔入深度

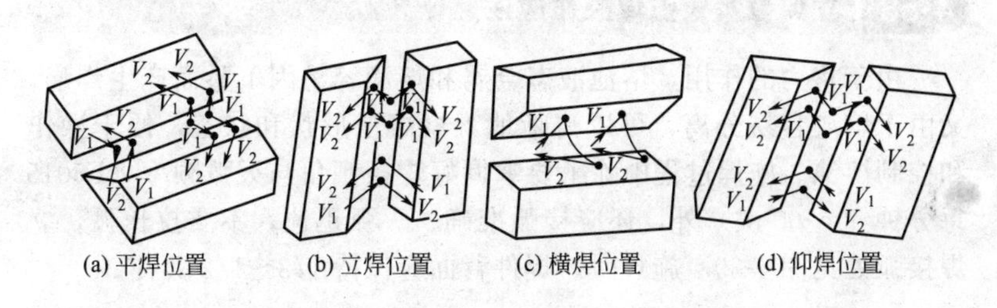

图 4-38　各种位置灭弧焊时的操作手法

（V_1—引弧方向；V_2—灭弧方向；“·”表示电弧稍作停留）

4-56　采用灭弧焊进行第一层穿透焊时应注意哪些问题?

采用灭弧焊法进行第一层穿透焊时，应注意以下五个方面：

① 要注意灭弧位置与灭弧动作，不能把灭弧位置选在熔池前方的坡口面上或坡口间隙处，而应将焊条拉向熔池斜后方迅速灭弧。动作要干净利索，不能拉长弧。

② 注意倾听电弧击穿焊件时发出的一个“噗”声。没有这个“噗”声，就不能向前灭弧施焊，否则就产生焊不透，更不能双面成形。

③ 使所有熔池形状和大小尽量保持一致，以保证打底焊道的宽度一致。

④ 注意灭弧与接弧的间隔时间，灭弧频率以每分钟 70～80 次（碱性焊条时应稍低）为宜。

⑤ 焊条倾角要适宜，否则在不同位置施焊时，将产生不同

缺陷。

4-57 平焊位置灭弧焊操作时应注意什么？

平焊的熔孔在被击穿的瞬间易为液态金属所覆盖，一般看不见。因而，为获得良好的焊道成形，在焊接时一定要注意倾听击穿时发出的“噗”声。一听到这种声音，就要快速灭弧施焊。如果稍有迟缓，就会造成熔孔过大，甚至产生焊瘤。施焊时，焊件背面应保持 1/3 弧柱。第一层打底焊时要保证电弧要短，输送熔滴要薄，间断周期要短。

4-58 立焊位置灭弧焊操作应注意什么？

由于重力的作用，熔池液态金属和熔滴容易因下坠而产生焊瘤，又由于熔渣容易分离，可以清晰地观察熔池形状和状态，便于操作和控制熔池。施焊过程中除了要掌握好焊条倾角与灭弧频率（E5015 每分钟 50～60 次）外，还应接弧准确、灭弧迅速，不要拉长弧。立焊接弧处见图 4-39。施焊时，焊件背面应保持 1/3～1/2 弧柱。

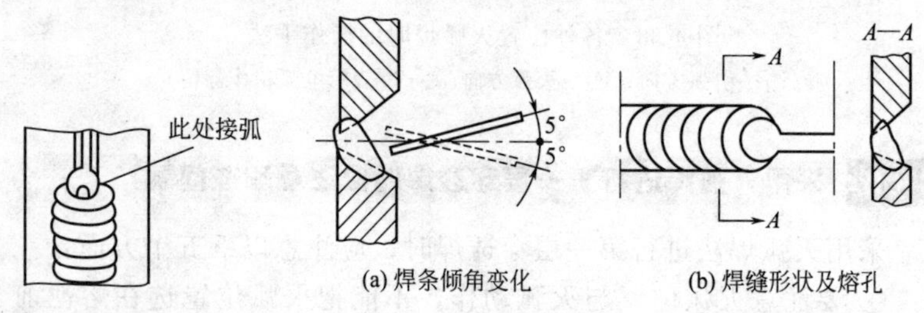

(a) 焊条倾角变化　　(b) 焊缝形状及熔孔

图 4-39　立焊接弧处　　图 4-40　横焊单面焊双面成形操作技术

4-59 横焊位置灭弧焊操作应注意什么？

由于重力的作用，熔滴在由焊条向焊件过渡时，易沿轴线而向下偏斜，因此在短弧施焊的基础上，除保持一定的前倾角外，还须保持一定的下倾角。又因上坡口面受热条件好于下坡口面，且熔池液体金属的下坠现象极易造成下坡口面的熔合不良，施焊时应先击穿下坡口面根部，再击穿上坡口面根部，并使击穿位置相互错开 0.5～1 个熔孔的距离。使下坡口面击穿在前，上坡口面击穿熔孔在后。焊条倾角在坡口上缘与下缘的变化状况如图 4-40 所示。焊缝形状及熔孔关系见图 4-40(b)。焊接时焊件背面应保持 1/2 弧柱长度。

4-60 仰焊位置灭弧焊操作应注意什么?

仰焊时熔滴过渡形式是依靠电弧吹力和熔化金属的表面张力作用过渡到熔池。由于熔滴自重阻碍熔滴过渡，熔池金属也受自重作用而产生下坠，而熔池温度越高，表面张力越小，因此，仰焊时极易在焊道背面产生凹陷（图 4-41），正面出现焊瘤。因此，除合理选择坡口尺寸和焊接电流外，还应特别注意焊接时在坡口两侧的稳弧动作。运条速度要快，不应作较大幅度摆动，焊层要薄些。施焊时，焊件背面应保持 1/2 弧柱。

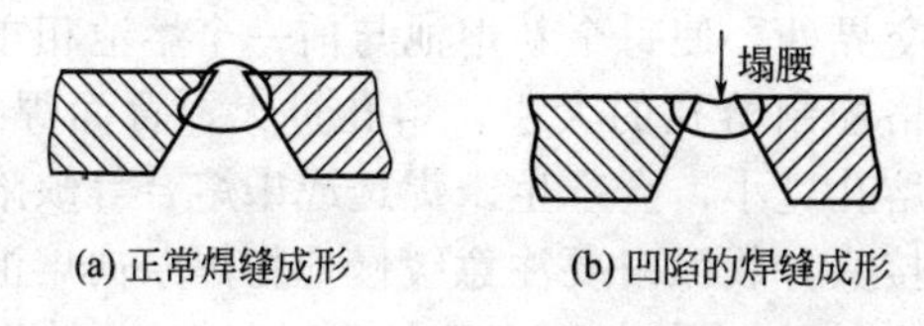

(a) 正常焊缝成形　(b) 凹陷的焊缝成形

图 4-41　仰焊的焊缝形状

如果采用碱性焊条（E5015、E5016）为了得到良好成形，不能像酸性焊条那样靠灭弧或跳弧控制熔池温度，必须采用短弧焊，否则容易产生气孔。

4-61 连弧焊操作技术有何特点?

连弧焊是指在焊接过程中电弧稳定燃烧，不熄弧，而通过连续、有规则的焊条摆动进行短弧施焊的操作技术。一般连弧焊在施焊过程中采用较小的根部间隙与焊接工艺参数，并在短弧条件下进行规则的焊条摆动，使焊道始终处于缓慢加热和缓慢冷却的状态，所以不但能获得温度均匀分布的焊缝和热影响区，而且还能得到成形美观而表面细密的背面焊道。因此，这是一种能保证焊缝具有良好力学性能和内在质量的单面焊双面成形的操作技术。但这种技术对焊件的装配质量及焊接工艺参数的选择都有较严格的要求，因此，要求焊工熟练掌握。否则在施焊过程中容易产生烧穿和未焊透等缺陷。

4-62 连弧焊的基本操作有哪些要点?

引弧后先将电弧压到最低程度，并在始焊处以小齿距的锯齿形运条法作横向摆动，对焊件进行加热。

在坡口根部产生“出汗”现象时，再尽力将焊条往根部送下，待听到“噗”的一声（熔孔形成）以后，迅速将电弧移到任一坡口面，然后在两坡口面间以一定的焊条倾角（不同焊接位置倾角不同)，做似停非停的微小摆动（时间约为 2s)，当电弧将两坡口根部两侧各熔化 1.5mm 左右时，将焊条提起 1～2mm，以小齿距的锯齿形运条法作横向摆动，使电弧以一定长度边熔化熔孔前沿边向前施焊。

施焊时，一定要使各熔孔端点的位置一致，即将焊条中心对准熔池的前沿与母材交界处，使每个新熔池与前一个熔池相重叠。在焊接过程中，要严格控制熔孔的大小，熔孔过大，背面焊道过高，有的会产生焊瘤；熔孔过小，会产生未焊透或未熔合等缺陷。

如果焊接需要接头，收弧时要注意缓慢地将焊条向熔池斜后方带一下后提起收弧；接头时先在距离弧坑 10～15mm 处引弧，然后将电弧移到弧坑一半处，压低电弧，当听到“噗”的一声后，再做 1～2s 的似停非停的微小摆动，再将电弧提起继续焊接。

4-63 焊条电弧焊如何在各种空间位置进行连弧焊操作?

① 平焊位置　平焊位置的操作难点是换焊条，一是收弧时易在背面焊道产生冷缩孔；二是接头时易产生焊道脱节，也就是接不上头。因此，其操作要点是：收弧前先在熔池前方做一熔孔，然后再将电弧向坡口左侧或右侧带 10～15mm 收弧或往熔池前的一坡口面上给两滴铁水收弧，但切不可使熔孔变小，或使钝边增高。迅速更换焊条后，在距弧坑 10～15mm 处起弧，运条到弧坑根部时，将焊条沿着预先做好的熔孔下压，听到“噗”声后，停顿 2s 左右，随后提起焊条，正常焊接。施焊时，焊件背面应保持 1/3 弧柱。

② 立焊位置　击穿动作时，焊条倾角应稍大于 90°，出现熔孔后立即恢复到原角度（45°～60°），施焊过程中的熔孔应比平焊时稍大。但在横向摆动时，向上的幅度不宜过大，否则易产生咬边缺陷。在保证背面成形良好的前提下，焊道越薄越好，如果一旦过

厚，则易产生气孔。在焊道接头时，须先用角向砂轮机或扁铲将焊道端部修磨成缓坡之后再进行接头操作，以利于接头时的背面成形。施焊时，焊件背面作应保持 1/2 的弧柱。

③ 横焊位置　先在始焊部位的上侧坡口面引弧待根部钝边熔化后，再将铁水带到下侧钝边，形成第一个熔池后，再击穿熔池，并立即采用斜椭圆形运条法运条，从坡口上侧向下侧的运条速度要慢一些，以防止夹渣和保证填充金属与焊件熔合良好，从下侧向上侧的运条速度要快些，以防止铁水下淌。焊接过程中要采用短弧将铁水送到坡口根部。收弧时应将电弧带到坡口上侧，向后方提起电弧。施焊时，焊件背面应保持 2/3 弧柱。

④ 仰焊位置　为防止背面焊道产生内凹，一要采用短弧焊，以利用电弧吹力托住铁水，并将一部分铁水送到焊件背面；二要使新熔池覆盖前熔池的 1/2，并适当加快焊接速度，使熔池截面变小，形成薄焊肉，以减小焊肉自重，三要保持适当的焊条倾角（使焊条与焊件左右两侧夹角呈 90°，与焊接方向呈 70°～80°）。施焊时，焊件背面应保持 2/3 弧柱。

采用连弧焊对各种位置焊缝焊接时的焊条倾角及坡口根部熔入深度见图 4-42。

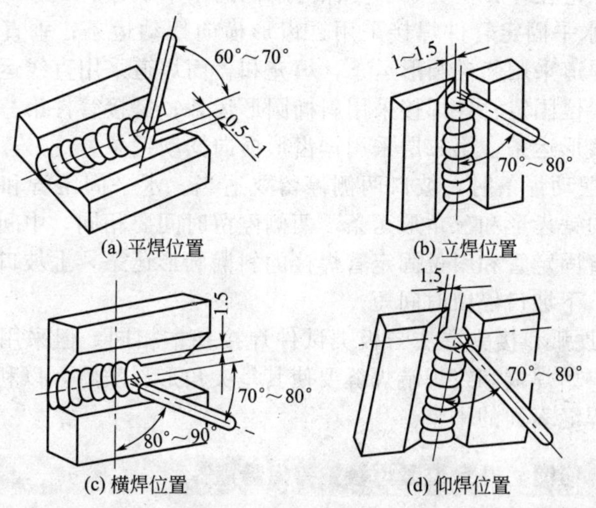

图 4-42　各种位置连弧焊时的焊条倾角和坡口根部熔入尺寸

各种位置连弧焊操作推荐的焊接参数见表4-13。

表4-13 各种位置连弧焊推荐的焊接参数

焊接位置	板厚/mm	焊条型号	焊条直径/mm	焊接电流/A
平焊	8～12	E5015	3.2	80～90
立焊	8～12	E5015	3.2	70～80
横焊	8～12	E5015	3.2	75～85
仰焊	8～12	E5015	3.2	75～85

采用连弧焊施焊过程中，定位焊缝的接头方法同灭弧焊相似。

4.6 管子焊条电弧焊技术

4-64 管子对接焊条电弧焊操作有哪些要点?

① 焊接时控制住同样大小的熔孔和熔池形状。水平固定管件焊接时，随着焊接位置的变化，要不断地改变焊条与管切线的夹角，同时焊条送进深度也要相应地变化。斜位固定管件和搭接管件焊接，无论在什么位置，都要保持熔池的水平状态。

② 水平固定管件焊接采用锯齿形横向摆动运条；垂直固定管件根部焊道采用斜椭圆形运条，填充和盖面焊道采用直线运条不作摆动。斜位固定管件焊接采用斜椭圆形运条；搭接管件第一层焊道采用三角形运条，第二层采用锯齿形横向摆动运条。

③ 摆动焊条时，坡口两侧停留要适当。水平固定管和搭接管件焊接的锯齿形和三角形运条，两侧停留时间要相同，中间快速过渡。垂直固定管和斜位固定管焊接的斜椭圆形运条，上坡口停留时间要长，下坡口停留时间短。

④ 收弧和接头方法与板类试件焊接基本相同。但采用斜椭圆形运条，始焊端和终焊端焊缝要使其呈尖角形斜坡状，以利于接头和保证焊缝表面的平整。

4-65 何谓管件全位置焊接? 有何特点?

管件的水平固定位置焊接又称为全位置焊。焊接时两相接管段水平放置，开坡口的一侧相对接，两中心线重合，且均固定不允许转动。管件水平固定焊这是最难掌握的一个焊条电弧焊技术，必须掌握了板对接的平焊、立焊、仰焊位置的单面焊双面成形技术，才能焊出合格的试件。

水平固定管对接接头的焊接位置环绕管子的外圆而不断地变化，焊接过程中焊工需要随时调整焊条的角度，分区段调节焊接电流，操作难度大。焊接熔池形状和大小不易控制，容易出现塌腰，焊瘤和根部未焊透等缺陷。

4-66 水平固定管对接接头的组装和定位焊时应注意哪些问题？

水平固定管对接接头组装时应保证两管件中心线对准，装配间隙应按焊接操作法控制在规定的范围内。如果采取先焊接头下半部的焊接顺序，则应将接头上半部间隙放大 0.5～1mm，以抵消焊接收缩量。组装合格后应进行定位焊。定位焊缝数量按管径大小而定，如图 4-43 所示。由于定位焊缝处容易产生缺陷，为了保证焊缝质量，降低操作难度，最好采用管件接头装配定位家具。

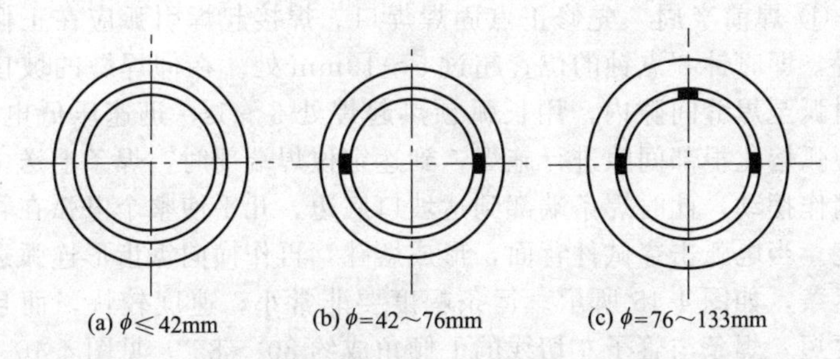

图 4-43　水平固定管对接接头定位焊缝的数目和部位

4-67 管件水平固定焊打底焊接有哪些基本操作方法？

管件水平固定焊的封底焊接一般有两种焊接方法，一种是分两半焊接，此法较常用；另二种是沿管子圆周焊接。由于管件对接接头通常要求全焊透，因此封底焊道必须采用单面焊双面成形焊接技术。

4-68 两半焊接法如何进行管件水平固定焊？

以管子界面中心垂直线为界面分成相等的两半，先焊的一半为前半周，后焊的一半为后半周，如图 4-44 所示。焊接时按仰、立、平焊位置顺序，由仰焊位置起焊，在平焊位置收尾，由下向上的顺序进行，形成两个接头。对于直径特别大的管子，可分多段向上焊，这样可以很好地将铁水和熔渣分离，也较好掌握熔深。

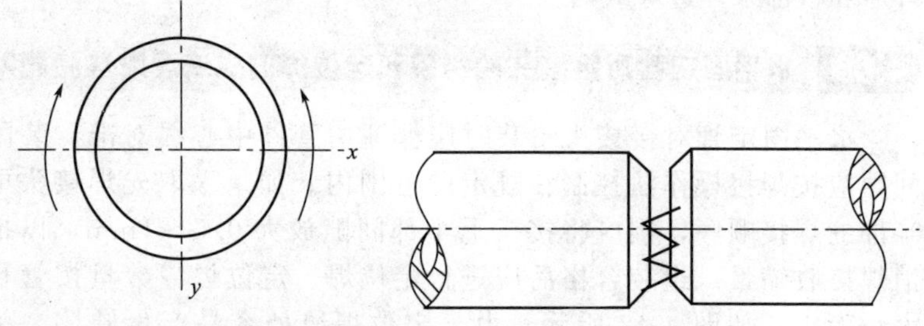

图 4-44　管子两半焊接头示意图　　图 4-45　运条方法

操作技术要点如下。

① 焊前半周　先修正点固焊焊口。焊接起焊引弧应在正仰焊位置，即时钟 6 点钟的位置超过 5～10mm 处。在仰焊缝的坡口边上引弧至焊缝间隙内，用长弧预热起焊处 3～5s，迅速压低电弧，以短弧熔化根部间隙进行施焊，到达定位焊端部时，焊条上送，同时稍作摆动，此时焊条端部到达坡口底边，几乎使整个电弧在管内燃烧。当电弧击穿试件背面，形成熔孔，再作横向锯齿形连弧运条法运条，如图 4-45 所示。运条幅度要非常小，速度较快，而且电弧要短，焊条与管子左切线的上倾角成约 80°～85°，见图 4-46。在仰焊到斜仰焊位置时，运条操作必须保证半打穿状态，到斜立焊和水平位置时，可用顶弧方法进行焊接。整个过程运条角度的变化和位置，如图 4-46 所示。

在仰焊位置的起焊点和平焊位置的终焊点，必须超过管子的半周（超越垂直中心线 5～10mm），以便仰焊与平焊的接头，如图 4-47所示。

仰焊部位是水平固定管焊的关键部位。焊条在仰焊及斜焊位

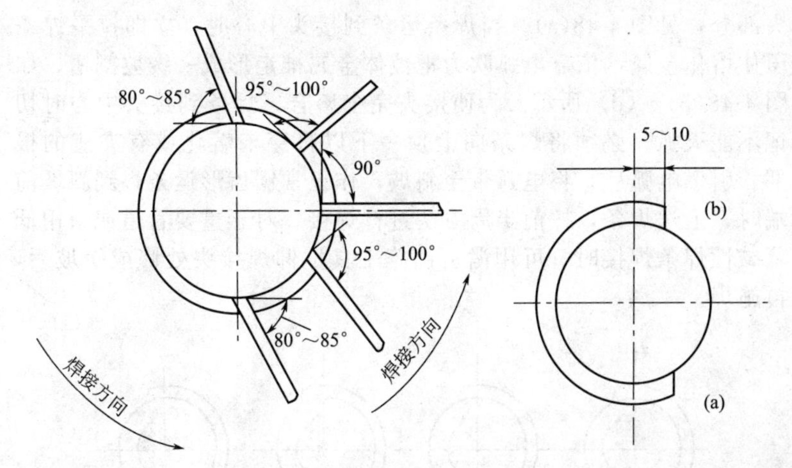

图 4-46　管子两半焊法运条位置　　　　图 4-47　起焊点和终焊点位置

置，尽可能不作或少作横向摆动，以保证根部焊透均匀。如果焊条送进深度不够，背面会出内凹，因此一定要注意焊条的送进深度。随着焊接向上进行，焊条慢慢退出，角度慢慢变大，在仰焊爬坡位置焊条与管子切线的上倾角为 95°～100°，在立焊部位上倾角变为 90°，焊条端部离坡口底边 1mm 左右，大约 1/2 电弧在管内燃烧，横向摆动的幅度增大。

在上爬坡和平焊部位时，焊条继续向外带出，焊条端部离坡口底部 2mm 左右，1/3 电弧在管内燃烧，焊条角度相应变化。在立焊和平焊位置，可作幅度不大的反半月牙形横向摆动运条。为保证熔穿接头根部间隙和接头部分熔透，当运条到点固焊焊缝接头处时，应减小焊条向前移动的速度。当运条到平焊位置时，必须填满熔池后再熄弧。

收弧时焊条下压后慢慢向后方一侧带弧 10mm 左右，使熔池温度缓慢冷却，防止产生冷缩孔，同时带出一个缓坡形，使收弧处焊缝金属很薄，有利于接头。

② 焊后半周　焊完前半周后，再焊后半周。在后半周与前半周的仰焊接头处，用电弧把起焊处的原焊缝熔去 10mm 左右，以除去在接头处可能存在的缺陷，又可形成缓坡形割槽，以便接头。先从超越接头中心约 10mm 的焊缝上引弧，并用长弧进行预热接

头部分，见图 4-48(a)。当焊条运条到接头中心时，立即拉平焊条压住熔化金属，依靠电弧吹力把液体金属推走形成一缓坡割槽，如图 4-48(b)～(d) 所示。为使接头完全熔合，焊条到接头中心时切记不能灭弧，必须将焊条向上顶一下以打穿未熔化或有夹渣的根部。引燃电弧后，将电弧带至斜坡，作正常锯齿形运条，到斜坡前端时，上送焊条，按前半周方法进行焊接。对于重要管道或采用低氢碱性焊条焊接时，可用凿、锉等工具把仰焊接头处修成缓坡后，再施焊。

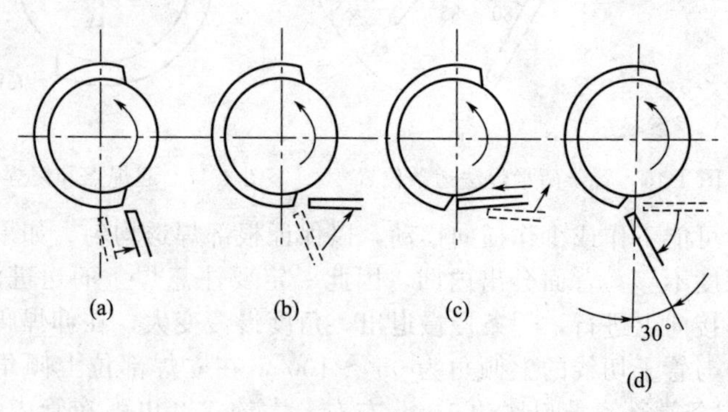

图 4-48　仰焊接头操作过程示意图

根部焊道将要完成的汇合部位即施焊到 12 点钟处（平焊位置）的接头时，先焊的半周甩出两个头，后半周焊接前，先用砂轮机磨出 10mm 的缓坡形或选用适中的焊接电流值，将接头修成缓坡，端头越薄越好。当运条到斜立焊（立平焊）位置时，采取顶弧焊，使焊条前倾，并稍作横向摆动，见图 4-49。当距接头中心 3～5mm 将要封闭时，千万不能灭弧，将焊条下压，电弧击穿焊缝根部，稍作停留并作横向摆动，压住电弧向前施焊，搭接原焊缝 10mm 左右。接头封闭时，把焊条向里压一下，此时可听到电弧打穿根部的“噗噗”声，并在接头处来回摆动，以

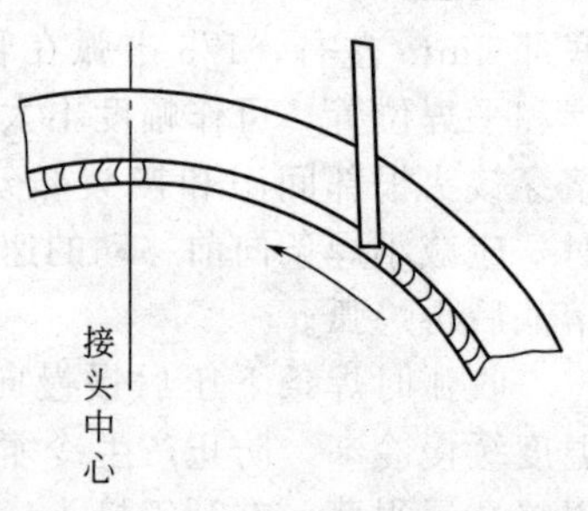

图 4-49　平焊接头用顶弧焊法

保证充分熔合、填满弧坑，然后引弧到坡口一侧熄弧。

③ 与点固焊接头和换条接头的操作　与点固焊处的接头也应采用上述方法。换条操作时，可采用热接头和冷接头。最好采用热接头。采用热接头时要求动作必须敏捷，运条要灵活。而采用冷接头，可能存在弧坑、气孔、裂管等危险，此时应用电弧割槽或手工修理后再施焊。

4-69 沿管周焊接法如何进行管件水平固定全位置焊接?

由于沿管周焊接法有一半是自上而下运条，熔化金属有下坠趋势，熔深浅，透度不易控制，而且熔化金属与熔渣也不易分离，焊缝容易产生夹渣等缺陷。因此，这种方法主要用在焊接质量要求不高的薄壁管的焊接。但这种方法的运条速度快，有较高的生产率。

起焊处在斜立焊位置，如图 4-50 所示。自下而上的运条过程中最好不要灭弧，采用顶弧法焊接，使焊条端部托住熔化金属。在平焊—立焊—仰焊位置的焊接过程中，焊条应几乎处在与管周相切的位置。当由斜仰焊进入仰焊位置时，焊条可逐步偏于垂直。在仰焊—立焊—平焊的焊接过程中，运条方法与两半周焊接方法的后半周相同，最后在斜立焊位置闭合。

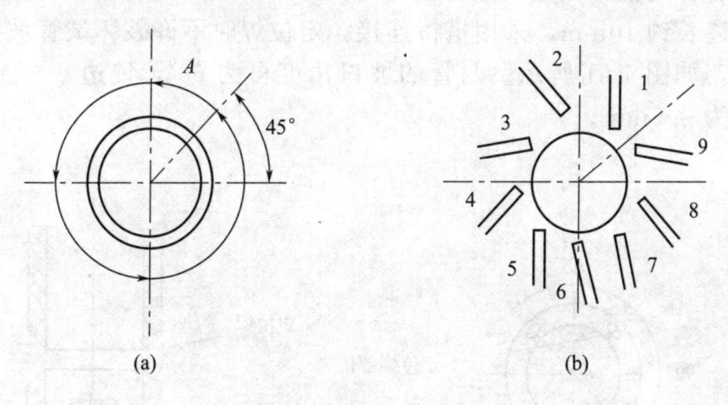

图 4-50　沿管周施焊示意图

4-70 如何进行管件水平固定焊的填充焊道和盖面焊道的焊接?

填充焊道和盖面焊道焊接时，应采用与封底焊道相同的焊接顺序，并分两个半圈进行焊接。焊接时为了易于控制焊接熔池，仍应选用小直径焊条，焊接电流可略大于打底焊道，一般控制在115～135A范围内。焊条横摆的幅度取决于坡口的宽度，并在坡口边缘稍作停留，以保证焊道与坡口侧壁熔合良好。为使盖面层焊道匀整，应控制好最后一道填充层的焊缝外形，使其表面呈内凹形或平直形。

① 填充焊道　采用横向锯齿形运条，两侧稍作停留，中间过渡稍快。焊条与管子切线的前倾角比根部焊道焊接时大5°左右。前进速度要均匀一致，使焊道高低平整为盖面层打下良好的基础。填充焊道高度为：仰焊部及平焊部位距母材表面0.5mm左右。立焊部位约1mm左右。

② 盖面焊道　盖面焊道焊接时，仍采用横向锯齿形摆动，摆动速度适当加快，但前进速度不变。两边稍作停留，以防止咬边。摆动时以焊芯到达坡口为止，两边各熔化1～2mm。接头与板状试件盖面层接头相似。

4-71 如何进行管件垂直固定焊的定位焊？

管件的垂直固定位置焊接的定位焊，可采用两处定位，每处定位焊缝长约10mm，采用搭桥连接，定位焊时不许破坏试管坡口的底边，如图4-51所示。两管的坡口角度可为60°，钝边0～1mm，间隙为2.5mm。

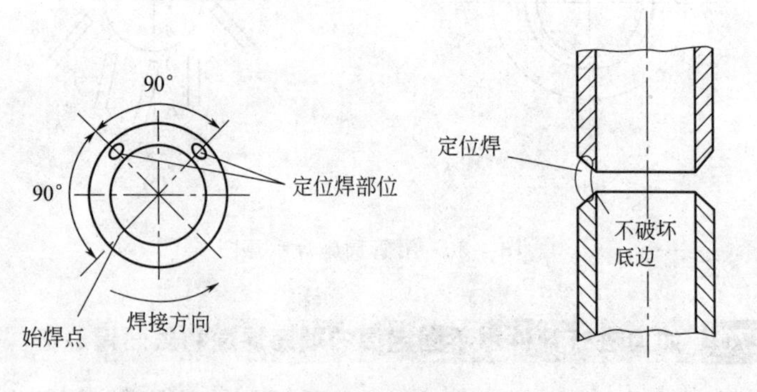

图4-51　垂直固定焊定位焊位置

4-72 如何进行管件垂直固定焊的打底焊？

① 引弧　在一定位焊缝处引燃电弧后，稍停顿 1～2s 后缓慢向前运条，形成熔池后，电弧下压，击穿试管背部每边熔化约 2mm 左右，形成熔孔。焊条下倾角为 75°，焊条与管子的切线方向（与焊接方向）夹角为 65°～75°，见图 4-52。焊接方向从左到右，采用斜椭圆形运条，见图 4-53。为了防止背面出现焊缝下垂，电弧在上坡口停留时间长（约 2s），在下坡口停留时间短（约 1s）。电弧的深度在下坡口比上坡口深。在下坡口运条时，焊条端部离坡口底边约 0.5mm，2/3 电弧在管内燃烧，焊条带至上坡口时，端部离坡口底边约 2mm，1/2 电弧在管内燃烧。运条的步伐要整齐，速度要一致，才能焊出美观的根部焊道来。

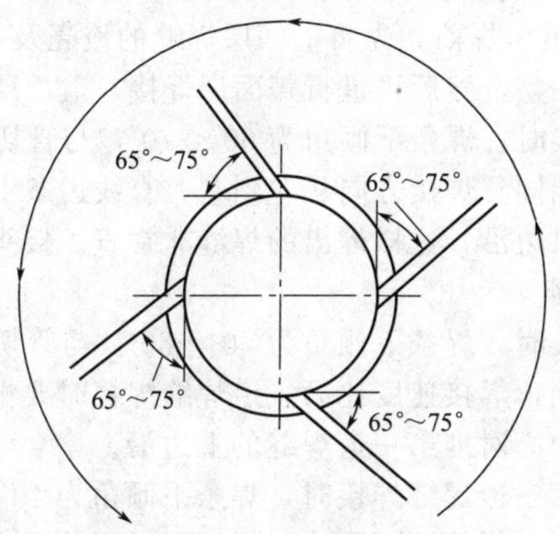

图 4-52　焊条角度变化示意图

② 收弧　收弧操作与水平固定管件基本相同。

③ 接头　接头时，在斜坡前 10mm 处引弧后，将电弧带至斜坡处作斜椭圆形运条。电弧到达斜坡前端的上方时，压低电弧击穿根部，再将电弧带至下坡口击穿根部后按上述方法正常运条。焊完一周前将始焊端的焊道用砂轮机磨去 10mm 再

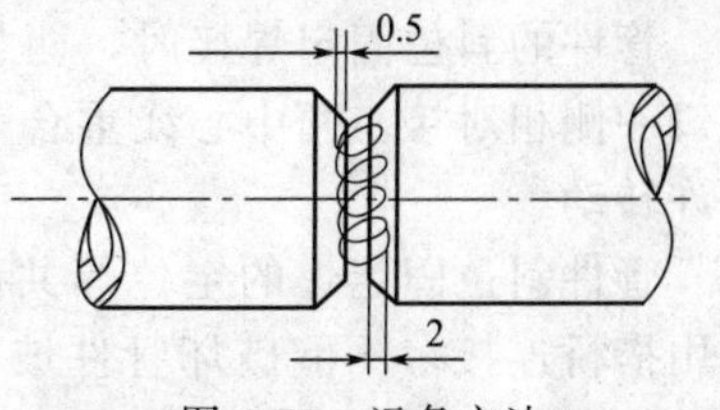

图 4-53　运条方法

磨成一个斜坡。当焊至这个斜坡时，要压低电弧，继续向前作斜椭圆形运条，到斜坡结束后在一侧灭弧。

4-73 如何进行管件垂直固定焊的填充焊和盖面焊?

① 填充焊道　填充焊道为一层两道。焊接第一道时，焊条垂直于试管切线，与管切线方向（与焊接方向夹角）80°～85°。焊接方向从左到右直线运条不作摆动，短电弧，否则将产生气孔。接头时，一定要在收弧熔池前10mm处引弧，再将电弧拉至收弧熔池进行焊接，以保证接头的质量。

第二道焊接时焊条下倾角为50°，与管切线方向的夹角与第一道相同，电弧中心对准第一道焊缝的上边沿。填充层焊缝的余高以距母材表面2mm为宜。

② 盖面焊道　焊前，先将上一层焊缝的渣壳及飞溅清理干净，将焊缝处打磨平整，然后再进行盖面层焊接，盖面层焊道为一层三道。第一道焊接时，焊条下倾角为60°～70°，与管切线方向的夹角和填充层焊道相同。焊接方向从左到右，直线运条不作摆动，电弧中心对准下坡口边沿，这样焊出的焊缝非常直。接头方法与填充层焊道的接头相同。

第二道焊接时，焊条下倾角为70°～80°，与管切线方向夹角与第一道焊缝相同，焊接速度比第一道焊缝焊接时要慢。第二道焊缝焊接时，电弧中心对准第一道焊缝的上边沿。

盖面层的第三道焊缝焊接时，焊条下倾角为40°～45°，其他各项与前两道相同，焊接速度要快，焊缝要低于前两道。焊接时，电弧中心对准第二道的上边沿。

4-74 如何进行管件的斜位固定焊的定位焊?

管件的斜位固定焊接时，两相接管段与水平面成45°放置，开坡口一侧相对接，两中心线重合，与地平面成45°，且管件固定不允许转动。

管件斜位固定焊的定位焊共两处，每处定位焊缝长约10mm，采用搭桥连接，不能破坏管件坡口的底边。如图4-54所示。定位焊时上坡口间隙要比下坡口间隙大约0.5mm，即下坡口间隙为

2.5mm，上坡口间隙为 3mm。试件的坡口角度为 60°，钝边 0～1mm。

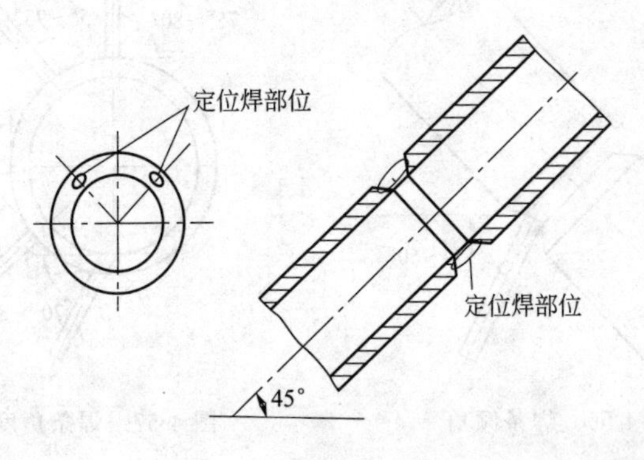

图 4-54　定位焊位置

4-75 如何进行管件的斜位固定焊的打底焊道?

在仰焊部位定位焊缝处引燃电弧，电弧稍作停顿后缓慢向前运条，形成熔池后，焊条上送击穿钝边形成熔孔，然后作斜椭圆形连弧运条，运条过程中要始终保持熔池处于水平状态，见图 4-55，焊条上倾角为 55°～60°（如图 4-56 所示），焊条与管子切线方向（与焊接方向）夹角为 70°～80°。随着焊接向上进行，电弧深度慢慢减小，角度慢慢增大，如图 4-57 所示。电弧在上坡口停留时间长（约 2s），在下坡口停留的时间短（约 1s）。运条要求整齐、均匀。

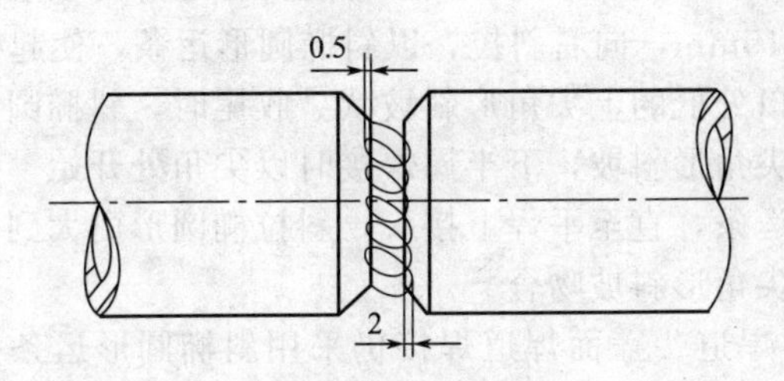

图 4-55　运条方法

收弧操作与管件的水平固定基本相同。

接头时，在斜坡前 10mm 处引弧，带至斜坡前作斜椭圆形运

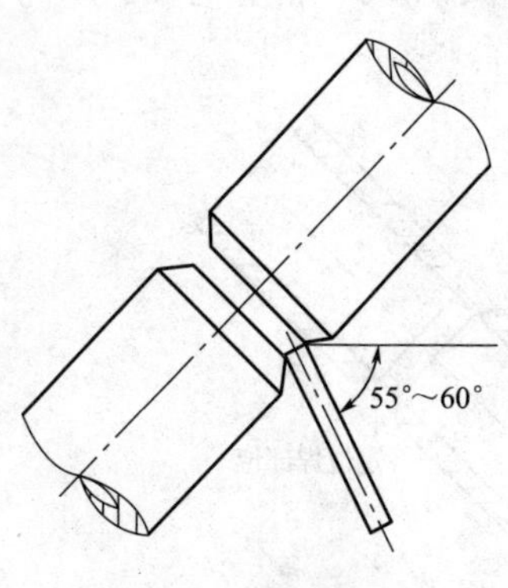

图 4-56　焊条倾角

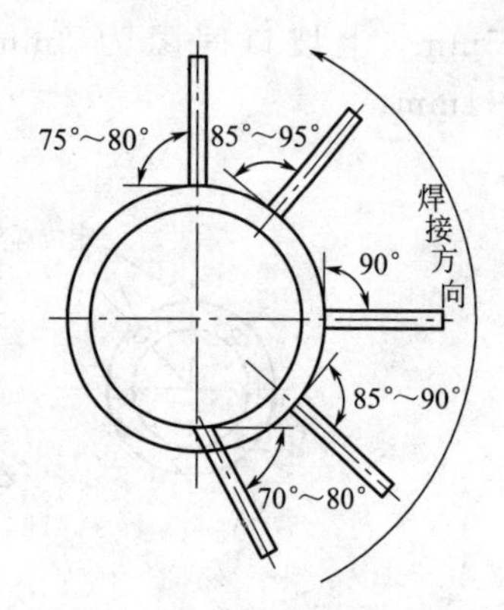

图 4-57　焊条角度变化图

条，到达斜坡前端上方时，电弧深度加大，以击穿根部，形成熔孔后，按上述方法正常运条。

先焊的半圆甩出两个头，后半周焊接前，要用砂轮机磨出10mm的缓坡，端头越薄越好。后半周也是先以仰焊部位施焊，接头方法、焊条角度、收弧和前述方法相同。

4-76　如何进行管件的斜位固定焊的填充焊和盖面焊？

① 填充焊道　填充焊道焊接也采用斜椭圆运条，电弧在上坡口处停留时间要比在下坡口处稍长，焊条与管子切线方向的夹角比根部焊道焊接时大5°左右。焊接速度要均匀一致，使填充焊道高低平整，以有利于盖面层的焊接。仰脸部位起焊时以上坡口开始过中心线10～15mm，向右斜拉，以斜椭圆形运条，使起头呈下坡口处高而上坡口处低的上尖角形斜坡状。收尾时，斜椭圆形运条由大到小，也呈尖角形斜坡，下半周焊接时以尖角处开始，用从小到大的斜椭圆形运条，直至平焊上接头，斜拉椭圆形由大到小与前半周焊缝收尾的尖角形斜坡吻合。

② 盖面焊道　盖面焊道焊接仍采用斜椭圆形运条。焊条摆动到两侧时，要有足够的停留时间，以使铁水充分过渡，避免出现咬边现象，熔池大小以压熔上下坡口各2mm为宜，起头、收弧和接头方法与填充层焊接相同。

4.7 管板的焊条电弧焊技术

4-77 管板类试件焊条电弧焊接操作有哪些要点?

管板件中的管与板厚度及形状上存在较大差异，使这类结构焊接存在独特的特点。

① 板件的承热能力比管件大，因此在根部焊接操作中电弧应偏向于板的一端。

② 根部焊接运条时，焊条贴近板端，使电弧在板端停留比在管端的停留的时间长，将熔化铁水由板端带向管端，且在板端的电弧深度较深。当焊条运至板端的一侧时，其端部一定要到达板端的底边，以防止产生夹渣及熔合不良。

③ 管板焊接根部的间隙比较大，便于运条，使焊条易到达底部，能比较容易控制电弧热的分布。

④ 填充盖面焊道焊接时，电弧也应稍偏向板一端。

4-78 如何进行骑坐式管板垂直俯焊定位焊?

骑坐式管板俯位焊接时，将带圆孔板水平放置，管垂直放于板上方，管件开坡口的一端与板连接，管中心线与板上孔的中心线重合。

试件的定位焊和使用的焊条与根部焊道焊接时使用的焊条相同。装配间隙为2.5～3mm。定位焊采用搭桥连接，不能破坏试件的坡口底部，焊接时达到定位焊缝前端，用砂轮机将定位焊缝抹去，以保证此处的焊接质量。定位焊缝共两处，以始焊处为第三点，每处定位焊的焊缝长度约10mm。如图4-58所示。

4-79 如何进行骑坐式管板垂直俯焊打底焊?

打底焊主要保证根部焊透，底板与立管坡口熔合良好，背面成形无缺陷。引弧及焊接操作如图4-59所示。在定位焊的始焊点处引燃电弧后，作上、下摆动运弧进行搭桥连接，而后将电弧下压，2/3左右电弧在管内燃烧，使管的坡口底部和板的端头各熔化

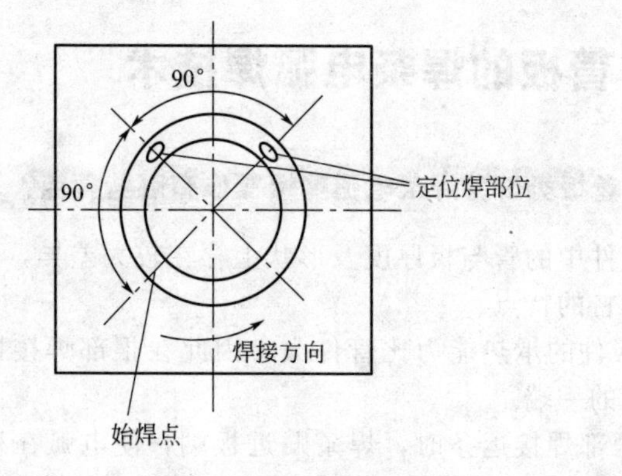

图 4-58　定位焊及焊接操作

2mm 左右，形成熔孔后，控制同样大小的熔孔，按锯齿形短电弧连弧向前运条。焊条与底板间的角度为 25°～30°，与管切线的夹角为 60°～70°，见图 4-59。

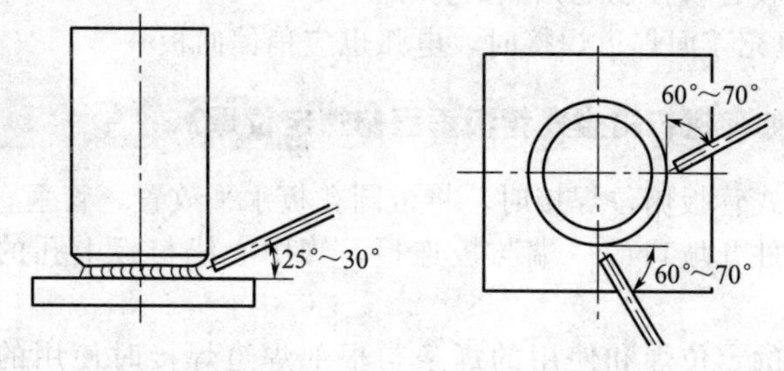

图 4-59　打底焊引弧及焊条倾角

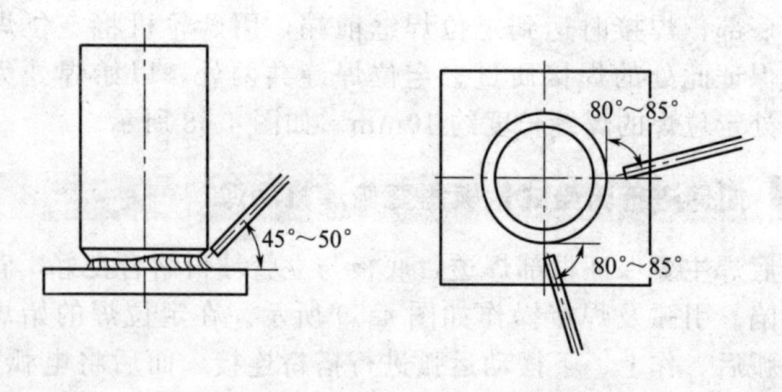

图 4-60　填充焊时的焊条角度

焊接方向从左到右。由于管板在厚度上有较大的差异，因此电弧在板一侧的停留时间长，而在管一侧的停留时间短。板端的电弧深度比管端的深，焊条运至板端一侧时，其端部一定要到达板端的底边，以免造成夹渣及熔合不好。运条时，摆动速度和前进速度要均匀一致，始终要控制住熔孔直径的尺寸大小一致，才能焊出美观的根部焊道。

收弧时将焊条下压，待熔孔稍增大后，向后上方带弧 10mm 再衰减熄弧，动作稍缓慢，使熔池缓慢冷却，并形成一个斜坡，以利于重新熔化接头。收弧过快或操作不当时则易产生冷缩孔，一般产生冷缩孔时，在焊接过程中会看到熔池有气泡产生。使用 E5015、E4315 等碱性焊条焊接时，若产生冷缩孔，一般收弧处外表不很明显，大多在收弧斜坡前部中心有一较亮处，其中心部有花样的暗纹，气孔则在凝固后的焊缝里。若采用 E4303 等酸性焊条，产生冷缩孔，一般会在其产生处裂开。因此对收弧点尤其是定位焊的收弧处应仔细观察，发现有花样纹则应打磨，不容易磨时，应用小锯片将其锯开，让冷缩孔露出来，以便在以后接头时，能将冷缩孔重新熔掉。

接头最好采用热接头法。在收弧熔池后 10mm 处引弧后，将电弧带至斜坡处，作斜椭圆形运条。电弧运至斜坡前端上方划圈进行预热后，在 1/2 熔孔处下压电弧，将前端熔化形成熔孔后，再按锯齿形运条向前焊接，同时应将接头处的起弧点磨掉。根部的封闭接头焊接前要先将接头部位磨出 10mm 的斜坡，焊接电弧运至斜坡前端时，摆动焊条将坡口前端两侧坡口熔化。此时在接头处形成一个小圆孔，当小圆孔的大小与所用焊条直径相当时，焊条向前向斜坡处划圈进行预热，而后立即将焊条端部对准小孔下压焊条，当听到“噗”的一声根部击穿声后，电弧将焊缝根部击穿，这时在慢慢向上带运焊条的同时进行并划圈填充金属，直至填满接头后，压低电弧继续向前运行至斜坡结束，再慢慢向一侧带弧后收弧，这样有利于气体逸出和熔池的缓慢冷却。

4-80 如何进行骑坐式管板垂直俯焊填充焊和盖面焊？

① 填充焊道　填充焊前要将打底焊道的熔渣清理干净，处理

好焊接有缺陷的地方。焊接时要保证底板与管的坡口处熔合良好。焊条与底板间的角度为40°～45°，与管切线的夹角为80°～85°，见图4-60。焊接方向从左向右，采用斜椭圆形运条，尽量采用热接头法。接头时，一定要在收弧熔池前10mm处引弧，然后，将电弧带到收弧熔池处，在焊接过程中将引弧点重新熔掉。盖面熄弧处要填满熔池，缓慢划圈熄弧，防止产生弧坑裂纹。

② 盖面焊道　盖面焊道焊接时必须保证管子不咬边及焊脚对称，焊前将上一层焊道清理干净。焊接下面的盖面焊道时，电弧要对准填充层焊道的下沿，保证底板熔合良好；焊接上面的盖面焊道时，电弧要对准填充焊道的上沿，该焊道应覆盖下面焊道的一半以上，保证与立管熔合良好。盖面焊道焊接时应注意在坡口两边的停顿，防止咬边及熔合不良。盖面焊道焊接时，不论如何运条，都应使熔池始终保持水平位置，有利于焊缝美观。盖面焊时的焊条倾角如图4-61所示。

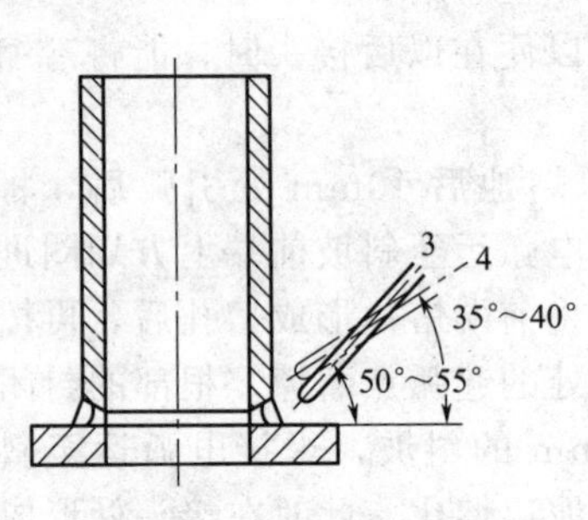

图4-61　盖面焊焊条倾角

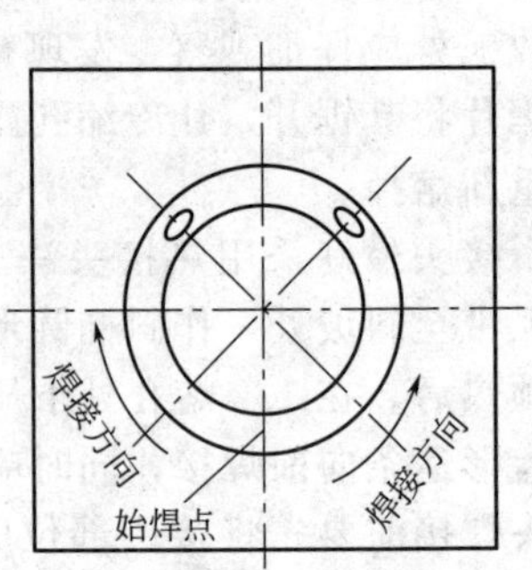

图4-62　管板水平固定焊定位焊及焊接操作

4-81 如何进行骑坐式管板水平固定焊操作？

骑坐式管板水平固定焊接时，带圆孔的板立放，管水平放于板上，管件开坡口的一端与板相接，管中心线与板上孔中心线重合。

① 打底焊道　从最低点正仰焊（按6点钟）的位置往后10mm处的始焊点处引弧起焊，见图4-62。焊接方向按由下向上的左右两半周的焊接。在始焊点处将电弧引燃后，作摆动搭桥连接后

电弧下压，使试管坡口底部和板的端头各熔 2mm 左右，形成熔孔，控制同样大小的熔孔，按锯齿形短弧连弧向上运条。焊条与管轴线的夹角为 60°～70°，焊条与管切线方向的角度与水平固定管对接焊相同。焊条运弧时在板端停留时间长些，在管端停留时间短些。

在仰焊部位必须要注意：将焊条送进一定的深度，几乎整个电弧在管内燃烧，以防止内凹出现。随着焊接向圆周上方进行，焊条的深度慢慢地退出，在上爬坡和平焊部位时，焊条继续向外带出。但焊条电弧的热量分布应始终偏向板一侧，以保证良好的成形。

收弧时将焊条下压后，慢慢向后方一侧带弧 10mm 左右，使熔池温度缓慢冷却，防止产生冷缩孔，同时带出一个缓形坡，使收弧处焊缝金属很薄，有利于接头。

接头尽量采用热接法。先焊的半周甩出两个接头，后半周焊接从仰焊位置斜坡后方 5mm 处引弧，引燃电弧带至斜坡，作正常锯齿形运条，到斜坡前端时，向内压送电弧，形成熔孔后按先焊的半周操作方法进行焊接。

当根部焊道将要完成，在汇合部位的接头时，应将先焊完的一端头用砂轮机磨出 10mm 的缓形坡。待焊至平焊点前端，将前端两侧坡口熔化，当接头处形成的小圆孔与焊条直径相当时，将电弧下压，听到“噗”的一声根部击穿声后，电弧将焊缝根部击穿，这时在慢慢向上带焊条的同时进行划圈填充金属，直至填满接头后，压住电弧向前施焊，搭接原焊缝 10mm 左右即可。

② 盖面焊　焊接下半周时，焊条角度、焊接方向与打底层相同，采用锯齿形横向运条。运条时，两边稍作停留，中间过渡要快，使焊肉饱满，防止两边咬边，运条时还必须保持熔池的水平状态，不论焊接位置如何变化，都要把电弧带成水平状态。中心（仰焊）部位接头方法，先焊半面的始焊端要磨出一个长斜坡，后焊半面从斜坡始焊，先小步伐运条，逐步增大运条步伐，待斜坡结束后，按正常焊接。

焊接上半周时，焊条与管子周线的夹角为 45°，与焊接前进方向的夹角呈 90°，焊接方向与打底层相同。运条作横向锯齿形摆动，两边要稍作停留，中间过渡要快，使上部焊缝与管子平齐，防止咬边。运条时，不论焊接位置如何变化，都应把电弧带成水平状态。顶端接头时，先焊的半面焊至顶端时，必须留出一长斜坡，后焊半面到达斜坡时，运条幅度应一步一步减小，直到斜坡结束后，将电弧带到一边熄弧。

4-82 如何进行骑坐式管板垂直仰焊操作？

骑坐式管板垂直仰焊接时，带圆孔板水平放置，管垂直放于板下方，管件开坡口的一端与板相接，管中心线与板上孔的中心线重合。

(1) 打底焊道

① 引弧　引弧位置及焊接操作见图 4-63。定位焊处引燃电弧后，作上、下摆动运弧进行搭桥连接，而后将电弧下压，2/3 左右电弧在管内燃烧，使管的坡口底部和板的端头各下压，熔化 1mm 左右，形成熔孔后，控制同样大小的熔孔，按锯齿形短电弧连弧焊向前运条。焊条与板间的角度为 35°～45°，与管切线的夹角 60°～70°，见图 4-64。焊条运弧时在板端停留时间长些，在管端应短些。

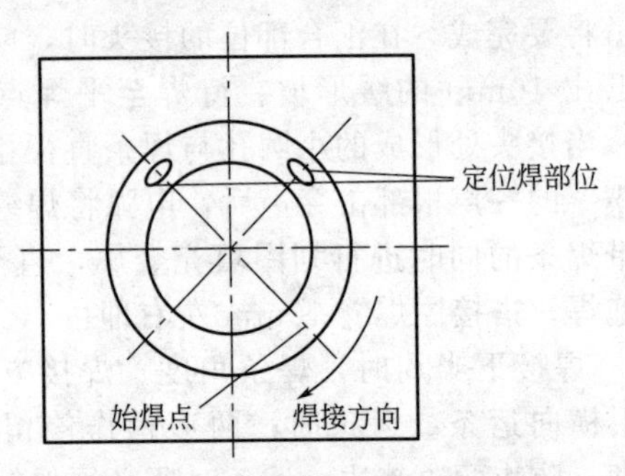

图 4-63　定位焊及焊接操作

焊接方向从左至右，电弧的深度板端比管端深，焊条运至板端一侧时，其端部一定要到达板端的底边，以免产生夹渣及熔合不好。电弧热量应偏向板一端。运条时，摆动速度和前进速度要均匀一致，始终要控制住熔孔直径的尺寸大小一致，才能焊出美观的根部焊道。

② 收弧　收弧时将焊条下压后慢慢向后方一侧带弧左右，使

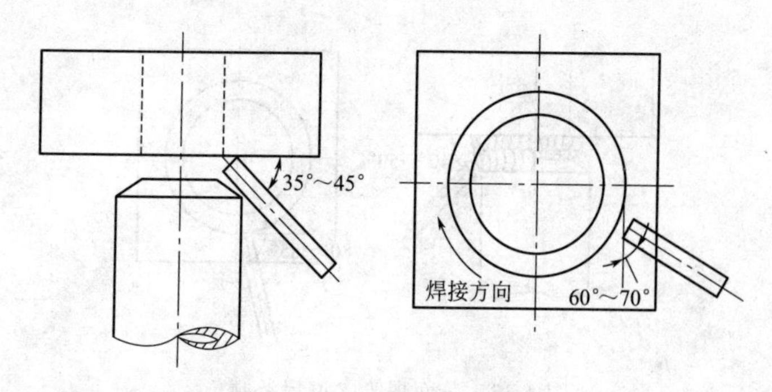

图 4-64　打底焊焊条倾角

熔池缓慢冷却，防止产生背面冷缩孔，同时带出一个缓形坡，使收弧处焊缝基本金属很薄，有利于接头。

③ 接头　接头部位应仔细检查，若有缺陷必须清理掉，操作方法与骑坐式管板垂直俯焊基本相同。

(2) 盖面焊道

① 第一道盖面焊道　焊接时，从左至右焊接，小幅度的斜椭圆形运条，焊条端部应对准第一层焊道的上边沿，焊条与板间的夹角为 45°～60°，与管切线的夹角为 80°～85°，焊接速度较快些，见图 4-65。

② 第二道盖面焊道　焊接时，从左至右直线运条焊接，焊条端部应对准第一层焊道的下边沿，焊条与板间的夹角为 45°～60°，与管切线的夹角为 80°～85°，见图 4-66，焊接速度较快些。

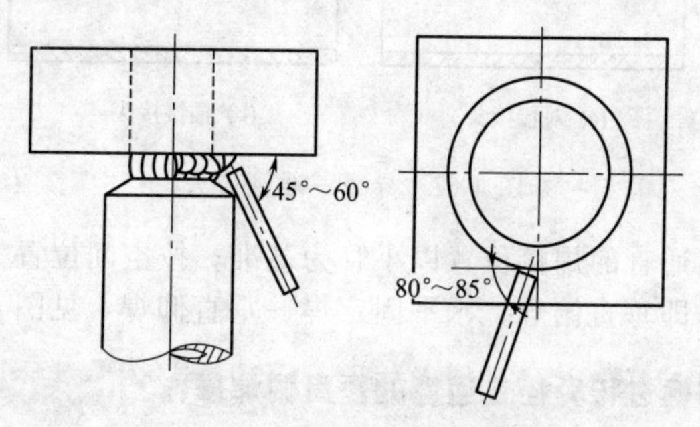

图 4-65　盖面焊第一道焊条倾角

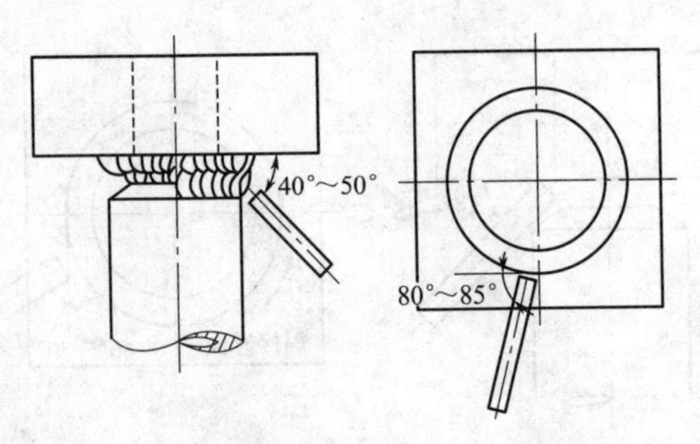

图 4-66　盖面焊第二道焊条倾角

4-83 常见的异径三通管的焊接接头形式有哪些?

三通管的焊接又称为马鞍口的焊接，常见于管道施工中，而且大都处于固定位置焊接。这种接头形式有两种，第一种是对接接头，见图 4-67(a)；第二种是插接接头，见图 4-67(b)。对接接头是将小管端头切割成马鞍形，并加工出 45°坡口，在大管上按照小管的内壁直径开孔后对接。插接接头是在大管上按小管外壁直径开孔，并加工出坡口，将小管端头切割成马鞍后插入大管。常用的是第二种接头形式。

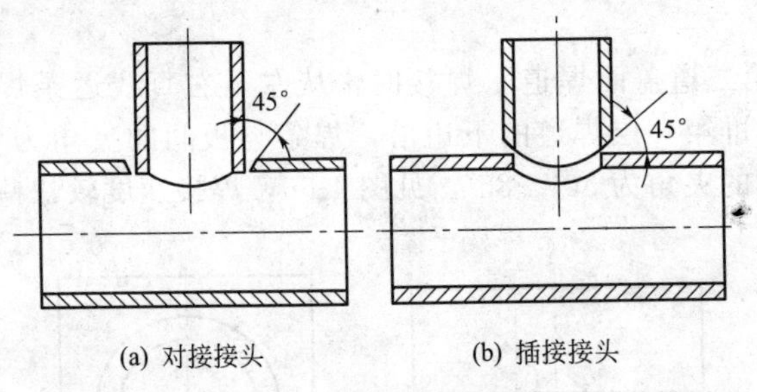

图 4-67　异径三通管接头

异径三通管的焊接位置以小管为基准，按空间位置大体可分为三种形式，即垂直俯焊、水平固定焊、垂直仰焊，见图 4-68。

4-84 如何进行异径三通管的垂直俯焊操作?

异径三通管件的垂直俯焊时，大管水平放置，并将大管上开置

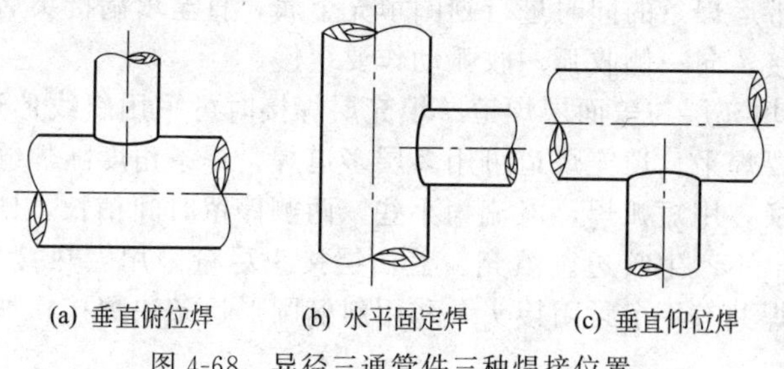

图 4-68　异径三通管件三种焊接位置

的马鞍口向正上方，小管垂直放于大管正上方开的马鞍口处。焊缝实际上是坡立焊与斜横焊位置的综合，其焊接操作与立焊、横焊相似。

① 打底焊道　一圈焊缝要分四段进行。起弧、收弧的焊接操作如图 4-69 所示。在与定位焊相隔 45°的两处位置上起弧焊接，收弧在与起弧处相隔 90°的位置上见图 4-70。在引燃电弧从小管向大管搭桥连接后电弧下压，2/3 的电弧在管内燃烧形成熔孔，采用小月牙形运条方法控制住熔孔保持同样的尺寸，同时注意不要咬边。焊条与小管的夹角为 30°～40°。熄弧时为了有利于接头和填满弧坑，电弧应向后上方带 10mm 左右再熄弧，以便使熔池缓慢冷却，并带出一个斜坡。封闭接头焊接前必须将待焊接头部位磨出斜坡，接头动作要领与水平固定管对接焊时相同。电弧到接头处向下压，听到“噗”的一声根部击穿声后，电弧将焊缝根部击穿，这时再缓

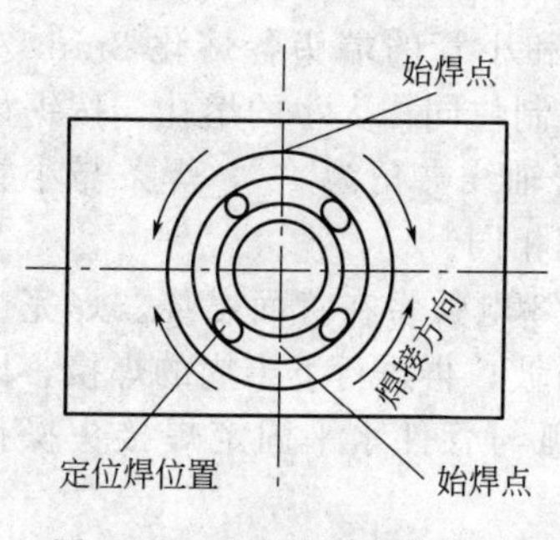

图 4-69　垂直俯焊定位位置和焊接操作

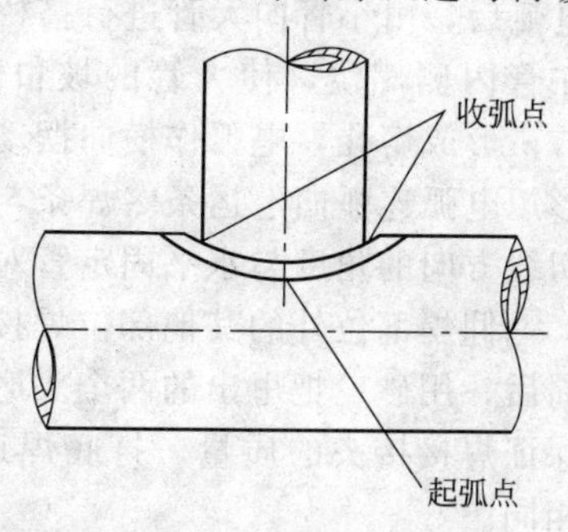

图 4-70　起弧与收弧位置

慢向上带运焊条的同时进行划圈填充金属，直至填满接头后，再沿斜坡焊接，向一侧收弧。收弧动作要缓慢。

② 填充层与盖面层焊道　填充层焊接时可采用斜线形运条法，坡口内要焊平。填充焊道可用多层多道焊，焊条角度随焊缝位置变化而变换，用短弧焊，电流稍小些。两侧停留时间稍长，使焊缝成形平整，不产生咬边。填充、盖面层接头尽量采用“热接头”法。盖面层焊共有 4 个封闭接头，采用斜椭圆形运条法焊接，如图 4-71 所示。

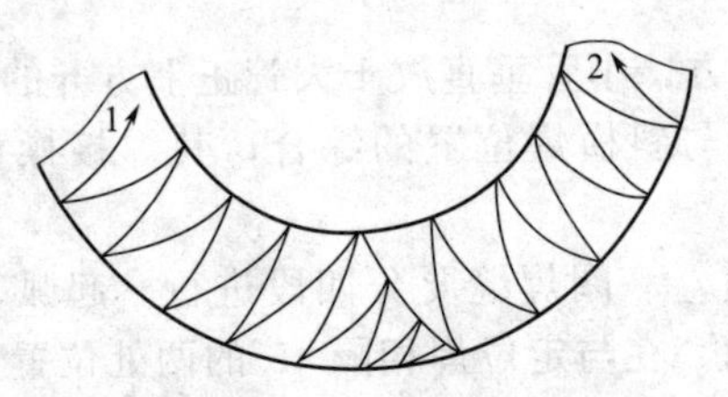

图 4-71　盖面层焊接接头运条方法

4-85　如何进行异径三通管的水平固定焊操作？

水平固定焊接时，大管垂直放置，并将大管上开置的马鞍口朝向一侧，小管垂直放于大管一侧开的马鞍口处。

① 打底焊道　起弧、收弧如图 4-72 所示的焊接操作。引燃电弧处位于最低点正仰焊（即时钟 6 点钟）的位置往后 10mm。引燃电弧后，由小管向大管进行搭桥连接，然后电弧下压几乎整个电弧在管内侧燃烧，使大管的坡口底部和小管的端头各熔化 2mm 左右，形成熔孔，电弧作横向摆动，控制住同样大小的熔孔，按锯齿形短电弧连弧向上运条，焊条与小管轴线夹角为 45°，焊条与小管切线方向的角度与水平固定管对接焊相同。

仰焊部位外的其他部位焊接，2/3 电弧将在背面燃烧。焊完半周后，用砂轮把甩出的两个头磨出斜坡，再进行下半周的焊接，以保证焊接接头的质量。打底焊道收弧与管件水平固定焊接头操作相同。

② 填充和盖面焊道　填充焊道与盖面焊道的焊接接头均为 2 个。焊条与管子轴线的夹角为 45°，与焊接前进方向夹角为 90°，

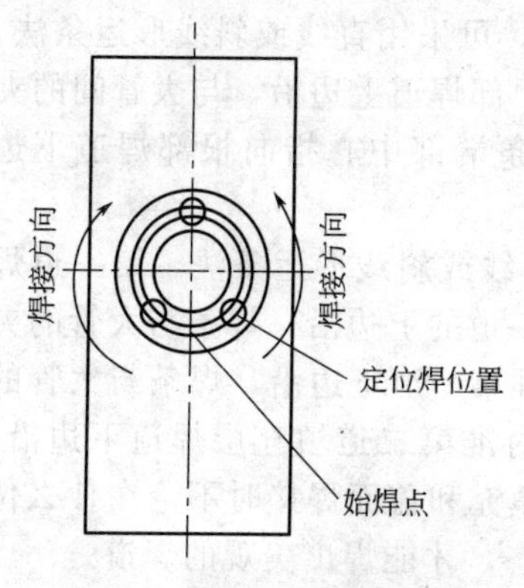

图 4-72　水平定位位置及焊接操作

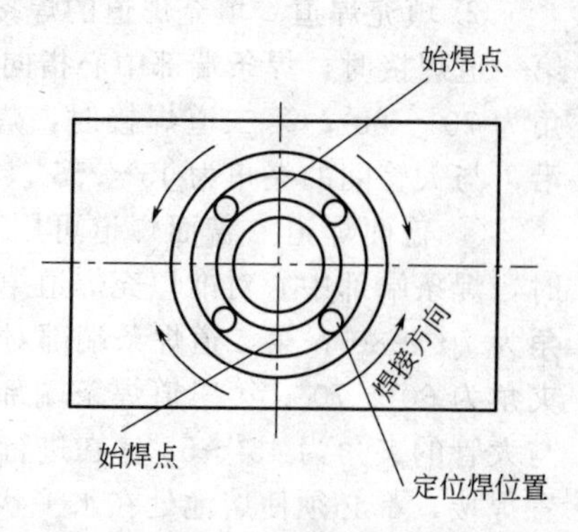

图 4-73　垂直定位位置及焊接操作

采用三角形运条。运条时两边稍作停留，中间过渡要快，使焊肉饱满，以防止两边咬边。运条时必须保持熔池的水平状态，不论焊接位置如何变化，都要把电弧带成水平状态。

顶端接头时，先焊的半面到顶端必须拉出一长斜坡。后焊的半面到达斜坡时，逐步减小运条幅度，直到斜坡结束后，将电弧带至一边熄弧。中心仰焊部位接头时，后焊的半面始焊端要甩处一个长斜坡，后焊半面从斜坡始焊，先小步伐运条，逐渐增大运条步伐，待斜坡结束后，按上述正常焊接。

4-86 如何进行异径三通管的垂直仰焊操作?

垂直仰焊时，大管水平放置，并将大管上开置的马鞍口向正下方，小管垂直放于大管正下方开的马鞍口处。

① 打底焊道　起弧、收弧与接头的焊接操作如图 4-73 所示。焊接起弧在与定位焊相隔 45°处相对两点位置上，收弧在起弧点相隔 90°位置上。

引燃电弧后从大管向小管搭桥连接，电弧下压形成熔孔，采用小锯齿形运条法短弧连弧焊接，控制住熔孔保持同样的尺寸。焊条与小管夹角为 30°～45°。为了便于接头，熄弧时应向后方带弧 10mm 再熄弧，使熔池缓慢冷却，并带出一个斜坡，收弧动作要缓慢。接头焊接操作与水平管件固定焊相同。

② 填充焊道　填充焊道的焊接，可采用直线或斜线形运条法，第一道焊接时，焊条端部中心指向根部焊道上边沿，与大管间的夹角为70°～80°；第二道焊接时，焊条端部中心指向根部焊道下边沿，与大管间的夹角为45°～55°。

③ 盖面焊道　盖面焊道可用直线或斜线形运条法。第一道焊时，焊条端部中心对准填充焊道第一道的上边沿，焊条与大管的夹角为70°～80°；第二道焊条端部对准第一道下边沿，焊条与大管的夹角为60°～70°；第三道焊条端部对准第二道填充层焊道下边沿，与大管的夹角为45°～55°。在进行填充和盖面焊接时不论在什么位置焊接，都必须使熔池处在水平状态，才能焊出美观的焊道。

4.8 焊后处理

4-87 何谓后热处理？后热处理的目的是什么？

后热是指焊接后立即对焊件全部或局部进行加热或保温，使之缓慢冷却的工艺措施。

后热的主要目的是使扩散氢从焊缝中逸出，减小焊接应力，防止产生裂纹。对冷裂倾向较大的低合金高强钢和大厚度的焊接接头焊接时，为了使扩散氢从焊缝中逸出，降低焊缝和热影响区中氢含量，防止冷裂纹，要求焊后立即将焊件加热到250～350℃，保温2～6h后空冷，即进行去氢处理。

4-88 何谓焊后热处理？何种场合需要进行焊后热处理？其作用是什么？

焊后热处理是指焊后为了改善焊接接头的组织和性能或消除残余应力而进行的热处理。对于易产生脆性破坏和延迟裂纹的重要结构，尺寸稳定性要求很高的结构，有应力腐蚀的结构等都应考虑焊后消应力热处理。

热处理工艺方法与被焊材料的种类、型号、厚度、焊接方法及焊接参数、焊接材料以及对接头性能的要求密切相关。根据被焊材料的种类和对接头性能的要求，可以选用：①消应力处理；②回火处理；③正火＋回火处理；④水淬＋回火；⑤固溶处理（只用于铬镍奥氏体不锈钢）；⑥稳定化处理（只用于稳定型奥氏体不锈钢）；⑦时效处理（只用于沉淀强化的不锈钢和耐热钢）。

消应力热处理一般采用高温回火，是把整体或局部（接头区）均匀地加热到回火温度，保温一定时间，然后冷却。回火温度由被焊材料性质决定，碳钢一般在 500～650℃范围内。而对于锅炉、压力容器等重要结构件，有规程规定不必进行消应力热处理的最大厚度和规定进行热处理的工艺参数，如加热速度、加热温度、保温时间和冷却速度等。此外，对于某些含 Cr、Mo、V、Nb 等元素的耐热钢，消应力热处理时，可能产生再热裂纹，应引起注意。

一般来讲，由于去氢热处理的加热温度较低，不能起到消应力热处理的作用，但焊后立即消应力热处理，同时起到去氢的作用，因此不需另作去氢热处理。

焊后热处理的工艺参数有加热温度、加热速度、保温时间和冷却速度。对于已列入相关标准的常用钢种，在各种焊接接头的制造规程中都有规定了相应的焊后热处理工艺参数。对于新钢种或对接头提出特殊要求的焊件，应通过焊接试板的焊后热处理试验，按接头性能的检验结果加以确定。

4-89 何谓焊接变形？焊接变形有何危害？

焊缝及其附近的金属在焊接时产生了压缩塑性变形，冷却时这部分金属发生了收缩。焊件的变形从焊接开始即发生，并一直持续到焊件冷却到原始温度时才结束。焊接变形包括焊接过程中的变形和焊接残余变形。焊后焊件不能消失的变形，称为焊接残余变形。通常情况下，将焊接残余变形简称为焊接变形。

焊接变形是造成焊接结构尺寸形状超差、焊接结构组装配合困难的重要原因，必须首先矫正焊接变形，才能进入下一道工序。

4-90 焊接变形有哪些形式？

一般把焊接变形按其表现形态归纳为：纵向收缩变形、横向收缩变形、角变形、弯曲（翘曲）变形、波浪变形、扭曲变形、错边变形和螺旋形变形等。

4-91 焊接生产中可采用哪些工艺措施控制焊接变形?

(1) 选择合理的焊接方法和焊接参数

选用能量密度高的焊接方法如激光焊、电子束焊、等离子弧焊等有助于减小加热范围，从而减小焊接残余变形，尤其对于薄壁构建特别重要。焊接参数的影响主要是影响焊接热输入，一切能减少焊接热输入的焊接参数都有助于减少焊接变形。

焊接操作时，减少熔敷金属量（焊接时采用小坡口、减少焊缝宽度、焊接角焊时减少焊脚尺寸等）。

(2) 采用合理的装配和焊接顺序

通过采用合理的装配和焊接顺序，可以在不改变结构形式的情况下，减小焊接变形。设计原则是尽量使焊缝自由收缩，焊接焊缝较多的结构件时，应先焊错开的短焊缝，再焊直通长焊缝，以防在焊缝交接处产生裂纹。如果焊缝较长，可采用逐步退焊法和跳焊法，使温度分布较均匀，从而减少了焊接应力和变形合理的装配和焊接顺序。

① 先焊收缩量大的焊缝，后焊收缩量较小的焊缝；焊缝较长的焊件可以采用分中对称焊法、分段跳焊法，分段逐步退焊法及交替焊法。从减小收缩量考虑，分段跳焊法优于分段退焊，分段退焊又优于直通焊。

在退焊法中，分中退焊（又称逆向分段焊）优于直通逐步退焊。分段退焊法，施焊前把焊缝分成适当的小段，标明次序，进行后退焊补。焊缝边缘区段的焊补，从裂纹的终端向中心方向进行，其他各区段接首尾相接的方法进行。几种减小焊接变形的分段退焊法示意图如图 4-74 所示。

② 焊件焊接时要先将所有的焊缝都点固后，再统一焊接。能够提高焊接焊件的刚度，点固后，将增加焊接结构的刚度的部件先焊，使结构具有抵抗变形的足够刚度。

③ 具有对称焊缝的焊件最好成双地对称焊，使各焊道引起的变形相互抵消。焊件焊缝不对称时要先焊接焊缝少的一侧。采用对称于中性轴的焊接和由中间向两侧焊接都有利于抵抗焊接变形。

④ 在焊接结构中，当钢板拼接时，同时存在着横向的端接焊

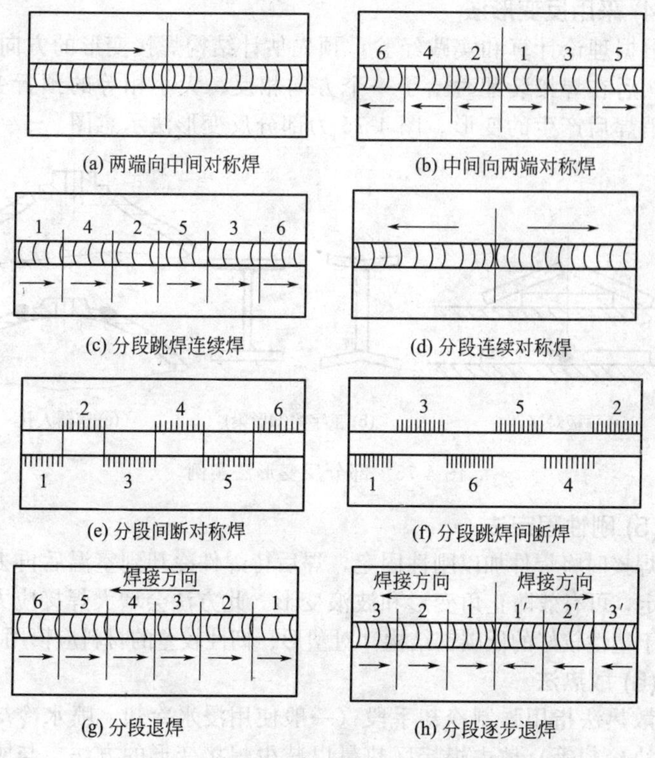

(a) 两端向中间对称焊　(b) 中间向两端对称焊

(c) 分段跳焊连续焊　(d) 分段连续对称焊

(e) 分段间断对称焊　(f) 分段跳焊间断焊

(g) 分段退焊　(h) 分段逐步退焊

图 4-74　几种减少焊接变形的分段退焊法

缝和纵向的边接焊缝。应该先焊接端接焊缝再焊接边接焊缝。

⑤ 在焊接箱体时，同时存在着对接焊缝和角接焊缝时，要先焊接对接焊缝后焊接角接焊缝。

⑥ 十字接头和丁字接头焊接时，应该正确采取焊接顺序，避免焊接应力集中，以保证焊缝获得良好的焊接质量。对称于中性轴的焊缝，应由内向外进行对称焊接。

⑦ 在不考虑焊接应力下，将零部件装配成整体或更大的部件后再焊，目的是加大结构刚度。

(3) 预留收缩变形量

根据理论计算和实践经验，在焊件备料及加工时预先考虑收缩余量，以便焊后工件达到所要求的形状、尺寸。

(4) 采用反变形法

根据理论计算和实践经验，预先估计结构焊接变形的方向和大小，然后在焊接装配时给予一个方向相反、大小相等的预置变形，以抵消焊后产生的变形。图 4-75 为部分反变形法示意图。

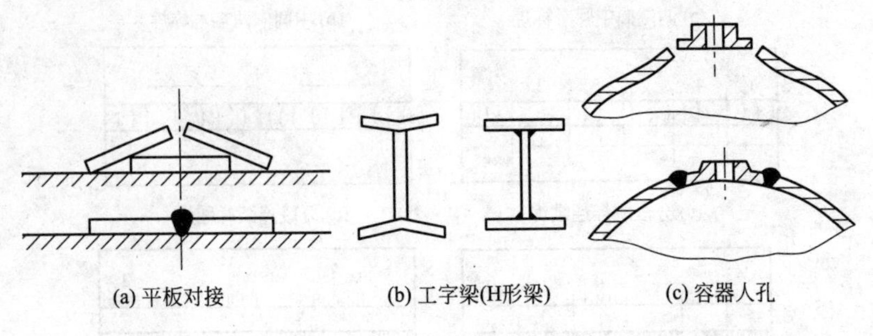

图 4-75　部分反变形法实例

(5) 刚性固定法

焊接时将焊件加以刚性固定，焊后待焊件冷却到室温后再去掉刚性固定，可有效防止角变形和波浪变形。此方法会增大焊接应力，只适用于塑性较好的低碳钢结构，对塑形、韧性较差的材料应慎用。

(6) 散热法

散热法指用强制冷却手段（一般使用浸水冷却、喷水冷却、水冷铜块冷却等）散去焊接区热量以减少焊接变形的方法。与刚性固定法相似，也不能用于淬硬性较高的材料以及本身刚度已较大的厚壁焊接结构。

4-92 焊接变形的机械矫正法基本原理是什么？常用的机械矫正法有哪些？

机械矫正法就是利用外力使构件产生与焊接变形方向相反的塑性变形，使两者相互抵消。

常用的机械矫正法包括三点弯曲法、锤击法和碾压法等。这种方法只适合于结构简单的中、小型焊件。

4-93 如何进行三点弯曲法矫正变形？

由于采用三点弯曲法需要压力机等设备，因此这种矫正法通常用来矫正壁厚较大焊件的变形。对于低碳钢结构，焊后可直接采用该法进行矫正。但对于低合金钢结构，焊后必须进行消应力处理之后才能进行矫正，否则不但矫正困难，而且容易产生裂纹。

图 4-76 为工字梁焊后产生弯曲变形，用压力机或千斤顶进行机械矫正的示意图。

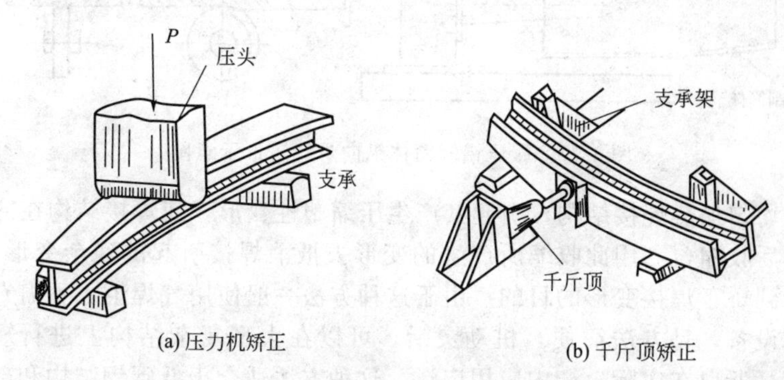

图 4-76　工字梁焊后变形的三点弯曲矫正法

4-94　如何进行锤击法矫正变形?

对于薄板件的波浪变形，可用锤击法延展焊缝及其周围压缩变形区域的金属，达到消除焊接变形的目的。锤击法的缺点是劳动强度大，焊缝表面质量不好。为保证表面质量，注意在锤击焊缝时应垫上平锤或加厚木板。这种方法适合于数量少的小焊件。

4-95　如何进行碾压法矫正变形?

当薄板焊缝比较规则时，可采用碾压法。碾压法是采用圆辊碾压焊缝及其近缝区，使其延展以消除焊接变形。这种方法效率高、质量好，适用于大批量焊件的生产。图 4-77 为碾压机矫正铝制筒体焊后弯曲变形的示意图，图中是对纵缝进行碾压，改变压辊方向也可碾压环焊缝。

4-96　火焰加热矫正法基本原理是什么？有何特点?

火焰加热矫正法是采用氧乙炔火焰或其他气体火焰作热源，以

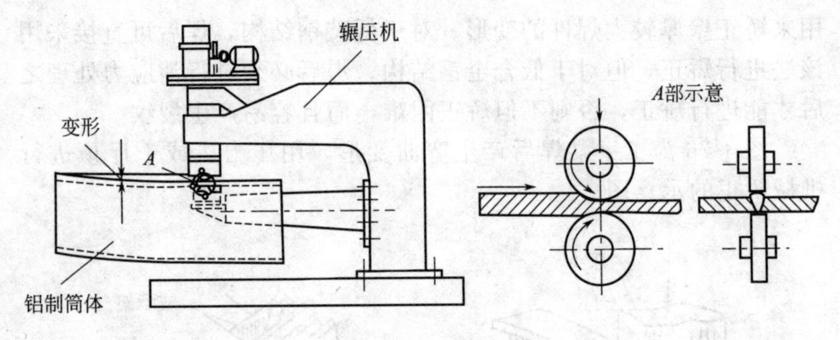

图 4-77　碾压铝制筒体纵向焊缝矫形示意图

不均匀加热焊接结构，引起其产生压缩塑性变形，使焊接结构在冷却后收缩，利用此收缩所产生的变形去抵消焊接引起的残余变形，达到矫正焊接变形的目的。由于这种方法一般使用气焊炬，不需专用设备，且方法简便，机动灵活，可以在大型复杂结构上进行矫正，所以在实际生产中应用广泛。这种方法适合于低碳钢结构和部分低合金钢结构。

4-97 影响火焰矫正变形的因素有哪些?

采用火焰矫正法进行焊接变形矫正时，火焰的加热位置、加热温度和加热区形状对变形的矫正有很大的影响。

① 加热位置　采用火焰加热矫正焊接变形时，首先应选定适当的加热位置，它是成败的关键因素。如果加入位置不正确，不仅起不到矫正作用，反而加重已有的变形。因此，所选的加热位置必须使其产生变形的方向与焊接变形方向相反，起到抵消作用。

产生弯曲或角变形的原因主要是焊缝集中于焊件中性轴的一侧，要矫正这两种变形，加热位置必须选在中性轴的另一侧，加热位置离中性轴越远，矫正效果越好，如图 4-78 所示。

② 加热温度　加热部位的温度必须高出相邻未加热部位，且使得受热金属热膨胀受阻，产生压缩塑性变形。对于厚碳钢板或刚性较大的焊接构件，局部加热温度高于 100℃就能产生塑性变形。生产中对结构钢火焰矫正加热温度一般控制在 600～800℃之间。现场测温不方便，一般是用眼睛观察加热部位的颜色变化来判断加

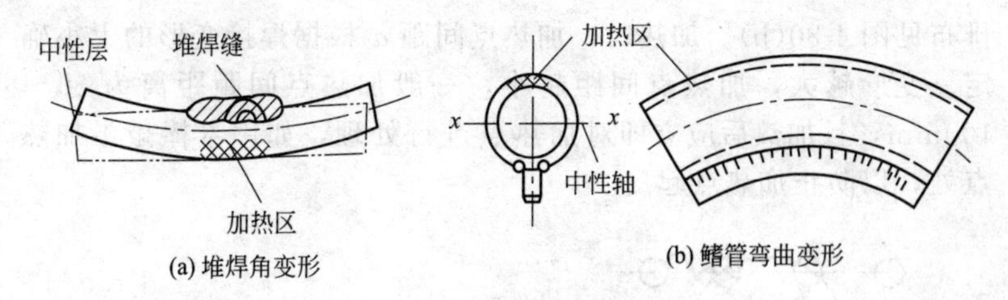

图 4-78　火焰矫正的加热位置

热部位的大体温度。表 4-14 为加热过程中，钢板表面颜色及其相应温度。

表 4-14　钢板表面颜色及其相应温度

颜色	温度/℃	颜色	温度/℃	颜色	温度/℃	颜色	温度/℃
深褐红色	550～580	深樱红色	730～770	亮樱红色	830～960	亮黄色	1150～1250
褐红色	580～650	樱红色	770～800	橘黄色	960～1050	白黄色	1250～1300
暗樱红色	650～730	淡樱红色	800～830	暗黄色	100～1150		

③ 加热区形状　加热区的形状有点状加热、线状加热和三角形加热三种，如图 4-79 所示。

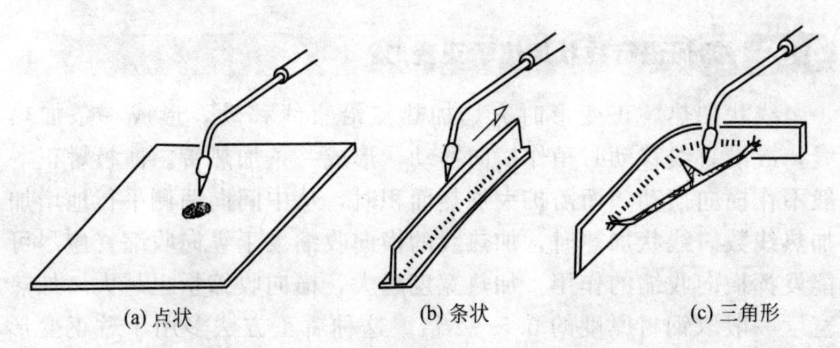

图 4-79　火焰矫正及加热区形状

4-98 如何进行点状加热矫正变形？

点状加热是根据焊接焊件的变形情况，选择适当位置和排布进行加热。加热点呈梅花状分布，如图 4-80(a) 所示。加热的直线状排布见图 4-80(b)。加热时，加热点间距 a 根据焊接变形的大小确定。变形越大，加热点间距越小，一般加热点间距距离为 50～100mm，且加热后应立即对加热点进行处理，如用木棒敲击加热点处，以防止加热点起皮。

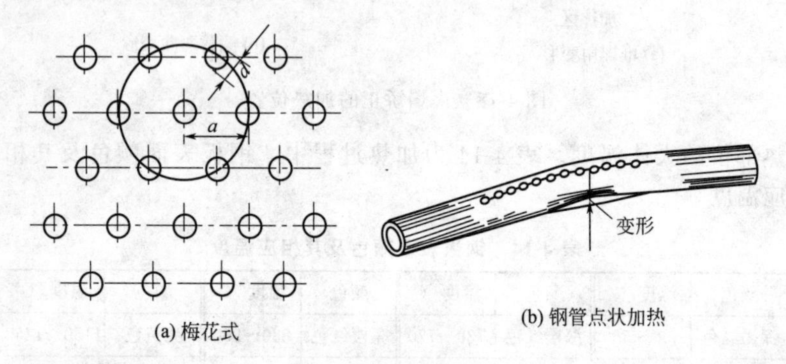

图 4-80　多点加热

采用点状加热法时，也可借助多孔板，先用多孔板压住工件，加热时通过多孔板的孔对工件进行加热，这样可获得良好的加热效果。

4-99　如何进行线状加热矫正变形？

线状加热矫正变形时火焰加热点沿直线移动，形成一条加热线，或沿直线移动时稍作横向摆动，形成一条加热带。薄板矫正一般不作横向摆动，而需扩大加热面积时，从中间向两侧平行地增加加热线数。线状加热时，加热线的横向收缩大于纵向收缩，应尽可能发挥横向收缩的作用。加热宽度越大，横向收缩量也越大，加热宽度一般取钢材厚度的 0.5～2 倍。这种矫正方法多用于矫正变形量较大，或刚性较大的结构。

4-100　如何进行三角形加热矫正变形？

三角形加热时，加热区为三角形，各加热区根据焊件的变形情况进行分布。这种方法多用于矫正弯曲变形。图 4-81 为弯曲变形的三角形加热矫正，三角形底边在被矫正构件的边缘，而三角形的

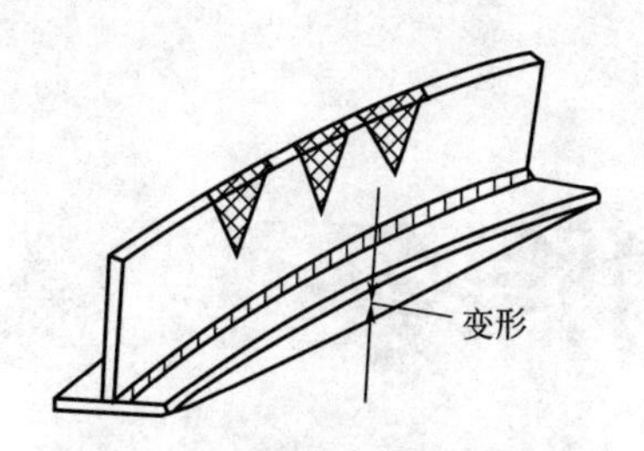

图 4-81　T 字梁的三角形加热矫正

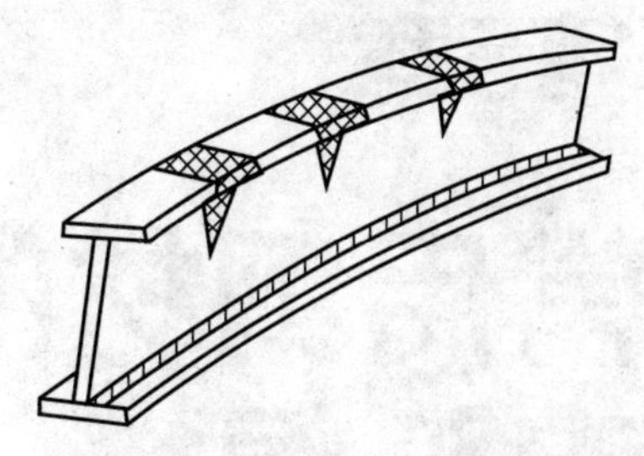

图 4-82　工字梁上拱弯曲变形的带状和三角状火焰加热矫正

顶点朝内。随焊接变形加热范围的加大，这样矫正效果会更好。

根据构件特点和变形情况，可以联合采用线状加热和三角形加热，如图 4-82 为工字梁上拱变形的矫正。

采用火焰加热矫正焊接变形时，可在加热区周围喷水冷却来限制火焰加热范围，以提高对加热点的挤压作用，达到良好的矫正效果。

第5章

常用钢材的焊条电弧焊接

5.1 碳素钢的焊条电弧焊

5-1 何谓碳素钢？如何表示碳素钢牌号？

碳素钢是碳含量 w(C)≤1.3%（质量分数）的铁碳合金，通常简称为“碳钢”。为改善碳素钢的力学性能和冶金特性，碳素钢中还添加了少量锰［w(Mn)<1%］和硅［w(Si)≤0.5%］。除此之外，还有少量的 S、P 等杂质。

这类钢一般不需要经过热处理，即在供货状态下使用。由于碳素钢冶炼工艺简单，价格低廉，并可制成板材、管材和各种型材，在各工业领域得到了广泛的应用。

碳素钢的性能主要取决于含碳量。含碳量增加，钢的强度、硬度升高，塑性、韧性和可焊性降低。

根据现行国家标准 GB/T 700—2006《碳素结构钢》规定，碳素钢牌号表示如下：由代表屈服强度的字母、屈服强度数值、质量等级符号、脱氧方法符号等 4 个部分按顺序组成。如：

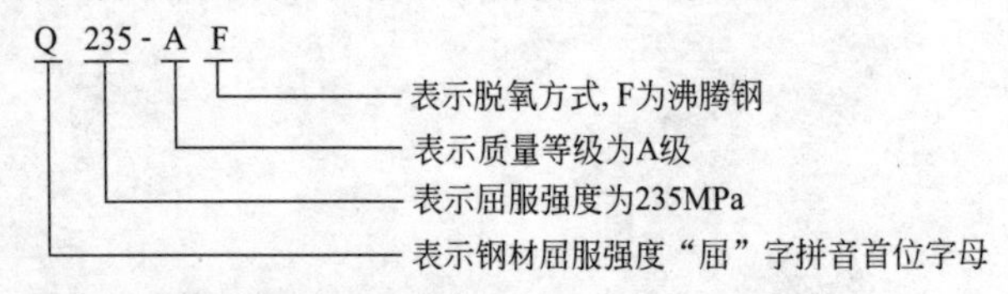

碳素钢的质量等级分为A、B、C、D四级，D级质量最好，A级最差；脱氧方式分为三种以符号F、Z、TZ表示，F为沸腾钢、Z为镇静钢和TZ为特殊镇静钢。通常在钢牌号的组成中“Z”和“TZ”符号可以省略。

5-2 碳素钢如何分类?

碳素钢可按碳含量、冶炼方法、脱氧程度、用途和质量等级进行分类。

① 按含碳量可以把碳钢分为低碳钢［$w(C) \leqslant 0.3\%$］，中碳钢［$w(C)0.3\% \sim 0.6\%$］和高碳钢［$w(C) > 0.6\%$］。

② 按冶炼方法可分为平炉钢、转炉钢。目前大都采用氧气转炉和碱性空气转炉冶炼碳素钢。

③ 按脱氧程度可分为沸腾钢、镇静钢和特殊镇静钢。

④ 按用途可以把碳素钢分为碳素结构钢、工具钢和特殊用途钢三类，碳素结构钢又分为工程构建钢和机器制造结构钢两种。

⑤ 按钢的质量可以把碳素钢分为普通碳素钢（含磷、硫较高）、优质碳素钢（含磷、硫较低）、高级优质钢（含磷、硫更低）和特级优质钢。

5-3 试述碳素钢焊接性?

碳素钢含碳量低，锰、硅等元素含量也较少。这类材料强度不高，塑性好，焊接性好。其焊接性基本上取决于碳含量，随含碳量的增加而恶化，即焊接性变差。表5-1是碳素钢焊接性与含碳量的关系。随碳含量增加，淬硬性增大，硬度增加，显微组织中马氏体含量增加，冷裂倾向也就增大。碳素钢中的锰、硅等合金元素对碳素钢的焊接性也有一定的影响，它们的含量增加，焊接性变差。

焊接碳素钢时，焊缝不易出现裂纹和气孔。但沸腾钢因脱氧不完全，硫、磷等杂质较多，而且分布不均匀，所以沸腾钢焊接产生热裂纹和气孔的倾向较大。

碳素钢的焊接性不仅取决于碳、锰和硅的含量，还取决于接头

表 5-1　碳素钢的焊接性与含碳量的关系

名称	含碳量/%	典型硬度	典型用途	焊接性
低碳钢	≤0.15	60HRB	特殊板材和型材薄板、带材、焊丝	优
	0.15～0.30	90HRB	结构用型材、板材和棒材	良
中碳钢	0.30～0.60	25HRC	机器部件和工具	中(通常需要预热和后热,推荐使用低氢焊条)
高碳钢	≥0.60	40HRC	弹簧、模具、钢轨	劣(必须使用低氢焊条、预热和后热)

冷却速度。焊接时，母材已确定，如果要改善焊接性，避免产生裂纹，应控制冷却速度。冷却速度受焊接热输入、母材厚度和环境温度的影响。

① 母材的厚度　当钢板的厚度增加时，散热加快，使焊接接头的冷却速度增加，增大了形成冷裂纹的倾向。焊接 T 形接头比平对接接头更容易产生冷裂纹，这主要是由于其散热方向多，导致冷却速度加快。

② 焊接热输入　采用预热和后热，或使用大焊接热输入，都能降低焊接接头冷却速度，从而控制组织和硬度，减小产生冷裂纹的可能性。

③ 环境温度　不同的环境温度下进行，焊后的冷却速度不同。在低温下焊接时，其冷却速度加快。

如果使用低氢碱性焊条，并按规定的工艺参数烘干，则可大大减少氢致冷裂纹的敏感性。但如果结构刚性过大，或板材较厚，都能造成大的拘束度，氢致冷裂纹敏感性增加。

总之，对碳素钢的焊接，应针对其碳含量不同而采取相应的工艺措施。当碳含量较低时，应着重防止结构拘束应力和不均衡的热应力引起的裂纹；当含碳量较高时（如高碳钢），除了防止这些应力所引起的裂纹外，还应注意防止因淬硬组织而引起的裂纹。

5.1.1 低碳钢焊条电弧焊

5-4 试述低碳钢的焊接性?

低碳钢含碳量较低，其他合金元素含量也较少，其焊接性较好。焊接接头中不会因焊接而引起严重硬化组织或淬火组织。这种钢材的塑性和冲击韧度优良，焊成的接头塑性和冲击韧度良好。只要选择焊条合适，接头厚度小于 50mm 时，焊接时一般不需预热、控制层间温度和后热处理，整个焊接过程不需要采取特殊的工艺措施，便能获得满意的焊接接头。

采用焊条电弧焊焊接低碳钢时，为了提高焊缝金属的塑性、韧性和抗裂性能，使用的焊条含碳量通常都是比母材低，使焊缝金属的含碳量低于母材，通过提高焊缝中硅、锰含量和依靠焊条电弧焊所具有的较高冷却速度来达到与母材等强匹配。随着冷却速度的提高，焊缝的强度提高，因此，为了避免因冷却速度过快，导致硬化组织或淬火组织的产生。当厚板单层角焊缝时，其焊角尺寸不宜过小；多层焊时，应尽量连续施焊；焊补表面缺陷时，焊缝应具有一定尺寸，焊缝长度不得过短，必要时应采用局部预热 100～150℃。

焊条电弧焊的各种工艺参数对低碳钢的热影响区性能没有明显的影响，但应避免焊接热输入过大，以防止接头过热，而产生粗晶脆化。

当刚度大的低碳钢结构在低温（如严寒的天气）条件下进行焊接，或焊接碳当量高的工件时，可能出现裂纹，此时，应适当考虑焊前预热或采用低氢碱性焊条等措施。

一般低碳钢焊件焊后不需要热处理，但在焊件刚性较大及壁厚较大时，焊后才需要进行 600～650℃的退火热处理。

低碳钢焊条电弧焊焊缝通常具有较高的抗热裂能力，但当母材或焊条成分不合格时（如含碳量偏高、硫量过高等），也可能出现热裂纹。此时，在设计或工艺操作上要采取一定的措施，如避免焊缝具有窄而深的形状等。

焊接沸腾钢时，由于沸腾钢氧含量较高，焊接时易产生气孔；如果板厚中心有显著偏析带时，焊接易产生裂纹。厚板焊接时有一定的层状撕裂倾向，时效敏感性也较大，焊接接头脆性转变温度较高。因此，沸腾钢一般不用于制作受动载或在低温下工作的重要结构。

5-5 低碳钢焊接时选择焊条的基本原则是什么？

低碳钢焊接选择焊条应根据母材的厚度、焊接接头的种类、焊接位置和焊接环境条件、焊条的使用性能和工艺性能、焊接的效果和经济性等因素综合进行。

其选用原则是保证焊接接头与母材强度相等。通常情况下，低碳钢的焊接可选用酸性焊条，但特殊情况下，如大厚度工件或大刚度构件以及在低温条件下进行焊接等情况下，考虑采用低氢碱性焊条。

5-6 低碳钢焊接如何根据等强性原则焊条？

在焊接结构中常用的低碳钢，其抗拉强度的平均值约为420MPa。按等强度原则，低碳钢焊条原则上应选择E43××型强度级别的焊条。对于焊后需作消除应力处理的厚板结构，受压容器和锅炉受压部件，考虑到消应力处理后接头的强度有所下降，则应选择E50××强度级别的焊条。常用的低碳钢可按结构的受载选配非合金钢及细晶粒钢焊条。常用低碳钢的焊条选择见表5-2。

表5-2 低碳钢焊接的焊条选用

钢号	焊条选用型号		焊接条件
	一般结构(包括壁厚不大的中、低压容器)	焊接动载结构、厚板结构、重要受压容器及低温焊接	
Q235、Q255	E4313、E4303、E4301、E4320、E4311、E4327	E4315、E4316	一般不预热
Q275	E5003、E5023、E5001	E5016、E5015、E5018、E5028	厚板结构预热150℃以上
08、10、15、20	E4303、E4301、E4320、E4311、E4327	E4316、E4315	一般不预热
25、30	E4316、E4315	E5016、E5015、E5018、E5028	厚板结构预热150℃以上
Q245R	—	E5016、E5015、E5018、E5028	一般不预热

5-7 低碳钢焊接时如何根据接头形式和焊接位置选用焊条？

接头形式和焊接位置对焊缝的成形影响很大，选用焊条时应考虑焊缝成形。平板对接和处于船形位置的角接接头，可选用熔敷效率较高的焊条，如 E4323 铁粉钛钙型、E5024 铁粉钛型、E5027 铁粉氧化铁型和 E5018 铁粉低氢型焊条等。T 形接头平角焊时，如焊脚尺寸较小（≤10mm），可选用高熔敷效率的焊条，如 E4313、E4324、E5024 等。如焊脚尺寸大于 10mm，则应选用熔敷效率较高，同时熔池凝固速度又较快的焊条，如 E4323 和 E5018 等。立焊、横焊、仰焊位置焊接时，应选用熔池凝固快的焊条，如 E4310、E4311、E4322 或 E5010、E5011 等。向下立焊时，应选用专为这种操作方法设计的 E4310、E4313、E4316 型焊条。焊接对接接头根部封底焊道时，为了获得单面焊双面成形的根部焊道，应选用快速凝固的 E5011 和 E5016-G 型焊条。

5-8 低碳钢焊接如何进行焊前准备？

低碳钢焊前准备主要包括坡口制备、焊前清理、焊条再烘干、焊前预热等工艺。

① 坡口制备　可以采用火焰切割、等离子弧切割和机械加工等方法加工坡口。坡口切割后，边缘的飞边、毛刺、氧化皮和残渣必须清除干净。对于接缝装配间隙要求严格的接头，最好采用机械加工法制备坡口。

② 焊前清理　采用碱性焊条焊接时，焊前必须将工件坡口及两侧 20mm 范围内的铁锈、水、油污、氧化皮等杂质清理干净。对于重要焊件，应用砂轮打磨至露出金属光泽；采用酸性焊条焊接时，原则上也应进行上述清理工作，但由于具有较强的氧化性气氛，对锈的敏感性较差，因此对于焊缝质量要求不高、工件表面锈较少的工件，可不进行除锈。但从确保焊缝金属致密性出发，接缝坡口表面及两侧 20mm 区域内的铁锈、氧化皮和油污必须清理干净。如果焊接环境的空气湿度大于 60%，且温度低于 20℃时，焊前应用火焰加热炬烘烤焊件接缝表面，以去除吸附水分。

③ 焊条再烘干　焊条使用前应确认是否处于干燥状态。如焊

条在大气中存放时间超过12h，则应按规定的烘干温度重新烘干，特别是低氢型焊条，焊条药皮水分含量应严格控制，否则焊缝金属的氢含量会明显增加，严重时还会导致焊缝中产生气孔。

④ 焊前预热　一般的低碳钢结构件，焊条电弧焊焊前可不进行预热。但在焊接厚板或刚度大的结构以及低温条件下焊接低碳钢结构时，为防止产生焊接缺陷，特别是防止出现裂纹，应考虑预热。根据环境温度、结构的厚度、不同结构和材料，选择焊前的预热温度，一般可根据试验结果和生产实践经验进行确定。表5-2中列出了部分低碳钢的预热温度。

5-9 低碳钢焊接如何确定焊接参数？

焊条电弧焊的焊接参数主要有焊接电流、电弧电压和焊接速度。焊接电流取决于所用的焊条种类和型号及焊条直径，并根据具体的被焊材料、板厚、焊接位置，通过试验得出。一般可根据板厚，选择合适直径的焊条和层数，然后根据焊条直径选择所用焊接电流。焊条直径与焊接电流的关系见表5-3。

表5-3　焊条直径与焊接电流的关系

<table>
<tr><th>参数</th><th colspan="5">选择原则</th></tr>
<tr><td rowspan="2">焊条直径</td><td>焊件厚度 δ/mm</td><td><4</td><td>4～8</td><td>8～12</td><td>>12</td></tr>
<tr><td>焊条直径 ϕ/mm</td><td>≤板厚</td><td>3～4</td><td>4～5</td><td>5～6</td></tr>
<tr><td rowspan="3">焊接电流</td><td colspan="5">平焊焊接电流可按 $I=Kd$ 计算，立焊、仰焊、横焊的焊接电流应比平焊小10%～20%</td></tr>
<tr><td>焊条直径 ϕ/mm</td><td>1～2</td><td colspan="2">2～4</td><td>4～6</td></tr>
<tr><td>经验系数 K</td><td>25～30</td><td colspan="2">30～40</td><td>40～60</td></tr>
<tr><td>焊接层数</td><td colspan="5">焊接层数根据焊件厚度制订，原则上每层焊缝的厚度为焊条直径的0.8～1.2倍，但一般不大于4～5mm</td></tr>
</table>

低碳钢焊条电弧焊合适的电弧电压主要取决于所用焊条的类型，酸性焊条合适的电弧电压范围为25～30V，碱性焊条合适的电弧电压范围为20～24V。施焊过程中，由焊工通过电弧长度加以控制。

焊接速度由焊工掌握。焊接速度主要按焊缝成形来选取。焊条电弧焊时，由于使用的焊接电流和电弧电压范围较窄，因此，焊接热输入主要通过焊接速度控制。

5-10 低碳钢焊条电弧焊后如何进行焊后热处理？

一般低碳钢焊件焊后不需要热处理。但随着焊件的刚性增大，焊后产生的应力也增大，焊件产生裂纹倾向也随着增大。因此，对于刚性比较大的构件，应采用焊后消除应力的热处理工艺。其焊后热处理参数见表 5-4。

表 5-4 焊后热处理工艺参数

<table>
<tr><th>钢号</th><th>工件厚度
/mm</th><th>焊后回火
/℃</th><th>钢号</th><th>工件厚度
/mm</th><th>焊后回火
/℃</th></tr>
<tr><td rowspan="2">Q235、Q235F、
10、15、20</td><td>≤50</td><td>焊后不需回火</td><td rowspan="2">20、20g、22g</td><td>≤25</td><td rowspan="2">600～650</td></tr>
<tr><td>50～100</td><td>600～650</td><td>>25</td></tr>
</table>

5-11 低碳钢在低温下的焊接有何特点？

低碳钢在严寒冬天或类似的气温条件下焊接时，特别是刚度大、厚板结构，由于焊接接头在焊后冷却速度较快，产生裂纹倾向增大。

在多层焊第一道焊缝时，当外界温度低到钢材处于脆性状态以下温度时，导致构件在制造过程中的脆断倾向增大。

5-12 如何避免在低温下装配或焊接生产过程中产生裂纹或脆性断裂？

为了避免在低碳钢在低温条件下装配、焊接过程中产生裂纹以及厚大件的脆性断裂。可采取以下措施。

① 焊前预热和焊时保持层间温度。预热温度可根据试验结果和生产实践具体确定，不同产品的预热温度不同。表 5-5～表 5-7 列出了不同产品在低温下焊接的预热温度。

② 采用低氢碱性焊条。

③ 定位焊时采用大电流和慢焊速，可适当增大定位焊缝截面和长度，必要时施加预热。

表 5-5 低碳钢管道、容器结构低温焊接预热温度

板厚/mm	在各种气温下焊接的预热温度	
<16	不低于-30℃，不预热	低于-30℃，预热到100～150℃
17～30	不低于-20℃，不预热	低于-20℃，预热到100～150℃
31～40	不低于-10℃，不预热	低于-10℃，预热到100～150℃
41～50	不低于0℃，不预热	低于0℃，预热到100～150℃

表 5-6 低碳钢梁、柱、桁架结构低温焊接时的预热的措施

板厚/mm	在各种气温下焊接的预热温度	
<30	不低于-30℃，不预热	低于-30℃，预热到100～150℃
31～50	不低于-10℃，不预热	低于-10℃，预热到100～150℃
51～70	不低于0℃，不预热	低于0℃，预热到100～150℃

表 5-7 安装、检修发电厂管道冬季焊接时温度限制与预热要求

钢 号	管壁厚度/mm		
	<10	10～16	>16
含碳量小于0.2%的低碳钢	-20℃，可不预热	-20℃，预热到100～200℃	
碳含量为0.21%～0.28%的低碳钢	-10℃，可不预热	-10℃，预热到100～200℃	

④ 整条焊缝应连续焊完，尽量避免中断。

⑤ 不要在坡口以外的母材上引弧；熄弧时弧坑要填满。

⑥ 弯板、矫正及装配时，尽可能避免在低温下进行。

⑦ 尽可能减少焊缝未焊透、弧坑裂纹、咬边等缺陷。

⑧ 尽可能改善严寒下的劳动及生产条件。

根据生产条件及要求，上述措施可单独采用或综合采用。

5-13 低碳钢焊接常见的缺陷有哪些？试述缺陷产生的主要原因以及防止措施？

低碳钢焊条电弧焊过程，如果操作不当或焊条、焊接参数选择不当，可能产生以下缺陷。

① 咬边　主要是由于焊接时采用过大的焊接电流或焊条的倾斜角度不当以及摆动时运条不当造成的。此外，当焊接时电弧过长也易导致咬边的产生。针对咬边产生的原因，在焊接时，可以适当地减小电流；采用适当的焊条倾斜角度，当运条摆动时坡口边缘运

条速度稍慢些，中间运条速度稍快些；同时应尽量采用短弧焊，不要使电弧拉得太长。

② 未熔合　主要原因是采用过小的焊接电流或过高的焊接速度以及母材坡口表面污物未清理干净。因此，适当增大焊接热输入(即增大焊接电流或减慢焊接速度)、采用适当的焊条倾角和合理的运条速度、清理干净表面污物，以防止出现未熔合。

③ 焊瘤　主要是由于熔池温度过高造成的。因此，适当减小焊接电流；缩短电弧弧长；摆动时坡口边缘运条速度稍慢些，中间运条运条速度稍快些，可以减少焊瘤产生。

④ 未焊透　当焊接电流过小或焊接速度较快；坡口角度较小、间隙过小或钝边过大；焊条角度及运条速度不当时，都有可能出现未焊透现象。为了解决这种缺陷，可采用适当的坡口形式和尺寸；选用较大的焊接电流或慢焊接速度；焊条角度及运条速度应适当等措施。

⑤ 夹渣　当母材坡口表面及附近污物未清理干净，操作不当时均有可能出现夹渣。为防止夹渣产生，首先将母材上的污物和前道焊缝的熔渣清理干净。焊接过程中可适当将电弧拉长些，适当放慢焊接速度以使熔渣浮出熔池。

⑥ 气孔　如果母材表面及附件未清理干净、焊条未按规定烘干及操作不当时，容易导致焊缝产生气孔。因此，焊前应将焊件坡口及两侧清理干净、焊条按规定烘干，减少气体的来源。焊接过程适当加大焊接电流、降低焊接速度，以使气体浮出。此外，焊接时不采用偏心的焊条。

⑦ 裂纹　焊接裂纹的产生因素很多。当焊条质量不合格，焊缝中偶然渗入一定数量的铜，大刚度部位的焊接，收弧过于突然以及焊接应力过大等，都能导致焊接接头产生裂纹。因此，针对裂纹种类及产生的可能原因，采用相应的措施。如选择合格的焊条，找出铜的来源并消除，改善收弧操作技术，将弧坑填满后收弧，减小焊接应力等。

5.1.2　中碳钢的焊条电弧焊

5-14　试述中碳钢的焊接性?

中碳钢的含碳量 $w(C)$ 在 0.25%～0.60%之间。常用作焊件的中碳钢，其平均含碳量 w(C) 一般不大于 0.45%。与低碳钢相比，其焊接性较差，母材近缝区易产生低塑性的淬硬组织，有一定的淬硬倾向，这种淬硬倾向随着含碳量的增加而增大。当中碳钢的碳含量偏于下限 [w(C) 为 0.25%～0.4%时]，且焊件厚度不超过 30mm 时，其焊接性尚可，但焊件刚度较大、焊条选用不当或焊接参数选择不当时，也易产生冷裂纹。当含碳量较大 [w(C)>0.4%]，碳当量高于 0.6%时，钢材就具有较高的脆硬倾向，冷裂纹的敏感性增加。

此外，在焊接时由于母材的熔化，焊缝含碳量增加，焊缝易产生热裂纹，特别是硫、磷等杂质控制不严时，更易产生热裂纹，尤其是在弧坑处更为敏感。由于中碳钢含碳量较高，气孔的敏感性比低碳钢的大。

该类钢通常不推荐用于重要的焊接结构。主要用于机器零部件，在这种情况下具有高的耐磨性比高强度更重要。某些部件往往必须通过热处理（通常为调质处理）达到所要求的力学性能。因此中碳钢的焊接可能在热处理之后进行，但也可能在热处理之前焊前，焊后进行调质处理，因此，在选择焊条时应考虑到这点。此外，如焊接预先经热处理的部件，由于母材硬度较高，易产生裂纹，同时还应注意热影响区的软化。在某些情况下，焊件可能还需重新进行热处理，以恢复所要求的力学性能。

5-15 中碳钢焊条电弧焊如何选择焊条?

中碳钢焊接时，由于其淬硬性较高，冷裂敏感性较大，应尽可能选用抗裂性好的焊条，如低氢碱性焊条，这类焊条具有较高的抗冷裂及抗热裂能力。个别情况下，通过严格控制预热温度和尽量减少母材熔深等工艺措施，采用钛铁矿型或钛钙型酸性焊条也能得到满意效果。当焊接接头的强度不要求和母材相等时，应选用强度低的低氢碱性焊条，如 E4316、E4315。这类焊条焊接的焊缝塑性好，产生冷裂及热裂的倾向小。

特殊情况下，如果焊件预热有困难，可以采用 Cr-Ni 奥氏体不锈钢焊条。由于采用不锈钢焊条获得的焊缝金属塑性良好，可避免热影响区裂纹的产生，但成本高。常用的不锈钢焊条有 E308-16、

E309-16、E310-16、E310-15 等。采用这类焊条焊接时，电流要小，焊接层数要多，操作时母材熔化量少。

对于非承载部件，也可选用相应强度等级的钛铁矿型或钛钙型焊条，如 E4319、E4313 等。

常用几种中碳钢焊条选用见表 5-8。

表 5-8　焊接中碳钢选用焊条

钢号	选用焊条型号		
	要求等强构件	不要求等强构件	塑性好的焊条
35 ZG270-500	E5016、E5015、E5018	E4316、E4315	E308-16、E309-15
40、45 ZG310-570	E5516、E5515、E5516-G	E5016、E5015、E5018	E310-16、E310-15
50、55 ZG340-640	E6016、E6015	E5516、E5515	

5-16 中碳钢焊条电弧焊如何进行焊前准备?

中碳钢的焊前准备基本上与低碳钢相同。

① 坡口准备　焊接坡口形式应尽量减少母材金属熔入焊缝中比例，以降低焊缝金属中含碳量，提高焊缝金属的韧性，降低产生冷裂纹倾向。最好选用 U 形坡口，其外形应圆滑过渡，以减少熔合比，有利于防止裂纹的产生。

开坡口可采用气割、碳弧气刨、机械加工等方法。但采用热加工方法时，当板材厚度大于 30mm 时，有产生切割裂纹危险时，应采取局部预热或放慢切割速度等措施。如果采用预热措施，切割前将起始端预热至 100℃以上，预热范围至少为板厚的 5 倍。坡口及其附近的油、锈要消除干净。

② 预热　预热是焊接中碳钢的主要工艺措施，尤其是焊件的厚度和刚度较大时，预热有利于降低热影响区最高硬度，防止产生冷裂纹，并能改善接头的塑性。整体预热和恰当的局部预热还能减小焊后残余应力。预热温度主要取决于碳当量、母材厚度、结构刚性、焊条类型等。

一般情况下，35 钢和 45 钢（包括铸钢）预热温度可选用

150～250℃。含碳量增高或者因厚度和刚度很大，裂纹倾向大时，可将预热温度提高到250～400℃。随着接头壁厚的增加预热温度相应提高。

局部预热的加热范围为坡口两侧150～200mm左右。

③ 烘干焊条　碱性焊条烘干温度为350～400℃，时间1～2h。钛钙型等酸性焊条烘干温度一般为150℃，时间1～2h。

5-17 中碳钢焊条电弧焊操作要点有哪些？

中碳钢的焊接参数与低碳钢相比较为复杂。不仅要求严格控制焊接参数（焊接电流、电弧电压和焊接速度），而且必须正确制订焊接温度参数，包括焊前预热温度、层间温度、后热温度、消氢处理温度和中间消除应力温度。

① 焊接参数可参考低碳钢的焊接参数下限值，但焊接速度应稍慢些。

② 第一层焊缝焊接时，尽量采用小电流、慢焊速，以减少母材的熔深。但必须注意将母材熔透，避免产生夹渣及未熔合等缺陷。多层焊时接头的层间温度应保持不低于预热温度。

③ 收尾时，电弧慢慢拉长，将熔池填满，防止收尾处裂纹。如果出现裂纹，应及时排除，重新焊接。

④ 如焊件复杂或焊缝较长，可分成若干小段，分段跳焊，保持热量分布均匀。

⑤ 焊后尽可能缓冷。有时可采用锤击焊缝的方法减小焊接残余应力。

⑥ 焊接时尽量采用直流反接法。

⑦ 焊接沸腾钢时，加入含有足够数量脱氧剂的填充金属，以防止焊缝产生气孔。

5-18 中碳钢如何进行焊后处理？

中碳钢焊条电弧焊后最好立即进行消应力处理，特别对于大厚度工件等刚性较大的构件和严厉工作条件下工作的焊件更应如此。一般采用600～650℃回火温度进行消应力处理。

没有条件立即消除应力时，则焊后应立即在略高于预热温度下进行后热或在350～400℃的温度范围内作消氢处理，加热时间按5～7min/mm接头厚度计算，以消除焊件在继续加工过程中产生裂纹的危险。后热温度不一定与预热温度相同，可参考预热温度，但应视具体情况而定。

5-19 中碳钢焊条电弧焊时易产生哪些缺陷？如何控制？

中碳钢的焊接缺陷主要是裂纹，其产生原因及防止措施见表5-9。

表5-9 焊条电弧焊焊接中碳钢常见的缺陷、产生原因及防止措施

常见缺陷	产生原因	防止措施
热裂纹	焊缝含碳量偏高，含硫偏高，含锰量偏低	减小母材在焊缝中比例(采用小电流、开U形坡口)，采用低氢碱性焊条，适当预热
冷裂纹	冷却速度太快，焊缝含氢量偏高，存在较大的应力	减慢近缝区冷却速度，采用低氢碱性焊条，焊条严格烘干
热应力裂纹	焊缝区刚性过大，多层焊时第一、二道焊缝断面过薄	避免焊接区与焊件整体产生过大的温度差；可采用先在坡口表面堆焊隔离层防止近缝区冷裂，然后采用"冷焊法"；第一、二道焊缝焊接时尽量减慢焊接速度，采用低氢碱性焊条

5.1.3 高碳钢焊条电弧焊

5-20 试述高碳钢的焊接性？

高碳钢的含碳量大于0.60%。高碳钢由于含碳量高，其焊接性较中碳钢差，焊后易产生淬硬组织，如高碳马氏体，所以裂纹敏感性大。高碳钢一般不用于制造焊接接头，而用于制造高硬度耐磨部件或零件。为了获得高硬度或耐磨性，高碳钢零件一般都经过热处理（常为淬火+回火），因此，焊接前应经过退火，以减少裂纹倾向，焊后再进行热处理，以达到硬度和耐磨要求。

5-21 高碳钢焊条电弧焊时如何选择焊条？

高碳钢焊条电弧焊焊条选择应根据钢的含碳量、工件设计和使用条件等进行合理选择。要使接头与母材性能完全相同是比较困难的，选用的焊条视产品设计要求而定，一般选用低氢碱性焊条。要求强度高时，一般选用E7015-D2或E6015-D2；要求不高时可选用E5016、E5015焊条，或者分别选用与以上焊条强度等级相当的低合金钢焊条。所有焊条都应当是低氢型焊条。

也可以用E309-16或E309-15及其他铬镍奥氏体不锈钢焊条焊接，此时焊前可不预热。

5-22 高碳钢焊条电弧焊的焊接焊前准备?

① 焊前清理　基本上与中碳钢相同。

② 坡口制备　焊件坡口加工应尽可能采用机械加工。如果条件所限，只能采用热切割加工坡口时，切割后必须将表面的硬化层加工掉。低氢型焊条使用前烘干的要求和程序与中碳钢低氢型焊条基本相同，但因高碳钢用焊条强度级别高，对焊条药皮水分含量的限制更严格。此外，由于高碳钢零部件一般经过热处理，所以焊前一般应经过退火处理，方能焊接。

③ 预热　为避免产生淬硬组织，除采用铬镍奥氏体不锈钢焊条焊接可不预热外，一般焊前必须预热250～350℃，并且焊接过程中必须保持250～350℃的层间温度。

如果焊件厚度较大、刚性较强，则在焊接时要保持与预热温度相同的层间温度，并在焊后将工件保温缓冷，并尽快进行650℃高温回火处理。

5-23 中碳钢焊接制订焊接工艺时应注意哪些问题？如何进行焊后热处理?

(1) 焊接工艺

① 选择合适的焊接参数　焊接参数基本上与低碳钢相同，但焊接电流和焊接速度应取下限。焊接时尽量采用小的焊接电流和慢焊接速度，使熔深减小，以减小母材的熔入。

② 选择合适的坡口形式　焊接坡口形式应尽量减少母材金属熔入焊缝中的比例，以降低焊缝金属中的含碳量，提高焊缝金属的韧度，降低产生冷裂纹的倾向。

③ 焊前应注意烘干焊条。

④ 可以采用锤击法锤击焊缝，以减小焊接应力。

⑤ 尽可能先在坡口上堆焊，然后再进行焊接。

(2) 焊后热处理

焊后工件应立即保温缓冷，并尽快送入650℃炉中保温，进行消应力热处理。

由于高碳钢零部件焊前进行了回火处理，因此，焊后为获得相应的性能，应再进行相应的热处理。

5.2 低合金钢的焊接

5-24 何谓低合金结构钢？如何分类？

低合金钢是在碳素钢的基础上加入总质量分数不超过5%的合金元素，以提高钢的强度、韧性、耐蚀性或其他特殊性能的钢材。用于制造各类焊接结构的低合金钢统称为低合金结构钢。目前，这类钢已成为大型焊接结构中最主要的结构材料。

常用的低合金钢可按强度等级、合金系统、热处理状态、组织形式和用途进行分类。

① 按强度等级分类　根据GB/T 1591—2008《低合金高强度结构钢》国家标准，热轧和正火供货的低合金高强度钢，按其屈服强度的高低分为五类，即Q345、Q390、Q420、Q460和Q500。根据GB/T 16270—2009《高强度结构钢调质钢板》国家标准，以热处理状态供货的低合金高强钢，按其屈服强度的高低分为八类，即Q460、Q500、Q550、Q620、Q690、Q800、Q890和Q960。

在焊接结构中，应用最普遍的是屈服强度在500MPa以下的各种低合金钢。

② 按热处理状态分类　按其供货时热处理状态可分为热轧、控轧、温度-变形控轧、高温正火、正火和调质低合金钢。钢材的调质处理可分为水调质处理（水淬+回火）和空气调质（正火+回火）两种。通常室温屈服强度低于420MPa的中薄板低合金钢，可热轧状态供货；屈服强度在500MPa以上的低合金钢，以正火或空气调质状态供货。屈服强度在690MPa以上的高强钢，大都是水调质钢。

③ 按组织形式分类　低合金钢按其碳和合金元素含量以及热处理状态，可分为铁素体钢、珠光体钢、贝氏体钢和马氏体钢。

④ 按钢用途分类　按其用途可分为：普通结构用钢、海洋结构用钢、船体用钢、锅炉用钢、压力容器用钢、管道用钢、桥梁用钢、耐候钢、抗氢钢和低温用钢。

⑤ 按合金系统分类　低合金结构钢的合金系统比较复杂，种类繁多，其中最简单的是C-Mn二元合金系统。

5-25 试述热轧及正火钢特点和用途?

这类钢是屈服强度为294～490MPa（30～50kgf/mm^2）的低合金钢，均在热轧正火状态下使用，属于非热处理强化钢，在低合金钢中应用最为广泛。钢中主要合金元素是Mn，有些辅以Ti、V、Nb等。主要通过固溶强化、沉淀强化和细化晶粒来提高强度和保证韧性。其显微组织主要是铁素体和珠光体。常用的低合金结构钢的主要用途见表5-10。

表5-10　常用国产低合金结构钢的主要用途

钢号		用途举例
新钢号	旧钢号	
Q295	09MnV	冷热加工性好。冷弯型钢、螺旋焊管。用于轮圈、冲压件制作、建筑结构
	09MnNb	可用于－50℃低温
	09Mn2	轧制钢板、型钢。用于容器、海运船舶油管、铁路车辆、油罐等
	12Mn	锅炉、容器、铁路车辆、油罐等
Q345	18Nb	建筑结构、容器管道、起重机梁等
	12MnV	性能与16Mn相近。用于船舶、桥梁、容器、锅炉等
	14MnNb	性能与16Mn相近。用于建筑结构、化工容器、锅炉、桥梁等
	16Mn	造船、桥梁、铁路机车车辆、汽车大梁、石油井架、压力容器、广播塔、起重运输设备、电站设备结构、储油罐、厂房结构、矿山机械和农业机械结构等。其使用温度也较宽(－40～400℃)
	16MnRE	低温韧度较16Mn稍好。用途与16Mn相同

续表

钢号		用途举例
新钢号	旧钢号	
Q390	15MnV	船舶、桥梁、油罐、中压锅炉、高压容器、化肥设备、车辆和起重机等
	15MnTi	
	16MnNb	桥梁、车辆、容器、起重机、建筑结构等
Q420	14MnVTiRE	桥梁、高压容器、电站设备结构、大型船舶等
	15MnVN	大型焊接结构、桥梁、车辆、船舶、球罐等

5-26 试述低碳调质钢特点及用途?

这类钢的屈服强度为 490～980MPa（50～100kgf/mm^2），在调质状态下供货使用，属于热处理强化钢。钢中 Mn 和 Mo 为主要合金元素，有些含有 V、Cr、Ni、B 等。这类钢只加入少量的合金元素，通过调质处理，获得显微组织为贝氏体及回火低碳马氏体。既有高的强度，又有较好的塑性和韧性，可以直接在调质状态下焊接，焊后不需要调质处理。

低碳调质钢主要用于大型工程机械、压力容器及潜艇制造。

5-27 试述热轧及正火钢的焊接性?

与低碳结构钢相比，普通低合金钢焊接时，热影响区容易淬硬，对氢的敏感性较大，焊接应力较大时，焊接接头易产生裂纹。

此外，在焊接热循环的作用下，焊接接头的组织和性能发生变化，增大了脆性破坏的倾向，尤其是厚板结构。

因此，焊接这类钢的主要问题是裂纹和脆化。

5-28 热轧及正火钢焊条电弧焊过程易产生哪些裂纹，如何控制?

热轧正火钢焊接过程可能会产生冷裂纹、热裂纹、再热裂纹及层状撕裂。

① 冷裂纹　热轧钢含有少量的合金元素，碳当量比较低，一般情况下（除环境温度很低或钢板厚度很大外），其冷裂倾向不大。正火钢由于含有的合金元素较多，淬硬倾向有所增加。强度级别及碳当量较低的正火钢，冷裂纹倾向还不大，但随着正火钢碳当量及

板厚的增加，淬硬及冷裂倾向也增大。采用控制焊接热输入、降低含氢量、预热和及时后热处理等措施可以防止冷裂纹的产生。

② 热裂纹　热轧及正火钢焊接时热裂倾向一般比较小，但有时会在焊缝中出现热裂纹，这与热轧及正火钢中 C、S、P 等有害元素含量偏多有关。减小母材在焊缝中的熔化量（即减小熔合比），增大焊缝形状系数（即焊缝宽度与厚度之比），有利于防止焊缝金属的热裂纹。

③ 再热裂纹　焊接含有 V、Cr、Mo、B 等合金元素的普通低合金高强钢时，在焊后消应力热处理过程中有产生再热裂纹的倾向。这类裂纹一般都出现在热影响区的粗晶区，有时也在焊缝金属中出现。其产生原因与杂质元素 P、Sn、Sb、As 在初生奥氏体晶界的偏聚导致的晶界脆化有关，也与 V、Nb 等元素的化合物晶内强化有关。Mn-Mo-Nb 和 Mn-Mo-V 系低合金钢对再热裂纹的产生有一定的敏感性，这些钢在焊后热处理时应注意防止再热裂纹的产生。

④ 层状撕裂　焊接角接接头或丁字接头的厚板结构，在钢材厚度方向承受较大的拉伸应力时，可能沿钢材轧制方向发生阶梯状的层状撕裂。通过改善接头形式以减缓钢板 Z 向的应力应变；在满足产品使用要求的前提下，选用强度级别较低的焊条或采用低强焊条预堆边、预热及减少氢含量等措施都有利于防止层状撕裂。

5-29 试述热轧及正火钢焊接粗晶脆化产生部位、原因及防止措施?

① 产生部位　粗晶脆化主要产生在热影响区中被加热到 1100℃以上直至熔点以下的区域，即焊接热影响区的过热区。

② 产生原因　热轧正火钢焊接时，如果采用了过大的焊接热输入，粗晶区将因晶粒长大或出现魏氏组织等而降低韧性；过小的焊接热输入，焊接含碳量偏高的热轧钢时，会由于粗晶区组织中马氏体比例的增大，而降低韧性。

含有碳、氮化物形成元素的钢（如 15MnVN 等），采用过大的焊接热输入焊接时，粗晶区的 V（C，N）析出相固溶，大大削弱了 V（C，N）化合物抑制奥氏体晶粒长大及组织细化的作用，导致粗晶区出现粗大晶粒及上贝氏体、M-A 组元，再加上粗晶区中碳、氮固溶量的增加，造成粗晶区韧性降低和时效敏感性增大。

③ 防止措施　对于含碳量比较少的热轧钢，可以选用比较小的焊接热输入；而对于含碳量偏高的热轧钢，焊接热输入应选择适中。

对于含有碳、氮化物形成元素的钢，宜选择较小的焊接热输入。或选用在钢材冶炼时加入微量的 Ti，也可以改善粗晶区韧性，降低时效敏感性。

5-30 试述热轧及正火钢产生热应变时效脆化的部位、原因及防止措施？

① 产生部位　热应变时效脆化主要产生在焊接接头熔合区及最高加热温度低于 A_{c_1} 的亚临界热影响区。对于 C-Mn 系低合金钢及低碳钢等自由氮含量较高的钢，易在 200～400℃最高加热温度范围的亚临界热影响区产生。如有缺口效应，则会使亚临界热影响区的热应变脆化更为严重；而熔合区常常存在缺口性质的缺陷，所以热应变脆化易于在熔合区产生。

② 产生原因　产生应变时效脆化的原因主要是由于应变引起位错增殖，碳、氮原子析集到这些位错的周围形成所谓柯氏气团，对位错产生钉扎和阻塞作用。

③ 防止措施　在钢中加入氮化物形成元素，形成氮化物，可以降低热应变脆化倾向，如 16Mn 比 15MnVN 的热应变脆化倾向大；退火处理也可以大幅度地恢复韧性，降低热应变脆化，如 16Mn 经 600℃×1h 退火处理后，脆性转变温度大幅度提高。

5-31 热轧及正火钢焊接如何进行焊接准备？

① 坡口的加工　坡口加工可采用机械加工，其加工精度较高；也可采用火焰切割或碳弧气刨加工。对强度级别较高、厚度较大的钢材，为防止气割时产生裂纹，应按焊接的预热工艺进行预热。碳弧气刨的坡口应仔细清除余碳。在坡口两侧约 50mm 范围内，应严格清理水、油污、铁锈及脏物等。

② 焊前预热　预热有防止冷裂纹、降低冷却速度、减小焊接应力作用，与适当的焊接热输入配合还可控制接头的组织和性能。不同强度级别热轧及正火钢的预热温度见表 5-11。

表 5-11　几种热轧及正火钢的预热和焊后热处理工艺参数

强度级别 σ_s/MPa	典型钢种	预热温度	焊后热处理工艺参数
294	09Mn2，09MnV，09Mn2Si	不预热（一般供应的板厚 $\delta \leqslant$16mm）	一般不热处理
343	16Mn 14MnNb	100～150℃（$\delta \geqslant$16mm）	一般不进行热处理，或回火600～650℃
393	15MnV，15MnTi 16MnNb	100～150℃（$\delta \geqslant$28mm）	不热处理，或回火 560～590℃或 630～650℃
442	15MnVN，15MnVTiRE	100～150℃（$\delta \geqslant$25mm）	—
491	18MnMoNb，14MnMoV	$\geqslant$200℃	回火 600～650℃

5-32　热轧及正火钢焊条电弧焊接如何选择焊条？

热轧及正火钢常用的焊条见表 5-12。根据热轧及正火钢的牌号选择焊条后，焊条的烘干温度见表 5-13。

表 5-12　热轧及正火钢焊接用焊条

钢材牌号	强度级别 σ_s/MPa	焊条型号	焊 条 牌 号
Q295	294	E4301 E4303 E4315 E4316	J423 J422 J427 J426
Q345	343	E5001 E5003 E5015 E5015-G E5016 E5016-G E5018 E5028	J503，J503Z J502 J507，J507H，　J507X，J507DF，J507D J507GR，J507RH J506，J506X，J506DF，J506GM J506G J506Fe，J507Fe，J506LMa J506Fe16，J506Fe18，J507Fe16

续表

钢材牌号	强度级别 σ_s/MPa	焊条型号	焊 条 牌 号
Q390b	392	E5001 E5003 E5015 E5015-G E5016 E5016-G E5018 E5028 E5515-G E5516-G	J503,J503Z J502 J507,J507H,J507X,J507DF,J507D J507GR,J507RH J506,J506X,J506DF,J506GM J506G J506Fe,J507Fe J506Fe16,J506Fe18,J507Fe16 J557,J557Mo,J557MoV J556,J556RH
Q420	441	E5515-G E5516-G E6015-D_1 E6015-G E6016-D	J557,J557Mo,J557MoV J556,J556RH J607 J607Ni,J67RH J606
18MnMoNb 14MnMoV 14MnMoVCu	450	E6015-D_1 E6015-G E6016-D_1 E7015-D_2 E7015-G	J607 J607Ni,J607RH J606 J707 J707Ni,J707RH,J707NiW
X60 X65	414 450	E4311 E5011 E5015	J425X J505XG J507XG

表 5-13 热轧及正火钢焊接用焊条的烘干工艺

焊条	母材强度级别 σ_s/MPa	烘干温度/℃	保温时间/h
碱性焊条	≥600	450～470	2
	440～540	400～420	2
	≤410	350～400	2
酸性焊条	≤410	150～250	1～2

刚性较大的焊接结构，对焊前不便预热，且焊后不便进行热处理的部位，在不要求母材与焊缝等强的条件下，可采用塑性较好的

不锈钢焊条，如 E309-15、E310-15 等。

5-33 热轧及正火钢焊条电弧焊如何进行装配定位焊？

装配间隙不能过大，要尽量避免强力装配定位。为防止定位焊焊缝开裂，要求定位焊焊缝应有足够的长度（一般不小于 50mm，对厚度较薄的板材不小于 4 倍板厚）。

定位焊应选用与焊接时同类型的焊条，也可选用强度等级稍低的焊条。应与正式焊接一样采取预热措施。定位焊的顺序，应能防止过大的拘束、允许工件有适当的变形，其焊缝应对称均匀分布。定位焊所用的焊接电流稍大于焊接时采用的焊接电流。

5-34 热轧及正火钢焊条电弧焊如何选择焊接参数？

对于碳当量小于 0.40％的钢种，不必严格要求选择焊接热输入。碳当量大于 0.40％的钢种，随其碳当量的增加、强度级别的提高、钢材热处理状态的改变，所使用的焊接热输入范围将随之变窄，为减小热影响区的韧性下降，应选择较小的焊接热输入。

焊接参数的选择主要根据工件厚度、坡口形式、焊缝位置等进行选择。多层焊的第一层以及非水平位置焊接时，焊条直径应选小一些。在保证焊接质量的前提条件下，应尽可能采用大直径焊条和大电流焊接，以提高劳动生产率。热轧及正火钢焊条电弧焊焊接参数见表 5-14。

焊接强度 $\sigma_s \geqslant 440$MPa 的结构或重要焊件，严禁在非焊接部位引弧。多层焊的第一道焊缝需用小直径的焊条及小电流进行焊接，减少母材在焊缝金属中的比例。

含有一定数量 V、Ti 或 Nb 的低合金结构钢，若在 600℃左右停留时间较长，会使韧性明显降低，塑性变差，强度升高。应提高冷却速度，避免在此温度停留较长时间。

为保持预热作用，并促进焊缝和热影响区氢扩散逸出，层间温度应等于或略高于预热温度。预热与层间温度过高，均可能引起某些钢种焊接接头组织与性能的变化。

表 5-14　热轧及正火钢焊条电弧焊焊接参数

焊缝空间位置	坡口形式	焊件厚度或焊角尺寸/mm	第一层焊缝		其他各层焊缝		封底焊缝	
			焊条直径/mm	焊接电流/A	焊条直径/mm	焊接电流/A	焊条直径/mm	焊接电流/A
平对接焊缝	I形	2	2	55～60	—	—	2	55～60
		25～3.5	3.2	90～120	—	—	3.2	90～120
		4～5	3.2	100～130	—	—	3.2	100～130
			4	160～200	—	—	4	120～160
			5	200～260	—	—	5	220～250
	V形	5～6	4	160～210	—	—	3.2	100～130
							4	180～210
		≥6	4	160～210	4	160～210	4	180～210
					5	220～280	5	220～260
	X形	≥12	4	160～210	4	160～210	—	—
					5	220～280	—	—
立对接焊缝	I形	2	2	50～55	—	—	2	50～55
		2.5～4	3.2	80～110	—	—	3.2	80～110
	V形	5～6	3.2	90～120	—	—	—	—
		7～10	3.2	90～120	4	120～160	3.2	90～120
			4	120～160				
		≥11	3.2	90～120	4	120～160	3.2	90～120
			4	120～160	5	160～200		
	X形	12～18	3.2	90～120	4	120～160	—	—
			4	120～160				
		≥19	3.2	90～120	4	120～160	—	—
			4	120～160	5	160～200		
横对接焊缝	I形	2	2	50～55	—	—	2	50～55
		2.5	3.2	80～110	—	—	3.2	80～110
		3～4	3.2	90～120	—	—	3.2	90～120
			4	120～160	—	—	4	120～160

续表

焊缝空间位置	坡口形式	焊件厚度或焊角尺寸/mm	第一层焊缝		其他各层焊缝		封底焊缝	
			焊条直径/mm	焊接电流/A	焊条直径/mm	焊接电流/A	焊条直径/mm	焊接电流/A
横对接焊缝	单边V形	5~8	3.2	90~120	3.2	90~120	3.2	90~120
					4	140~160	4	120~160
		≥9	3.2	90~120	4	140~160	3.2	90~120
			4	140~160			4	120~160
	双单边V形	14~18	3.2	90~120	4	140~160	—	—
			4	140~160			—	—
		≥19	4	140~160	4	140~160	—	—
仰对接焊缝	I形	2	—	—	—	—	2	50~65
		2.5	—	—	—	—	3.2	80~110
		3~5	—	—	—	—	3.2	90~110
							4	120~160
	单边V形	5~8	3.2	90~120	3.2	90~120	—	—
					4	140~160		
		≥9	3.2	90~120	4	140~160	—	—
			4	140~160				
	X形	12~18	3.2	90~120	4	140~160	—	—
			4	140~160				
		≥19	4	140~160	4	140~160	—	—

5-35 热轧及正火钢焊后需要进行哪些处理?

强度级别较高或厚度较大的焊件，如果焊后不能及时进行热处理，则应立即在200~350℃保温2~6h，以便氢扩散逸出。

为了消除焊接应力，焊后立即轻轻锤击金属表面，但这不适用于塑性较差的焊件。

强度级别较高或重要的焊接构件，应用机械方法修整焊缝外形，使其平滑过渡到母材，减少应力集中。

5-36 试述低碳调质钢的焊接性?

低碳调质钢的含碳量一般不超过0.21%，焊接性优于中碳调质钢。焊接这类主要易产生裂纹和热影响区软化。

① 冷裂纹　这类钢的淬透性大，在焊接热影响区，特别是热影响区的粗晶区有产生冷裂纹和韧性下降的倾向，但在粗晶区形成的低碳马氏体可发生“自回火”，使得这类钢的冷裂纹倾向比中碳调质钢小；但如果冷却速度较快，马氏体得不到“自回火”，其冷裂倾向增大，因此，在焊接拘束度较大的厚板结构时，为了防止冷裂纹的产生，还必须严格控制焊接时氢的来源及选择合适的焊接参数。

② 热裂纹　一般低碳调质钢的热裂倾向较小，因为钢中的C、S含量都比较低，而Mn含量及Mn/S较高。如果钢中的C、S含量较高或Mn/S低时，则热裂倾向增大。如12Ni3CrMoV钢中的Mn/S较低，又含有较多的Ni，在近缝区易出现液化裂纹。这种裂纹常出现于采用大焊接热输入进行焊接时。采用小焊接热输入，控制熔池形状，可防止这种裂纹的产生。

③ 回火软化　在焊接热影响区受热未完全奥氏体化的区域，及受热时其温度低于A_{c1}而高于钢调质处理时的回火温度的几个区域都有软化现象。

5-37 低碳调质钢的焊接如何进行焊前准备?

通过合理的接头设计，良好的坡口加工、装配与焊接质量，保证低碳调质钢的焊接接头质量。

① 合理的接头设计　接头设计时，应考虑焊接操作和焊后检验的方便。不正确的焊缝位置能导致截面突变、未焊透、未熔合、咬边和焊瘤并造成缺口，引起应力集中。这些缺陷对于屈服强度大于550MPa的高强度钢是不允许的。因为这些缺陷将大大损害接头的疲劳强度。对接接头比角接头易于探伤检验，V形和U形坡口比半V形或J形坡口易于保证焊透。角接接头容易产生应力集中，降低疲劳强度。

② 坡口的加工与清理　坡口的加工方法与热轧及正火钢的相

同。一般用火焰切割或碳弧气刨加工，但要求精度高时可采用机械加工。火焰切割时应注意母材的过热软化和淬硬脆化。坡口边用冷剪切时，应注意加工硬化。要求在焊前必须将坡口两侧 50mm 范围内的水分、油污、铁锈及脏物彻底清理干净。

③ 装配　低碳调质钢焊接的装配与热轧及正火钢的要求相同。

5-38 低碳调质钢焊接时如何进行预热？

为了防止冷裂纹的产生，焊接低碳调质钢时，常常需要预热，但必须注意防止由于预热而使焊接热影响区的冷却过于缓慢，在该区内产生 M-A 组元和粗大贝氏体组织，这些组织使焊接热影响区强度下降、韧性变坏。

为了避免预热对接头造成有害的影响，必须正确地选用预热温度。表 5-15 是几种低碳调质钢的最低预热温度，允许的最高预热温度与表中最低值相比不得大于 65℃。表 5-16 是对 Welten80C 钢推荐的预热温度及层间温度。表 5-17 为 HY-130 钢焊接最高预热温度。

表 5-15　几种低碳调质钢的最低预热温度和层间温度　℃

板厚/mm	<13	13～16	16～19	19～22	22～25	25～35	35～38	38～51	>51
14MnMoNbB		100～150	150～200	150～200	200～250	200～250	—	—	—
15MnMoVN		50～100	100～150	100～150	150～200	150～200	—	—	—
A514，A517	10	10	10	10	10	66	66	66	93
HY-80	24	52	52	52	52	93	93	93	93
HY-130	24	23	52	52	52	93	93	93	93

表 5-16　Welten80C 钢预热温度及层间温度推荐值

板厚/mm	<13	13～19	19～29	29～50	50
最低预热温度/℃	50	75	100	125	150
最高的层间温度/℃	150	180	200	220	220

如果有可能，采用低温预热加后热，或不预热只采用后热的方法来防止低碳调质钢产生冷裂纹，可以减轻或消除过高的预热温度对其热影响区韧性的损害。

表 5-17 HY-130 钢最高预热温度

板厚/mm	16	16～22	22～35	>35
最高预热温度/℃	65	93	135	149

5-39 低碳调质钢焊条电弧焊接时如何选择焊条?

焊条电弧焊一般用于焊接屈服强度 σ_s 小于 680MPa 的低碳调质钢，对于强度级别大于 680MPa 的低合金调质高强钢，一般不用焊条电弧焊方法进行焊接。

低碳调质钢焊后一般不再进行热处理，因此在选择焊条时要求焊后形成的焊缝金属应具有接近于母材的力学性能。在特殊情况下，对焊缝金属强度要求可低于母材，或刚度很大的焊接结构，为了减少焊接冷裂纹倾向，可选择比母材强度低一些的焊条（即所谓“低强匹配”）。几种低碳调质钢焊条的选用见表 5-18。

表 5-18 几种低碳调质钢焊接用焊条

钢号或名称	焊条型号	焊条牌号
07MnCrMoVR，07MnCrMoVDR 07MnCrMoV-D，07MnCrMoV-E	E6015-G	J607RH
14MnMoVN	E6015	J607
	E7015-D2	J707
14MnMoNbB	E7015	J707
	E7515	J757
HQ60	E6016-G	J606RH
	E6015H	J607H
HQ70	E7015-G	J707Ni，J707RH，J707NiW
HQ80	E8015-G	J807RH
	E7515	J757
HQ100	—	J956
T-1	E11018，E12018	J857Fe
HY80	E11018	J857Fe
	E9018	J707Fe
HY-130	E14018	J107Fe

由于低碳调质钢产生冷裂纹的倾向较大，因此，严格控制焊条中的氢含量是非常重要的。用于低碳调质钢的焊条应是低氢型或超低氢型焊条。焊前必须按照生产厂规定或工艺规程中规定的烘干条件进行再烘干。烘干后的焊条应立即存放在低温干燥的保温筒内，随用随取。再烘干的焊条在保温筒内存放的时间不得超过4h。再烘干的焊条在大气中允许存放的最长时间，或按照生产厂的规定，或按照表5-19中的规定。

表5-19 低氢型焊条允许在大气中放置的最长时间

焊条级别	E50××	E55××	E60××	E70××或高于E70××
最长放置时间/h	4	2	1	0.5

5-40 焊接低碳调质钢如何选择焊接热输入?

焊接热输入影响焊接冷却速度。结合焊接结构接头形式、板厚和预热温度，选择适当的焊接热输入，使焊接接头冷却速度达到最佳值。如果由于一些条件的限制不能保证焊接接头的冷却速度达到最佳值，一定要避免采用过大的焊接热输入，以避免过度地损伤焊接热影响区的韧性。焊接热输入不仅影响焊接热影响区的性能，也影响焊缝金属的性能。

为了避免采用过大的焊接热输入，不推荐采用大直径的焊条。尽可能采用多层小焊道焊缝，最好采用窄道焊，而不采用横向摆动的运条技术。这样不仅使焊接热影响区和焊缝金属有较好的韧性，还可以减小焊接变形。立焊时不可避免地要做局部摆动和向上跳动，但应控制在最低程度。双面施焊的焊缝，背面可采用碳弧气刨清理焊根，但必须严格控制焊接热输入。在碳弧气刨以后，应打磨清理气刨表面后再施焊。

几种低碳调质钢焊条电弧焊推荐的焊接参数见表5-20。

表5-20 几种低碳调质钢钢焊条电弧焊工艺参数

钢号	焊条	直径/mm	焊接电流/A	电弧电压/V	焊接热输入/kJ·cm^{-1}	预热或层间温度/℃
HQ60,HQ70	E6015H	4	160～180	22～24	18～22	150
	E7015-G	4	160～180	22～25	18～22	室温

续表

钢号	焊条	直径/mm	焊接电流/A	电弧电压/V	焊接热输入/kJ·cm^{-1}	预热或层间温度/℃
14MnMoNbB	E8015-G	3.2	90～120	24～30	8～18	150
		4	130～160	24～30	9～25	150
HQ80C	E8015-G	4	150～160	23～25	≤20	≤100
HQ100	E10015-G	4	170～180	24～26	15～17	100～130
10Ni5CrMoV	E9015-G	4	150～170	25	16～17	70～100

5-41 低碳调质钢焊后哪些情况下需要进行焊后处理？

大多数低碳调质钢焊接构件是在焊态下使用，但在下述条件下需进行焊后热处理：①焊后或冷加工后钢的韧性过低；②焊后需进行高精度加工，要求保证结构尺寸的稳定性；③焊接结构承受应力腐蚀。

许多沉淀强化型低碳调质钢在焊后再加热处理中的焊接热影响区会出现再热裂纹。为了使焊后热处理不致使焊接接头受到严重损害，应认真制订焊后热处理规范，控制焊后热处理温度、时间和冷却速度，避免产生再热裂纹。

焊后热处理的温度必须低于母材调质处理的回火温度，以防母材的性能受到损害。

5-42 试述中碳调质钢的焊接性？

中碳调质钢最好在退火（或正火）状态下焊接，焊后再进行整体调质处理。通过焊后调质处理来改善热影响区的性能，主要是考虑防止裂纹问题。如果必须在调质状态下焊接，而且焊后不能调质处理，这时焊接的主要问题是防止裂纹及避免热影响区脆化和软化。

(1) 裂纹

① 冷裂纹　中碳调质钢的淬硬倾向大，近缝区易出现马氏体组织，增大了焊接接头的冷裂倾向。在低合金钢焊接中，中碳调质钢具有最大的冷裂倾向。为了提高抗裂性，应尽量降低焊接接头的含氢量，并采用焊前预热和焊后及时热处理。

② 热裂纹　中碳调质钢的碳及合金元素含量高，焊缝凝固时，结晶温度区间大，偏析倾向也较大，因此，焊接时具有较大的热裂纹倾向。为防止产生热裂纹，要求采用的焊条含碳量要低，严格限制母材及焊条中的硫、磷含量，在焊接操作上注意填满弧坑。

③ 应力腐蚀裂纹　这类钢的应力腐蚀开裂常发生在水或高湿度空气等弱介质中。为了降低焊接接头的应力腐蚀开裂倾向，应采用小的焊接热输入，注意避免焊件表面的焊接缺陷和划伤。

(2) 焊接热影响区的脆化与软化

中碳调质钢由于含碳量高、合金元素多，钢的淬硬倾向大，马氏体转变温度低，因此在淬火区产生大量淬硬的高碳马氏体，导致严重脆化。冷却速度越大，生成的高碳马氏体越多，脆化倾向就越严重。

焊接前为调质状态的钢材时，热影响区被加热到超过调质处理的回火温度区域，将出现强度、硬度低于母材的软化区。如果焊后不再进行调质处理，该软化区可能成为降低接头强度的薄弱区。

5-43 中碳调质钢焊条电弧焊焊前坡口制备和装配有何要求?

中碳调质钢的焊接坡口的加工应采用机械加工方法，以保证装配质量，避免由热加工切割引起坡口处产生淬火组织。焊前严格清理坡口及两侧 50mm 范围内的油污、铁锈、水分及脏物等。

工件间隙应保持均匀，要避免强行装配。点固焊缝要求少而牢，不宜过长，且大小一致、分布对称。为防止点固焊缝可能发生裂纹，应对工件稍微预热或选用高韧性、低强度的焊条。在点固焊及焊接过程中，都不允许在焊接面以外的地方引弧。

合理选择坡口形式，有助于减小变形，方便施工。

5-44 中碳调质钢焊前预热有哪些要求?

焊前预热和后热是中碳调质钢的重要焊接工艺。是否预热以及预热温度的高低，应根据焊件结构和生产条件而定，除拘束度小、结构简单的薄壁壳体或焊件不用预热外，一般情况下，中碳调质钢焊接时，都要采取预热，预热温度约为 200～350℃。表 5-21 为常用中碳调质钢所推荐的预热温度。进行局部预热时，应在焊缝两侧

100mm 内均匀加热。

表 5-21 常用中碳调质钢焊条电弧焊的预热温度

钢号	预热温度/℃	说明
30CrMnSiA	200～300	薄板不预热
40Cr	200～300	
30CrMnSiNi2A	300～350	预热温度应一直保持到焊后热处理

5-45 中碳调质钢焊条电弧焊如何选择焊条?

中碳调质钢焊接选择焊条的要求是不产生冷、热裂纹，而且焊缝金属与母材在同一工艺参数下调质，能获得相同性能的接头。

为提高抗裂性，应选用低氢或超低氢焊条。焊条应采用低碳合金系统，并尽量降低焊缝金属的硫、磷杂质含量，以确保焊缝金属的韧性、塑性和强度，提高焊缝金属的抗裂性。对于焊后需要热处理的构件，焊缝金属的成分应与基体金属相近。应根据焊缝受力条件、性能要求及焊后热处理情况选择焊条。如果焊后不再调质处理，焊缝成分可以与母材有差别，为了防止冷裂纹，可以选用奥氏体焊条。表 5-22 为中碳调质钢焊条选用实例。焊条使用前应严格烘干，使用过程中，应采取措施防止焊条再吸潮。

表 5-22 中碳调质钢焊条选用实例

钢号	选用焊条型号或牌号
30CrMnSiA	E8515-G、J107Cr、HT-1(H08A 焊芯)、HT-1(H08CrMoA 焊芯)、HT-3(H08A 焊芯)、HT-3(H08CrMoA 焊芯)、HT-4(H08A 焊芯)、HT-4(H08CrMoA 焊芯)
30CrMnSiNi2A	HT-3(H08CrMoA 焊芯)、HT-4(HGH41 焊芯)、HT-4(HGH30 焊芯)
40CrMnSiMoVA	E50015-G、HT-3(H18CrMoA 焊芯)、HT-2(H18CrMoA 焊芯)
35CrMoA	E10015-G
35CrMoVA	E5515-B2-VN6、E8515-G
H-11	E1-5MoV-15

5-46 中碳调质钢如何选择焊接参数？

选择焊接参数的原则是保证在调质之前不出现裂纹。要求采用较低的焊接热输入，且焊接的热量要集中。焊接热输入大将产生宽的、组织粗大的热影响区，增大脆化倾向；大的焊接热输入也增大了焊缝及热影响区产生热裂纹的可能性；对在调质状态下的焊接，且焊后不再进行处理的构件，大的焊接热输入增大了热影响区的软化程度。

焊接时配以较高的预热温度（200～250℃）和层间温度，焊后立即消氢热处理等工艺措施，以达到防止裂纹的目的。焊接时注意预热、层间温度、中间热处理的温度都要控制在比母材淬火后回火温度低 50℃。

焊缝余高过高或焊缝与母材过渡不圆滑都易产生应力集中，应避免。

表 5-23 为几种中碳调质钢的焊接参数示例。

表 5-23 几种中碳调质钢的焊接参数示例

钢 号	板材厚度 /mm	焊条直径 ϕ /mm	焊接电流 /A	电弧电压 /V	说 明
30CrMnSiA	4.0	3.5	90～110	20～25	
30CrMnSiNi2A	10.0	3.0	130～140	21～32	预热 350℃焊后回火 680℃
		4.0	200-220		

5-47 中碳调质钢焊后需要进行哪些处理？

在一般情况下，焊后均需进行焊后热处理。如果产品焊后不能及时进行调质处理，则必须在焊后及时进行中间热处理，即在等于或高于预热温度下保温一定时间的热处理，如低温回火或 650～680℃高温回火。若焊件焊前为调质状态，其预热温度、层间温度及热处理温度都应比母材淬火后的回火温度低 50℃。常见中碳调质钢的焊后热处理制度见表 5-24。

表 5-24　常用中碳调质钢的焊后热处理

钢　　号	焊后热处理/℃	说　　明
30CrMnSiA	淬火＋回火:480～700	使焊缝金属组织均匀化,焊接接头获得最佳性能
30CrMnSiNi2A	淬火＋回火:200～300	
30CrMnSiA	回火:500～700	消除焊接应力,以便于冷加工
30CrMnSiNi2A		

5-48 低合金钢为什么要进行焊后热处理?

① 对于强度级别大于 500MPa，且有冷裂纹（延迟裂纹）倾向的低合金钢，要求焊后及时进行回火处理，以便使扩散氢逸出，改善近缝区的显微组织和消除残余应力。这些都有利于防止冷裂纹。

② 低温下使用的容器及焊接构件，根据具体条件确定是否进行焊后消除应力处理。一般来讲，金属材料的塑性和冲击韧度随钢材的温度降低而降低，当温度降低到某一数值时，其塑性及冲击韧度也降到最低值，这时的温度即为该材料的脆性转变温度。在这个温度下使用的结构件，存在发生低应力脆性破坏的可能。如果消除构件的焊接应力，则可大大减小这种脆性破坏的可能。因此，在脆性转变温度以下使用的压力容器等结构，焊后应尽可能进行消除应力处理。但如果材料的低温冲击韧度很好（如低温钢在允许的温度范围内用），且壁厚不大时，则一般不进行消除应力处理。

③ 大型受压容器随着壁厚的增加，增大了脆性破坏的可能性。由于随着焊接结构壁厚的增加，焊接残余应力的分布也更为复杂，除沿焊缝和垂直焊缝方向存在着内应力外，也存在着沿壁厚方向的内应力。这种不利的应力分布是导致大厚度的焊接结构在较低温度下产生低应力脆性破坏的因素之一。因此，为保证结构的安全，针对各种钢材的低温性能特点，规定了焊后不热处理的厚度界限，即超过这一厚度时，要求做消除应力处理。

④ 有应力腐蚀和焊后要求尺寸稳定的结构，焊后也应进行消除应力热处理。对于承受交变载荷，要求疲劳强度的结构，焊后尽可能进行消除应力热处理。

5-49 低合金钢焊后热处理应注意哪些问题？

① 对于含 V，特别是含 V 又含 Mo 的低合金结构钢，在600℃左右保温会使韧性明显降低，同时强度提高，塑性降低。因此，对这类钢热处理，应避开这一温度区间。

② 焊后热处理的温度，不要超过母材在焊前进行热处理的温度。一般焊后回火及消应力处理温度不应超过母材的回火温度，否则母材的性能会受到某种损害。

③ 应尽量保证炉内温度均匀一致。在操作中还应遵守规定的热处理制度。否则，不仅达不到预期目的，反而可能产生相反效果。对于强度级别大于 500MPa 的钢材尤其重要。

5.3 耐热钢的焊接

5-50 我国常用的珠光体耐热钢有哪些？

珠光体耐热钢的工作温度一般为 350～500℃，最高可达 600～620℃。最常用的是 Cr-Mo 和 Mn-Mo 型耐热钢以及 Cr-Mo 基多元合金耐热钢。目前，我国使用较多的珠光体耐热钢有 12CrMo、15CrMo、20CrMo、10Cr2Mo1、2.25Cr-Mo、12CrMoV、24CrMoV 等。

5-51 试述珠光体耐热钢的焊接性？

珠光体耐热钢焊接性的主要问题是热影响区硬化、冷裂纹、软化以及焊后热处理或高温长期使用中的再热裂纹问题。如果焊条选择不当，焊缝还有可能产生热裂纹。

① 焊接热影响区硬化　珠光体耐热钢中的 Cr、Mo 等都显著地提高钢的淬硬性，Mo 的作用比 Cr 约大 50 倍，这些合金元素提高了过冷奥氏体的稳定性，在焊接热输入过小时，易出现淬硬组织；焊接热输入过大时，热影响区又显著变粗。两者都明显降低焊接热影响区的塑韧性。

② 冷裂纹　冷裂纹主要产生在热影响区中。当焊缝中扩散氢含量过高、焊接热输入较小时，由于淬硬组织和扩散氢的作用，常

在焊接接头的热影响区中出现焊接冷裂纹。在焊缝金属中，由于含碳量较低，淬硬程度小，所以冷裂敏感性也较低。但如果焊条选择不当也容易产生冷裂纹。

实际生产中，可采用低氢焊条加上适当的焊接热输入和预热、后热措施，来避免焊接冷裂纹。

③ 热裂纹倾向　热裂纹多数在焊缝中产生，特别是弧坑处。热裂纹的产生主要是由于C、S、P等杂质与Ni等合金元素形成低熔点共晶体，聚集在晶间处，焊接时在残余应力的作用下形成。

焊接时严格控制焊缝中C、S、P等杂质的含量和缩短临界凝固温度区间冷却时间。同时选择合适的焊缝成形系数，使低熔点共晶体易浮到焊缝表面的熔渣中，以防止热裂纹产生。

④ 再热裂纹　这类裂纹是焊后焊件在一定温度范围内再次加热而产生的裂纹。珠光体耐热钢产生再热裂纹的倾向主要取决于钢中碳化物形成元素的特性和含量。再热裂纹总是出现在焊接热影响区的粗晶区，与焊接工艺及由此引起的焊接应力有关。一般在500～700℃的敏感温度范围内形成，裂纹倾向还取决于热处理制度。

防止珠光体耐热产生再热裂纹的措施有：a. 严格限制母材和焊条的合金成分，特别是要严格限制V、Ti、Nb等合金元素的含量到最低的程度；b. 采用高温塑性高于母材的焊条；c. 将预热温度提高到250℃以上，层间温度控制在300℃左右；d. 采用小焊接热输入的焊接工艺，减小焊接过热区宽度，细化晶粒；e. 选择合适的热处理制度、避免在敏感温度区间停留较长时间。

5-52 珠光体耐热钢焊条电弧焊焊前如何进行坡口加工?

一般焊件可以采用火焰切割法。热切割或电弧气刨所引起的母材组织变化与焊接热影响区相似，但热收缩应力要低得多。热切割边缘的低塑性淬硬层往往成为钢板卷制和冲压过程中的开裂源。

对于所有厚度的2.25Cr-1Mo～3Cr-Mo钢板和15mm以上的1.5Cr-Mo钢板，切割前应预热150℃以上，切割边缘应作机械加工并用磁粉探伤法检查是否存在表面裂纹。

对于15mm以下的2.25Cr-1Mo～3Cr-Mo钢板和15mm以上

的0.5Mo钢板，切割前应预热到100℃以上，切割边缘应作机械加工并用磁粉探伤法检查是否存在表面裂纹。

对于厚度在15mm以下的0.5Mo钢板，切割前不必预热，切割边缘最好经机械加工。

严格清理坡口两侧50mm范围内的铁锈、油污及水分等。

5-53 珠光体耐热钢为什么要进行预热，如何选择预热温度？

预热是防止珠光体耐热钢焊接冷裂纹和再热裂纹的有效措施之一。预热温度主要依据钢的合金成分、接头的拘束度和焊缝金属的潜在氢含量选定。一般认为母材碳当量大于0.45%、最高硬度大于HV350时，应考虑预热焊接。一般情况下，珠光体耐热钢的预热温度和层间温度应控制在150～350℃。

常用珠光体耐热钢焊接的预热温度见表5-25。

表5-25 常用珠光体耐热钢焊接的预热温度和焊后热处理温度

钢号	预热温度/℃	焊后热处理温度/℃	钢号	预热温度/℃	焊后热处理温度/℃
12CrMo	200～250	650～700	12MoVWBSiRE	200～300	750～770
15CrMo	200～250	670～700	12Cr2MoWVB	250～300	760～780
12Cr1MoV	250～350	710～750	12Cr3MoVSiTiB	300～350	740～760
17CrMo1V	350～450	680～700	20CrMo	250～300	650～700
20Cr2MoWV	400～450	650～670	20CrMoV	300～350	680～720
Cr2.25Mo	250～350	720～750	15CrMoV	300～400	710～730

5-54 珠光体耐热钢焊条电弧焊如何选择焊条？

焊条的选用原则是焊缝金属的合金成分与强度性能应基本与母材相应的指标一致或应达到产品技术条件提出的最低性能指标，但焊件如焊后需经退火、正火或热成形等热处理或热加工时，则应选择合金成分或强度级别较高的焊条，并尽可能选用低氢碱性焊条。为提高焊缝金属的抗裂性能，焊条中碳的总含量应控制在略低于母材的含碳量。

珠光体耐热钢常用的焊条见表5-26。

表 5-26 珠光体耐热钢常用的焊条

钢　　号	焊条型号(牌号)
16Mo	E5015-A1 (R107)
12CrMo	E5500-B1 (R200), E5515-B1 (R207)
15CrMo	E5515-B2 (R307)
20CrMo	E5515-B1 (R207), E5515-B2 (R307)
12Cr1MoV	E5500-B2-V (R310), E5515-B2-V(R317)
12MoVBSiRE	E5515-B2-V (R317) E5515-B2-VW (R327)
12Cr2MoWVB	E5515-B3-VWB (R347)
12Cr9Mo1	E9Mo-15 (R707)
12Cr3MoVSiTiB	E5515-B3-VNb (R417, R427)
13CrMo44	E5515-B2 (R307)
14CrV63	E5515-B2-V (R317)
10CrMo910	E6015-B3 (R407)
10CrSiMoV7	E5515-B2-V (R317)
Cr2.25Mo	E6000-B3, E6015-B3
15Cr1Mo1V	E5515-B2-VW (R327), E5515-B2-VNb (R337)
12Cr5Mo	E5MoV-15 (R507)
20CrMoV	E5515-B2-V(R317)

注：(　) 为焊条牌号。

控制焊条的含水量是防止焊接冷裂纹的主要措施之一，珠光体耐热钢所用的焊条都容易吸潮，并且各种焊条的吸潮特性随制造工艺的不同而不同，因此最有效的烘干制度应根据焊条生产厂的产品说明书编制。常用耐热钢焊条的烘干温度和时间见表 5-27。

表 5-27 常用耐热钢焊条的烘干温度与时间

焊条牌号	烘干温度/℃	烘干时间/h	保存温度/℃
R102,R202,R302	150～200	1～2	50～80
R107,R207,R307,R317,R407,R347	350～400	1～2	127～150

5-55 珠光体耐热钢焊条电弧焊焊接有哪些工艺要点?

① 定位焊和正式焊前都需预热，若焊件刚度大，宜采用整体预热。

② 应尽量减小接头的拘束度。

③ 焊接热输入选择。珠光体耐热钢由于淬硬倾向大，焊后都需要进行回火处理。如果选用较大的焊接热输入进行焊接，会使热影响区晶粒长大而脆化；而选用较小的焊接热输入对改善热影响区的冲击韧度有好处。所以焊接时要严格地控制焊接热输入。

④ 连续焊。焊接过程中最好不要间断，如必须间断，则应使焊件经保温后再缓慢均匀冷却，在施焊前，重新按原要求预热。

⑤ 锤击焊缝。每焊一根或两根焊条，可对焊缝进行锤击，以消除内应力，改善焊缝的力学性能。锤击的温度应在50℃以上进行，锤击的力量不要过大。

⑥ 焊后缓冷。一般是在焊后立即用石棉布或石棉灰覆盖焊缝及热影响区。重要构件焊后还需经后热处理，即在预热温度上限保温数小时后再开始缓冷。

5-56 珠光体耐热钢为什么要进行后热及焊后热处理?

焊后热处理（消氢处理）是防止冷裂纹的重要措施之一，氢在珠光体中的扩散速度较慢，一般焊后加热到≥250℃，保温一定时间，可以促使氢加速逸出，降低冷裂纹的敏感性。合理采用后热可以降低预热温度约100～200℃。

焊后热处理可以消除焊接残余应力，降低焊接区的硬度，促使氢逸出，使组织稳定，改善高温力学性能。珠光体耐热钢热处理温度一般在650～750℃范围内。

常用珠光体耐热钢焊接的焊后热处理温度见表5-25。

5-57 试述马氏体耐热钢的焊接性?

马氏体耐热钢焊接性比珠光体耐热钢差，主要问题是焊接冷裂和再热裂纹倾向大，焊接热影响区存在软化带。此外，还存在回火脆性问题。

① 冷裂纹　马氏体耐热钢在空冷条件下淬硬和冷裂倾向很大。焊后易得到高硬度的马氏体和贝氏体组织，使接头脆性增加，加之这类钢的导热性差，焊后残余应力较大，以及有氢的作用，使得这类钢容易产生冷裂纹。焊接接头的拘束度越大，或钢中含碳量越高，裂纹的敏感性也越大。此外，对含有Mo、W、V等元素的Cr12型耐热钢还有较大的粗晶脆化倾向，焊后接头产生粗大的马氏体组织，使接头的塑性下降。

② 再热裂纹　钢中加入的Cr、Mo、V、Nb等合金元素均是碳化物形成元素，焊接时，在热影响区的粗晶区内，由这些元素形成的碳化物固溶到金属中，焊后，由于冷却速度比较大，不能充分析出，当接头再次受到高温加热时，这些元素重新形成沉淀相在晶内弥散析出，使晶内得到强化，因而易在相对薄弱的晶界产生再热裂纹。

③ 焊接接头的回火脆性　焊接接头在350～500℃温度范围长期运行过程中发生冲击韧度剧烈降低现象，这是由回火脆性引起的。产生回火脆性的原因主要是，由于在回火脆性温度范围长时间加热后，P、As、Sn、Sb等杂质元素在奥氏体晶界偏析并引起晶界弱化。此外，与促进回火脆性的Mn、Si元素也有关系。因此，严格控制钢材和焊缝中有害杂质的含量和降低Mn、Si含量是解决回火脆化问题的有效措施。

④ 焊接接头软化　焊接接头软化区主要产生在经正火加回火或经调质处理的钢的热影响区中，其部位在峰值温度超过原始回火温度的区域。钢的强度越高，焊后软化程度越大。这个部位常常是某些耐热钢在长期高温工作时产生断裂的部位。为了减小软化程度，应尽量减小接头在A_{c1}附近停留时间。

此外，如果焊缝中碳含量偏高，以及硫和磷等杂质的含量偏高，也会产生热裂纹。

5-58 马氏体耐热钢焊接如何进行坡口加工？

马氏体耐热钢热切割之前，必须将切割边缘200mm宽度内预热到150℃以上。切割面应采用磁粉探伤检查是否存在裂纹。焊接坡口应采用机械加工，坡口面上的热切割硬化层应清除干净，必要时应作表面硬度测定加以鉴别。

焊接接头的坡口形式和尺寸设计时，应尽量减小焊缝的横截面积。在保证全焊透的前提下尽量减小坡口张开角和减小U形坡口底部圆角半径和缩小坡口宽度，以使焊接过程在尽可能短的时间内完成。

应严格做好焊件的焊前清理工作，保证焊件、焊条处于低氢状态。

5-59 马氏体耐热钢焊条电弧焊如何选择焊条?

马氏体耐热钢焊条选择原则是：与母材成分基本相同的焊条，以保证焊缝金属具有与母材基本相同的高温蠕变强度和抗氧化性。焊条还应具有良好的抗裂性。因此，应选用低氢碱性焊条。

如果采用高铬镍奥氏休钢焊条焊接马氏体耐热钢，焊前可不预热，焊后可不进行热处理。但是，这样形成的是异种钢焊接接头，在高温长期工作时，由于两种金属热膨胀系数差别较大，焊接接头长期受到较高热应力的作用，最终导致焊接接头提前失效。

焊条在使用前要严格烘干，妥善保管。

常用马氏体耐热钢焊条电弧焊焊条选用见表5-28。

表 5-28 常用马氏体耐热钢焊条电弧焊焊条选用

钢号	焊条型号	焊条牌号
1Cr12Mo 13Cr	E410-16,E410-15 E410-15 E309-16,E410-15 E310-16,E410-15	G202,G207 G217 A302,G307 A402,A407
2Cr13	E410-15,E308-15,E316-15	G207,A107,A207
1Cr11MoV	E-11MoVNi-15,E-11MoVNi-16, E-11MoVNiW-15	R807,R802,R817
1Cr12MoWV 1Cr12NiWMoV	E-11MoVNiW-15 E-11MoVNiW-15	R817 R827

5-60 马氏体耐热钢焊接时为什么需要预热，如何选择预热温度?

马氏体耐热钢焊接时，预热是不可缺少的重要工序。由于马氏体耐热钢的淬硬性大，焊前必须对焊件进行预热，并保持层间具有相同的温度，这是防止产生冷裂纹的有效措施。预热温度应根据钢的碳含量、接头厚度和拘束度确定。钢的淬硬倾向大，焊接接头的拘束度大，则预热温度就要高些。

马氏体耐热钢的预热温度通常在 150～400℃之间。例如 X20CrMoWV121 钢的 M_s 点为 267℃，对于薄壁构件，预热 150℃已足够；厚度大于 25mm 时，预热温度则需高达 300～400℃。预热温度太高，对焊接质量也是不利的，会使焊接接头中的碳化物沿晶界析出和形成铁素体组织，韧性大大下降。如果焊缝含碳量偏低时，更易出现上述现象。这种铁素体加碳化物组织，只采用高温回火是不能改善的，必须进行调质处理才能消除。

表 5-29 为几种马氏体耐热钢焊前预热温度。

表 5-29 马氏体耐热钢焊前预热和焊后热处理温度

钢　　号	预热温度/℃	焊后热处理
1Cr12Mo,1Cr13	250～300	680～730℃回火
2Cr13	300～400	680～730℃回火
1Cr11MoV	250～400	716～760℃回火
1Cr12MoWV,1Cr12NiWMoV	350～400	730～780℃回火

5-61 马氏体耐热钢焊后需要进行哪些热处理?

为了改善焊接接头的组织，降低接头焊缝金属和热影响区的硬度，提高接头的韧性和高温持久强度以及消除焊接内应力，同时消除焊接残余应力，焊后必须及时进行热处理，而且应将预热温度保持到热处理时为止。

马氏体耐热钢一般是在调质状态下焊接，所以焊后只需回火处理，回火温度不得高于母材调质的回火温度。

焊后不能立即进行回火处理，而是焊后缓冷到 100～150℃，保温 0.5～2h，随后立即进行回火。回火热处理的温度见表 5-37。如果使用奥氏体钢焊条时，预热温度可降低 150～200℃或不预热，焊后也可不热处理。

5-62 试述铁素体耐热钢焊接性?

铁素体耐热钢大部分是含 Cr 量超过 17%的高铬钢与部分 Cr13 型钢。这类钢焊接时没有硬化倾向，但在熔合线附近的晶粒会急剧长大使焊接接头脆化。铬含量越高，在高温停留时间越长，则脆化越严重，且不能通过热处理使其晶粒细化，在焊接刚性较大的结构时，易产生裂纹。

这类钢在焊接缓冷时易出现 475℃脆化和 σ 相析出脆化，使焊接接头韧性恶化。

5-63 铁素体耐热钢焊条电弧焊时如何选择焊条?

铁素体耐热钢焊接可以采用与母材化学成分相近的同质焊条，也可采用奥氏体钢型的异质焊条。对于要求耐高温腐蚀和抗氧化的焊接接头，应优先选用同质焊条。

表 5-30 为几种铁素体耐热钢焊条的选用举例。

表 5-30 几种铁素体耐热钢焊条的选用举例

钢号	焊条型号	焊条牌号
0Cr11Ti 0Cr13Al	E410-16 E410-15	G202 G207 G217
1Cr17 Cr17Ti	E430-16 E430-15	G302 G307
Cr17Mo2Ti	E430-15 E309-16	G307 A302
Cr25	E308-15 E316-15 E310-16 E310-15	A107 A207 A402 A407
Cr25Ti	E309Mo-16	A317
Cr28	E310-16 E310-15	A402 A407

5-64 铁素体耐热钢焊接时如何选择预热温度?

铁素体耐热钢在采用同质焊条焊接刚性较大的焊件时，应进行预热，但预热温度不宜过高。取既能防止过热脆化，又能防止裂纹的最佳预热温度。一般在150～230℃之间较合适。母材含铬量越高，板厚越大或拘束度越大，预热温度适当提高。

5-65 铁素体耐热钢焊条电弧焊时如何选择焊接热输入？焊接时有哪些技术要点？

铁素体耐热钢焊接对过热十分敏感，因此，宜采用小的焊接热输入焊接。

采用小直径焊条，直线运条，并短弧焊接，小焊接电流，且焊接速度应大些。多层焊时要控制好层间温度，待前焊道冷却到预热温度后再焊下一道焊缝。尽量缩短焊缝及热影响区在高温停留时间，减小过热，以防止脆化和裂纹以及提高耐蚀性能。

焊后接头一旦出现脆化，可采取短时加热到600℃后空冷，可以消除475℃脆性；加热到930～950℃后空冷，可以消除σ相脆化。

5-66 铁素体耐热钢焊后为什么需要进行热处理？

为了使接头组织均匀，提高塑性、韧性和耐腐蚀性，焊后一般需热处理。

铁素体耐热钢焊件的退火处理应在750～850℃进行，热处理时应快速通过370～540℃区间，以防止475℃脆化，对于σ相脆化倾向大的钢种，应避免在550～820℃长期加热。

用奥氏体焊条进行焊接时，可不预热和热处理。为提高塑性，对Cr25Ti、Cr28和Cr28Ti钢焊后也进行热处理。

5-67 试述奥氏体耐热钢焊接性？

奥氏体耐热钢与马氏体、铁素体耐热钢相比，具有较好的焊接性。但奥氏体耐热钢属于奥氏体不锈钢系列，因此，奥氏体不锈钢焊接时可能出现的热裂纹问题、接头各种形式的腐蚀，以及475℃脆性和σ相脆化问题，在奥氏体耐热钢焊接时，也同样出现。

由于奥氏体耐热钢在高温下长期工作，要求焊接接头具有更高的抗氧化性和热强性。因此，必须严格控制焊缝金属中铁素体的含量，否则，将降低接头热强性和易产生 σ 相脆化等问题。

焊缝金属中存在一定量铁素体（δ 相），有利于提高焊缝金属的抗热裂性能。但从防止 δ 相脆化和提高热强性考虑，希望铁素体的含量越少越好。铁素体含量越多，δ 相析出的机会也越多，脆化倾向也越明显。加热温度越高和加热时间越长，脆化越严重。因此，要求奥氏体耐热钢焊缝金属内铁素体含量应控制在 2%～5%（体积分数）内较为适宜。

5-68 奥氏体耐热钢焊条电弧焊如何进行焊前准备?

① 坡口设计　为了减少焊接收缩变形，尽量减小焊缝横截面，V 形坡口的张开角不宜大于 60°。当焊件壁厚大于 20mm 时，最好采用 U 形坡口。

② 焊前清理　焊前必须对焊接区进行清理，不应在表面上有任何油污、油漆标记和其他杂质。

5-69 奥氏体耐热钢焊条电弧焊如何选择焊条?

焊条的选择原则是在不产生焊接裂纹的前提下，保证焊缝金属具有与母材基本相同的热强性。此外，还要考虑将焊缝金属内铁素体含量控制在 5%以内。因此，在焊接 Cr 和 Ni 含量均超过 20%的高镍铬耐热钢时，可选用 Mn 含量为 6%～8%的焊条。表 5-31 为奥氏体耐热钢焊条的选用举例。一种奥氏体耐热钢可采用几种焊条来焊接，主要取决于焊件的工作条件（温度、介质和运行时间）。

为减少焊缝中气孔，焊条在使用前应按焊条类型加以烘干，并妥善保管，以免再度从大气中吸收水分。

表 5-31　奥氏体耐热钢焊条的选用举例

钢号	焊条型号	焊条牌号
0Cr19Ni9 1Cr18Ni9	E308-16 E308-17	A102 A102A
1Cr18Ni9Ti	E347-16	A112，A132
0Cr18Ni11Ti 0Cr18Ni11Nb	E347-16 E347-15	A132 A137

续表

钢号	焊条型号	焊条牌号
0Cr17Ni12Mo2 0Cr18Ni13Si4	E316-16 E318V-16	A201,A202 A232
0Cr19Ni13Mo3	E317-16	A242
0Cr23Ni13	E309-16,E309-15	A302,A307
0Cr25Ni20 1Cr25Ni20Si20	E310-16,E310Mo-16 E310-15	A402,A412 A407
1Cr25Ni36W3Ti	—	A607
2Cr20Mn9Ni2Si2N 3Cr18Mn11Si2N	E16-25MoN-16,E16-25MoN-15 E310-16	A402,A407 A707,A717

5-70 奥氏体耐热钢焊条电弧焊的工艺要点有哪些?

① 选择合适的焊接电流　尽量采用小的焊接热输入。普通奥氏体耐热钢焊条使用的电流范围比相同直径的碳钢焊条低10%～15%。

② 焊接技术要点　焊接时采用窄焊道技术，焊条不摆动，以加快冷却速度。为保证焊缝每层焊道质量，焊道宽度不应超过焊条的4倍，多层焊缝每层焊道的厚度不大于3mm，采用薄片砂轮或钢丝刷，仔细清理焊道层间的熔渣，以保证坡口侧壁和焊缝层间熔合良好。为使焊道表面要求平整光滑，焊道边缘与坡口侧壁之间应圆滑过渡，以便脱渣和清渣容易，最好使用工艺性能良好的钛钙型药皮焊条。

避免同一部位多次重复加热或高温停留时间过长。多层焊时，每层焊缝交接处应错开，尽可能每层施焊方向与前一层相一致，并待前层焊缝冷却到40～50℃后再焊下一层。避免层间温度过高，必要时可以用喷水或吹压缩空气的办法强制快冷。

5-71 奥氏体耐热钢焊条电弧焊是否需要焊后热处理，如何进行处理?

奥氏体耐热钢焊前不需预热，焊后视需要可进行强制冷却，以减少在高温的停留时间。

对已经产生 475℃脆化和 σ 相脆化的焊接接头，可采用热处理方法清除，即短时间加热到 600℃上空冷可消除 475℃脆化；加热到 930～980℃急冷可消除 σ 相脆化。

如果为了提高结构尺寸稳定性，降低残余应力，可进行温度小于 500℃的低温热处理。

5-72 细晶强韧型耐热钢有哪几类？有何特点？

细晶强韧型耐热钢是适应现代火力发电的超临界或超超临界机组发展而研发的耐热钢，主要有细晶强韧型马氏体耐热钢和奥氏体耐热钢两大类。目前获得应用的细晶高强韧马氏体耐热钢有 T23/P23、T91/P91、T92/P92、T122/P122 等；细晶强韧型奥氏体耐热钢有 TP347HFG 和 Super304H 等。

与传统耐热钢相同的是都通过化学成分调整进行钢的强化。而区别在于增加了新的成材加工工艺，使晶粒更细以达到既有高的蠕变极限又有高的韧性的目的。

(1) 新型马氏体耐热钢的基本特点

① 低含碳量　该类耐热钢碳含量控制在 0.15%以下，常温强度不再是依靠弥散分布的合金碳化物获得。

② 高纯净度　钢中低硫、磷的质量分数一般控制在 0.01%以内，且对 Cu、Sb、Sn 等分别进行限制。

③ 微合金化　加入微量 Nb、Ti、Al、N、B 等合金元素和较少的 V，以细化晶粒和提高常温、高温力学性能。

④ 控轧控冷工艺　经过控轧控冷（TMCP）新工艺进一步细化晶粒，提高钢的强度和韧度。

(2) 新型奥氏体耐热钢的基本特点

通过降低 Mn 含量上限，加入约 3%的铜、0.45%铌和微量的氮，利用 Nb 的碳化物和氮化物起强化作用，通过 Cu 时效析出金属化合物，从而达到高温强度、高温塑性及抗高温氧化的组合。

5-73 试述细晶强韧型马氏体耐热钢焊接性？

这类钢由于其碳当量低，钢质纯净，塑形和韧度好，焊接时产生裂纹的倾向比相同合金系统的非控轧控冷钢小。但焊接接头存在热影响区粗晶区韧度恶化和细晶区软化，以及焊缝金属产生裂纹及韧度低于母材的问题。此外，还存在接头时效、δ相致脆和接头蠕变断裂极限降低等问题。

① 焊接裂纹　细晶强韧型马氏体耐热钢对各种裂纹的敏感性比传统的马氏体耐热钢低。由于这类钢纯净，含硫、磷量少，产生热裂纹的倾向低。但在Cr-Mo钢中加入Nb、V会增加钢对再热裂纹敏感性，如T23再热裂纹的敏感性高于2.25Cr-1Mo钢，而T91对再热裂纹则不敏感。但是这类钢产生焊接冷裂纹的可能性较大，尤其是壁厚较大的工件焊接时要注意。冷裂纹敏感性大致是按T23→T92→T122→T91顺序增加。焊接T23钢时可以不预热，焊接T92时要预热100℃，焊接T122时要预热150℃，焊接T91时要预热180～250℃

② 焊接接头的脆化　引起焊接接头脆化的主要原因是焊接热影响区粗晶区或焊缝金属的晶粒粗大。在焊接过程中的热影响区粗晶区，当奥氏体化时间较长晶粒长大的速度较快时，冷却后就形成粗大马氏体组织，其冲击韧度低下。采用小的焊接热输入和严格控制冷却时间，就可以防止晶粒长大。焊缝的韧性可以通过调整焊缝金属化学成分来提高，适当的微合金元素Nb、Ti、N、V对提高这类钢的韧性有利，过多则相反，变成不利条件。提高焊缝韧性还可以改变柱状结晶形态，细化一次结晶组织。焊后热处理是改善其韧性的有效措施，只要温度在A_{c1}以下，提高焊后回火温度和回火时间，就有利于马氏体获得充分回火而提高韧性。

③ 热影响区的软化　这类钢供货状态是调质处理，焊接时在细晶区和临界热影响区将产生软化现象。软化对短时高温强度影响不大，但会降低持久强度。长期高温运行后在软化区会产生IV型裂纹。

焊接热输入和预热温度对软化影响比较大。焊接热输入不能过大，预热温度和层间温度不能过高，尽量把软化区的宽度减到最小。

④ 焊缝金属的时效倾向　时效发生在550～650℃范围内，恰好是这些钢的工作温度范围。时效析出Laves相和Z相。Laves相是颗粒大的脆性析出物，严重恶化材料的韧性。

为了解决焊缝金属时效后韧度不足的问题，通过对焊缝金属的化学成分的调控，降低焊缝金属中 Si、P 含量可减小时效后韧度下降幅度。采用焊条电弧焊方法降低 P 的含量较困难，常是控制 Si 的含量。

⑤ 焊缝中 δ 相　耐热钢中含有众多铁素体形成元素，扩大了高温一次结晶的铁素体（δ 铁素体）区域，很容易出现 δ 相，它会明显降低材料的蠕变断裂极限和冲击韧度。

通过调整合理的铬当量，获得单一的马氏体组织或把 δ 铁素体的数量控制在较低范围内。过高的预热温度和层间温度，以及过大的焊接热输入也会造成热影响区和焊缝金属形成 δ 相。

⑥ 接头的蠕变断裂极限　造成热影响区细晶区蠕变断裂极限降低的原因比较复杂，既有合金原因也有力学因素。目前防止措施主要是：采用热影响区窄小的焊接工艺，尽量减小细晶区的宽度；焊前对母材进行正火，消除母材原始奥氏体晶界层面上析出碳化物以防止其聚集；利用硼对晶界析出的稳定作用和对蠕变孔洞抑制作用等。

5-74 试述 T23 /P23 焊接工艺?

这类钢是细晶强韧型马氏体耐热钢中冷裂纹倾向最低的钢，焊后空冷获得贝氏体，快冷获得贝氏体＋马氏体，硬度 300～350HV。在室温下焊接可不预热没有热裂倾向，抗应力腐蚀能力优于 T22 钢，但再热裂纹倾向高于 T22 钢。一般焊后不希望热处理，若必须进行，则要注意防止产生再热裂纹的可能。

这类钢以 TIG 焊质量最好，焊条电弧焊的焊缝韧性略有不足。

小径管焊前不需预热，只有当施焊环境温度低于常温时，或焊接大径厚壁管时需预热，预热温度在 200～300℃，层间温度 <300℃。焊后一般不需要热处理。焊接大径厚壁管后，为了消除焊接应力和提高接头韧性可按 700～750℃进行热处理。

厚壁管子对接焊可开单面 V 形或复合 V 形坡口，为了减小热输入，一般采用多层多道焊，第一层打底焊比较关键，宜采用 TIG 焊单面焊双面成形技术施焊。以后为填充焊道和盖面焊道，若是薄壁管也可采用 TIG，但对厚壁管为了提高效率和降低成本，填充焊和盖面焊宜采用焊条电弧焊。

焊条电弧焊的焊条选用应使熔敷金属的化学成分尽可能与母材成分相近，其力学性能应达到产品的技术条件要求。目前常用的焊条有：德国的 Thermanit P23、瑞士的 ALCROMO E23 和英国的 Chromet 23L。焊接热输入控制在 15kJ/cm 以内，以每一焊道的厚度不超过 3mm 为宜。

5-75 试述 T91/P91 的焊接工艺?

这类钢以正火＋回火态供货，显微组织是回火马氏体。高温抗氧化性能和抗腐蚀性能优于 P22 钢，也优于 T23 和 T24 钢。

焊接这类钢最突出的问题是容易产生焊接冷裂纹，焊接接头韧性下降，尤其是焊缝金属的韧性不易保证。此外，还有焊接热影响区软化现象。

目前采用的焊接方法较多，有 TIG 焊、焊条电弧焊、药芯焊丝电弧焊等。以 TIG 焊打底＋焊条电弧焊填充和盖面应用最多，也较为成熟。

采用 TIG 焊打底，焊条电弧焊填充和盖面的焊接工艺时，可根据管壁厚度选择不同接头坡口形式和尺寸，如图 5-1 所示。小径

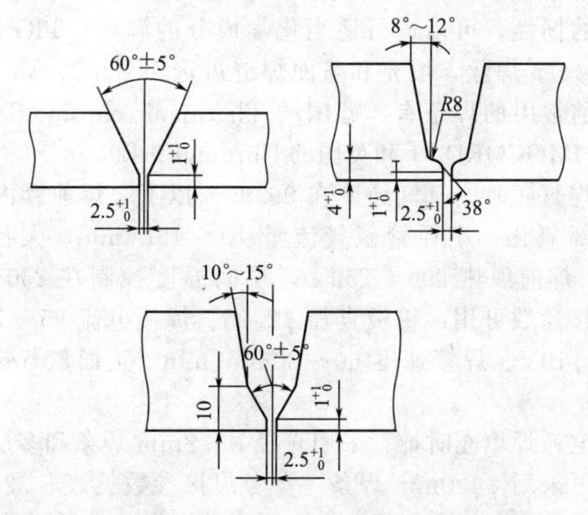

图 5-1　管道对接接头坡口形式和尺寸

管道装配间隙在 1.5～2.5mm 之间，大径管道在 3～4mm 之间。间隙太大，填充量大而消耗焊接材料多，而间隙过小则不易焊透。

装配定位有两种方法：一种是在坡口内侧用定位块定位，另一种方法是采用专用夹具，如图 5-2 所示。前者定位前预热需用火焰加热，温度不均匀；后者利用对称分布的四个螺栓调整和固定，能保证定位焊和正式焊的工艺相同。

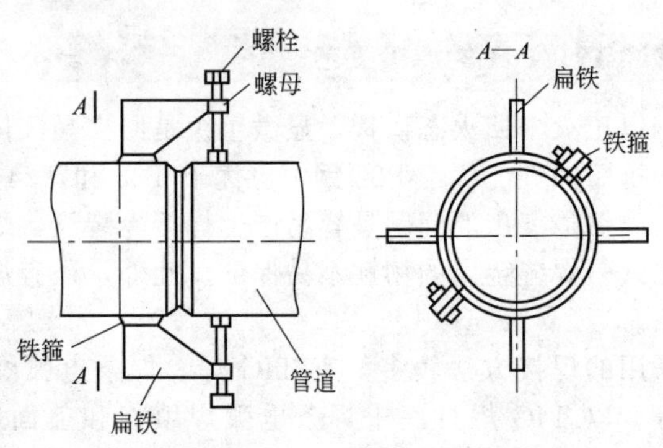

图 5-2　管道组装用夹具示意图

焊接材料选用应与母材基体是同类的焊材，焊材的合金（尤其是 Cr、Mo）含量须与母材基体相同。为了改善焊缝性能，特别是提高焊缝的韧性，可以进行适当化学成分的调整。TIG 焊打底时推荐采用 ϕ2.5 焊丝，填充和盖面焊缝可选用 ϕ2.5、ϕ3.2 低氢型焊条。目前常用的焊条有：德国的 Thermanit chromo T91、瑞士的 ALCROMOCORD 91 和英国的 Chromet 9-B9。

TIG 焊打底时，氩气纯度在 99.95%以上，焊前管内充氩气，以防止根部氧化，小径管氩气流量 10～15L/min，大径管 20～30L/min。焊前预热 200～250℃，层间温度控制在 250～300℃。TIG 焊焊接参数可用：钨极直径 ϕ2.25、焊接电流 95～115A、电弧电压 9～10V、焊接速度 60～80mm/min、正面氩气流量 10～12L/min。

焊条电弧焊填充时推荐采用直径 ϕ3.2mm 焊条和多层多道焊；盖面焊时可采用 ϕ4.0mm 焊条。参考焊接参数见表 5-32。严格控制层间温度，运条时注意焊缝宽度不宜超过焊条直径 3 倍，焊缝厚度以等于焊条直径为宜；每根焊缝收弧时要注意填满弧坑，以防止产生弧坑裂纹。焊道间用角磨机或钢丝刷清理熔渣和飞溅，尤其是焊缝接头处和坡口边缘处要清理干净。

表 5-32　T91/P91 钢焊条电弧焊的焊接参数

焊条直径/mm	2.5	3.2	4.0
焊接电流/A	80～90	110～130	140～160
电弧电压/V	20～22	20～24	20～25

焊后热处理不能焊毕立即进行，需要在 100～120℃保温 1h，让残余奥氏体充分转变为马氏体后才进行热处理。热处理升温速度：当 $\delta<25$mm 时，$v=220$℃/h，当 $\delta\geqslant25$mm 时，$v=150$℃/h；降温速度：当 $\delta<25$mm 时，$v=150$℃/h，当 $\delta\geqslant25$mm 时，$v=100$℃/h。恒温时间可参照表 5-33 按壁厚范围选取，薄的选下限，厚的选上限。最佳回火的温度是 760℃±10℃。

表 5-33　T91/P91 钢焊后热处理的恒温时间

壁厚/mm	<12.5	$12.5\leqslant\delta<25$	$25\leqslant\delta<37.5$	$37.5\leqslant\delta\leqslant50$
恒温时间/h	1	1.5～2	2～3	3～3.5

5-76　试述 T92/P92 焊接工艺?

这类钢以正火＋回火状态供货。显微组织是单一的马氏体组织。

这类钢的焊接性和 T91/P91 相似，具有较强的冷裂倾向，对焊接热输入很敏感，存在焊接热影响软化、焊缝韧性低等特点。

焊接 T91/P91 钢的工艺原则对 T92/P92 基本适用，即严格进行预热、层间温度和焊后热处理制度。焊接时采取小的焊接热输入、小摆动、薄焊层和多层多道焊等，焊条电弧焊的焊接热输入控制在 12～20kJ/cm 之内，通常每层填充金属厚度约等于焊条直径，每道焊缝宽度约等于焊条直径的 3 倍。

目前焊接主要采用 TIG 焊打底＋焊条电弧焊填充和盖面的焊接工艺。TIG 焊打底焊丝可选取 $\phi2.0$mm 或 $\phi2.4$mm 焊丝，焊条

直径可选 ϕ2.5mm、ϕ3.2mm 或 ϕ4.0mm 焊条。常用的焊条有：德国的 Thermanit MTS616、瑞士的 ALCROMOCORD D92 和英国的 Chromet 92。

焊前在坡口两侧约 200mm 范围内进行预热，TIG 焊预热温度 100～200℃×1h，焊条电弧焊为 200℃×1h，层间温度 200～300℃。焊后不能立即进行高温回火，而是焊后冷却到 90℃±10℃ 时保温 2h 以使接头组织全部转变为马氏体，最后再进行 760℃×6h 高温回火热处理，以获得韧性良好的回火马氏体组织。

5.4 不锈钢的焊接

5-77 试述奥氏体不锈钢焊接性?

奥氏体不锈钢比其他不锈钢焊接性好，容易焊接。在任何温度下都不会发生相变，对氢脆不敏感，在焊态下奥氏体不锈钢接头也具有良好的塑性和韧性。奥氏体不锈钢的物理性能与低碳钢或低合金钢相差较大，将对其焊接性产生很大影响。

焊接时的主要问题是：焊接热裂纹、脆化、晶间腐蚀和应力腐蚀等。此外，因导热性能差，线胀系数大，焊接应力和变形也较大。

5-78 奥氏体不锈钢晶间腐蚀产生的原因是什么？ 如何防止?

奥氏体不锈钢经过不正确的焊接后，将会在腐蚀介质中产生沿晶粒边界的腐蚀，即晶间腐蚀。它的特点是腐蚀沿晶界深入到金属内部，并引起金属力学性能和耐腐蚀性降低，是奥氏体不锈钢极危险的一种破坏形式。

18-8 型奥氏体不锈钢在 450～850℃温度区间内停留一定时间后，则在晶界处析出富铬的碳化物（$M_{23}C_6$ 型），其中的铬主要来源于晶界的晶粒表层，而且内部的铬来不及补充，造成晶界的晶粒表层的含铬量下降而形成晶界附近的区域贫铬。在腐蚀介质强烈的作用下，贫铬区（晶界）优先腐蚀，即晶间腐蚀。受到晶间腐蚀的不锈钢在表面上没有明显的变化，但在受力时会沿晶界断裂。

为了控制奥氏体不锈钢的晶间腐蚀，关键是防止晶界贫铬敏化。当加热温度高于850℃时，晶内的铬向晶间扩散，使晶界的贫铬区得以恢复，从而防止晶间腐蚀。此外当不锈钢中含有钛和铌元素或超低碳时，也可以防止晶间腐蚀的产生。因此通过合理地选择焊条和焊接工艺，可以减小和防止晶间腐蚀。

目前防止晶间腐蚀的主要措施有：①选择超低碳［$w(C) \leqslant 0.03\%$］或添加钛和铌等稳定元素的不锈钢焊条；②采用奥氏体-铁素体双相钢，这种双相钢，不仅具有良好的耐晶间腐蚀性，而且具有很高的抗应力腐蚀能力；③通过合理的选择焊接工艺，采用小焊接热输入，减小危险温度范围停留时间；采用小电流、快速焊、短弧焊、焊条不作横向摆动，焊缝可以强制冷却，减小焊接热影响区，多层焊，控制层间温度，后焊道要在前焊道冷却到60℃以下再焊；④进行焊后固溶处理，将工件加热到1050～1150℃后淬火，使晶界上的碳化物溶入晶粒内部，形成均匀的奥氏体组织等。

5-79 奥氏体不锈钢焊接时为什么易产生热裂纹？影响因素有哪些？

奥氏体不锈钢与一般结构钢相比，焊接时容易产生热裂纹。主要产生的是结晶裂纹，个别钢种也可能产生液化裂纹。

① 产生原因　由于奥氏体不锈钢焊缝结晶时，液相线与固相线之间的距离大，凝固过程的温度范围大，使低熔点杂质偏析严重，并且在晶界聚集；同时奥氏体不锈钢的线胀系数大，焊接冷却过程中产生的应力也大。二者的相互作用，导致热裂纹的产生。

② 主要形式　奥氏体不锈钢焊接时产生的热裂纹主要形式有：横向裂纹、纵向裂纹、弧坑裂纹、显微裂纹、根部裂纹和热影响区裂纹等。

③ 影响因素

a. 焊缝金属组织　奥氏体不锈钢对热裂纹的敏感性主要取决于焊缝金属的金相组织。而且单相奥氏体焊缝对热裂纹更为敏感，这主要是由于单相奥氏体的合金化程度高，奥氏体非常稳定，焊接时容易产生方向性很强的粗大柱状晶焊缝。同时高合金化增大了液固相线的间距，增大了偏析倾向，以及硫、磷等杂质元素与镍形成低熔点共晶体，在晶界形成易熔夹层等，都增加了单相奥氏体对热裂纹的敏感性。

b. 焊缝的化学成分　常用合金元素对奥氏体焊缝热裂纹倾向的影响见表 5-34。硫、磷等杂质元素易在晶间形成低熔点共晶，显著增大热裂纹敏感性。

表 5-34　常用合金元素对奥氏体焊缝热裂纹倾向的影响

元素		γ单相组织焊缝	γ+δ双相组织焊缝
奥氏体化元素	Ni	显著增大热裂倾向	显著增大热裂倾向
	C	含量为0.3%～0.5%同时有Nb、Ti等元素时减小热裂倾向	增大热裂倾向
	Mn	含量为5%～7%时，显著减小热裂倾向，但有Cu时增加热裂倾向	减小热裂倾向，但若使δ消失，则增大热裂倾向
	Cu	Mn含量极少时影响不大，但Mn含量≥2%时增大热裂倾向	增加热裂倾向
	N	提高抗裂性	提高抗裂性
	B	含量极少时，强烈增加热裂倾向，但含量为0.4%～0.7%时，减小热裂倾向	
铁素体化元素	Cr	形成Cr-Ni高熔点共晶细化晶粒	当Cr/Ni≥1.9～2.3时提高抗裂性
	Si	Si≥0.3%～0.7%时，显著增加热裂倾向	通过焊丝加入Si≤1.5%～3.5%减小热裂倾向
	Ti	显著增大热裂倾向；但当Ti/C≈6时，减小热裂倾向	Ti≤1.0%影响不大；Ti>1.0%，细化晶粒，减小热裂倾向
	Nb	显著增大热裂倾向；当Nb/C≈10时，减小热裂倾向	易产生区域偏析，减小热裂倾向
	Mo	显著提高抗裂性	细化晶粒，减小热裂倾向
	V	稍增大热裂倾向；若形成VC，则细化晶粒，减小热裂	细化晶粒，去除S的作用，显著提高抗裂性
	Al	强烈增大热裂倾向	减小热裂倾向

c. 焊接应力　焊接时容易形成较大的内应力，而内应力的存在是形成焊接热裂纹的必要条件之一。

5-80　如何防止奥氏体不锈钢焊接热裂纹的产生？

① 控制焊缝金属的组织　焊缝组织为奥氏体＋铁素体的双相

组织时，不易产生低熔点杂质偏析，可以减少热裂纹的产生。但双相组织中的铁素体含量应<5%，否则会造成σ相脆化。

② 控制焊缝金属的化学成分　减少焊缝金属中Ni、C、S和P的含量，增加Cr、Mo、Si及Mn等元素的含量，可以减少热裂纹的产生。为了获得双相组织，一般铬镍的比例为Cr/Ni=2.2～2.3，Ni含量过高，也容易产生热裂纹。

③ 正确选用焊条　用低氢碱性焊条可以使焊缝晶粒细化，减少杂质偏析，提高抗裂性，但易使焊缝含C量增加，降低耐腐蚀性。用酸性焊条，氧化性强，合金元素烧损严重，抗裂性差，而且晶粒粗大，容易产生热裂纹。

④ 采用合适的焊接参数　采用小热输入，即小电流、快速焊，减少熔池过热，避免形成粗大柱状晶。采用快速冷却，减少偏析，提高抗裂性。多层焊，要控制层间温度，后道焊缝要在前焊道冷却到60℃以下再焊。

⑤ 严格限制有害杂质　一般均采用同质填充材料焊接奥氏体钢。

5-81 试述奥氏体不锈钢焊接脆化的产生原因和防止措施？

奥氏体钢焊缝的脆化主要有：①焊缝低温脆化；②焊缝σ相脆化。

形成脆化的主要原因是由于焊接过程，可能引起奥氏体钢形成铸态组织、碳化物析出、晶粒粗大或带来少量的δ铁素体等，将造成焊接接头塑性和韧性的降低。

防止措施主要有：

① 采用小的焊接电流和较快的冷却速度；

② 尽量采用小的熔合比；

③ 应尽量选择能使焊缝细化的低氢碱性焊条。

5-82 奥氏体不锈钢焊接接头应力腐蚀开裂的原因是什么？如何防止？

造成奥氏体不锈钢焊接接头应力腐蚀开裂的因素很多，与焊接有关的主要是焊接残余应力和接头的组织。一方面，由于奥氏体钢的热导率小、线胀系数大，焊接时产生很大的应力。热应力的存在是产生应力腐蚀开裂的必要条件之一。另一方面，焊接接头过热，形成粗大的奥氏体组织，降低抗裂性能。此外，接头碳化物的析出敏化，也促进了应力腐蚀开裂。

Cr-Ni 奥氏体钢由于存在的介质不同，应力腐蚀开裂既可呈晶间开裂形式，也可呈穿晶开裂形式，或穿晶与沿晶开裂混合形式。

防止措施主要有：

① 合理调整焊缝成分。这是提高接头抗应力腐蚀的重要措施之一。

② 减少或消除焊接残余应力。通过合理地设计焊接结构，焊接时尽量减小接头的拘束度，合理地安排焊接顺序，焊后进行消除应力处理。

③ 改变焊件的表面状态。对敏化侧表面进行喷丸处理，使该区产生残余压应力，或对敏化表面进行抛光、电镀或喷涂等，提高耐腐蚀性能。

④ 采用合理焊接工艺。采用小焊接热输入以及快速冷却处理等措施，减少碳化物析出和避免接头组织过热。

5-83 奥氏体不锈钢如何进行焊条电弧焊的焊前准备？

① 清理杂质　焊前用合适的溶剂清除焊接区钢材表面的油污、油脂和杂质；表面氧化皮较薄时，可用酸洗清除；氧化皮较厚时，可用钢丝刷、打磨或喷丸等机械方法清理。

② 设计接头形式　对于不同的板厚，根据不同的焊接方法设计接头的形式和坡口尺寸。奥氏体不锈钢典型的接头形式和坡口尺寸见表 5-35。为保证焊接质量，坡口两侧 20～30mm 内用丙酮清洗，并涂石灰粉防止飞溅损伤钢材表面。工件表面不允许有机械损伤。

表 5-35　奥氏体不锈钢典型接头设计和坡口尺寸

接头形式	板厚/mm	根部间隙/mm	纯边/mm	坡口角度/(°)
I形坡口单道焊	1.0～3.3	0～1.0	—	—
I形坡口两道焊	3.0～6.35	0～2.0	—	—

续表

接头形式	板厚/mm	根部间隙/mm	纯边/mm	坡口角度/(°)
V形坡口	3.0～12.7	0～2.0	1.5～3.0	60
X形坡口	12.7～32	1.0～3.3	1.0～4.0	60
U形坡口	12.7～19	0～2.0	2.0～3.0	15
双U形坡口	＞32	1.0～2.0	2.0～3.0	10～15

③ 焊接衬垫　由于奥氏体钢焊接时熔池较大，在液态下停留的时间较长，为了保证焊缝的背面成形或防止烧穿，往往需要采用衬垫。

5-84 奥氏体不锈钢焊条电弧焊如何选择焊条？

由于含碳量对不锈钢的耐蚀性影响很大，因此，应选择熔敷金属含碳量不高于母材含碳量的焊条。

通常采用钛钙型和低氢型焊条，钛钙型焊条尽可能采用直流反接进行焊接，电弧稳定、飞溅少、成形好、脱渣容易，焊缝表面质量和耐腐蚀性高，生产中应用最广。低氢型焊条的工艺性比钛钙型差，只应用于厚板深坡口或低温结构等抗裂性要求高的场合。

为了满足奥氏体不锈钢特殊的使用性能，要求所选择的焊条应确保所熔敷的焊缝金属有与母材接近的成分，即按“等成分原则”选焊条。但完全等成分既难以做到，又没有必要，有时甚至产生反作用。一般来讲，填充金属的选择主要考虑所熔敷焊缝的金相组织。焊缝中最主要的组成相是γ相、δ相和碳化物。

一些常用奥氏体不锈钢，焊条电弧焊推荐选用的焊条见表5-36。

表5-36　常用奥氏体不锈钢焊条电弧焊焊条选用

钢号	型号	牌号	焊件使用状态
0Cr19Ni9,1Cr18Ni9	E308-16,E308-15	A102,A107	焊态或固溶处理
0Cr17Ni12Mo2	E316-16	A202	
0Cr19Ni13Mo3	E317-16	A242	
00Cr19Ni11	E308L-16	A002	焊态或消除应力处理
00Cr17Ni14Mo2	E316L-16	A022	

续表

钢号	型号	牌号	焊件使用状态
1Cr18Ni9Ti,0Cr18Ni11Ti,0Cr18Ni11Nb	E347-16	A132	焊态或稳定化和消除应力处理
0Cr23Ni13,2Cr23Ni13	E309-16	A302	焊态
0Cr25Ni20,2Cr25Ni20	E310-16	A402	

5-85 奥氏体不锈钢如何进行定位焊?

采用焊条电弧焊焊接较大件奥氏体钢，为了减小变形需采用点固焊。点固焊焊条与焊接焊条的型号相同，直径稍细一些。点固高度不超过工件板厚的 2/3。点固长度和间距见表 5-37。

表 5-37 奥氏体不锈钢点固焊的长度及间距 mm

板厚 δ	点固焊缝长度	间 距
≤2		30～50
3～5	10～20	50～80
5～25	20～30	150～300

5-86 奥氏体不锈钢焊接操作要点有哪些?

奥氏体不锈钢焊前一般不进行预热。但为防止热裂纹和铬碳化物析出，层间温度希望低一些，通常在 250℃以下。

焊条电弧焊时，尽量采用小的焊接热输入，即采用小电流、快速焊、窄道焊，焊接电流比低碳钢低 20%，可以防止晶间腐蚀、热裂纹及变形的产生。焊条电弧焊焊接电流的选择可根据经验公式 $I=\phi\times(25\sim40)$ 来选择，也可根据表 5-38 和表 5-39 来选择电流。

采用直流反接，焊接时推荐窄焊道技术。焊接过程中尽量不摆动，焊道的宽度不超过焊条直径 4 倍。短弧焊、收弧要慢、填满弧坑；与腐蚀介质接触的面最后焊；多层焊，每层厚度应小于 3mm，层间要清渣检查，并控制层间温度，可待冷却到 60℃以下再清理熔渣和飞溅物，然后再焊；多层焊层数不宜多，每层焊缝接头相互错开。不要在坡口以外的地方起弧，地线要接好，以免损伤金属表

表 5-38 奥氏体不锈钢焊条电弧焊焊接电流的选择

板厚 δ/mm	坡口形式	层数	坡口尺寸			焊接电流 /A	焊接速度 /mm·min^{-1}	焊条直径 /mm	备注
			间隙 b/mm	钝边 p/mm	坡口角度 α/(°)				
2	b	2	0～1	—	—	40～60	140～160	2.5	反面挑焊根
	b	1	2	—	—	80～100	100～140	3.2	加垫板
	b	1	0～1	—	—	60～80	100～140	2.5	—
3	b	2	2	—	—	80～110	100～140	3.2	反面挑焊根
	b	1	3	—	—	110～150	150～200	4.0	加垫板
	b	2	2	—	—	90～110	140～160	3.2	—
5	b	2	3	—	—	80～110	120～140	3.2	反面挑焊根
	b	2	4	—	—	120～150	140～180	4.0	加垫板
		2	2	2	75	90～110	140～180	3.2	—

续表

板厚 δ/mm	坡口形式	层数	坡口尺寸			焊接电流 /A	焊接速度 /mm·min^{-1}	焊条直径 /mm	备注
			间隙 b/mm	钝边 p/mm	坡口角度 α/(°)				
6	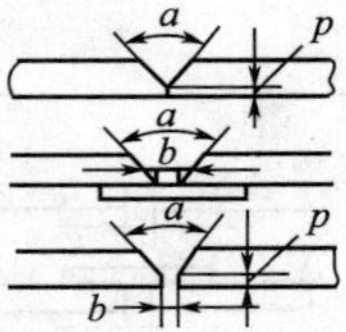	4	0	0	80	90～140	160～180	3.2、4.0	反面挑焊根
		2	4	—	60	140～180	140～150	4.0、5.0	加垫板
		3	2	2	75	90～140	140～160	3.2、4.0	—
9	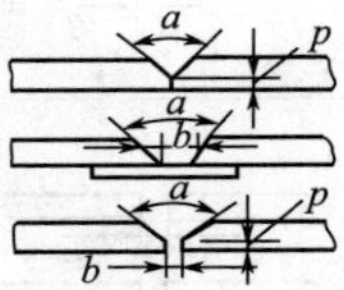	4	0	3	80	130～140	140～160	4.0	反面挑焊根
		3	4	—	60	140～180	140～160	4.0、5.0	加垫板
		4	2	2	75	90～140	140～160	3.2、4.0	—
12	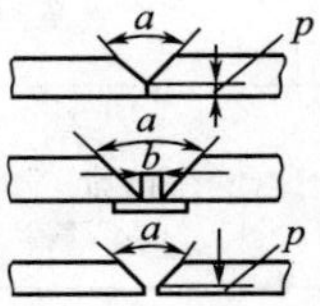	5	0	4	80	140～180	120～180	4.0、5.0	反面挑焊根
		4	4	—	60	140～180	120～160	4.0、5.0	加垫板
		4	2	2	75	90～140	130～160	3.2、4.0	—

续表

板厚 δ/mm	坡口形式	层数	坡口尺寸			焊接电流 /A	焊接速度 /mm·min^{-1}	焊条直径 /mm	备注
			间隙 b/mm	钝边 p/mm	坡口角度 α/(°)				
16	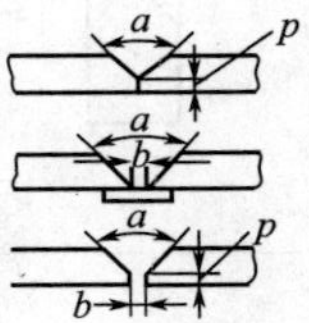	7	0	6	80	140～180	120～180	4.0、5.0	反面挑焊根
		6	4	—	60	140～180	110～160	4.0、5.0	加垫板
		7	2	2	75	90～180	110～160	3.2、4.0、5.0	—
22	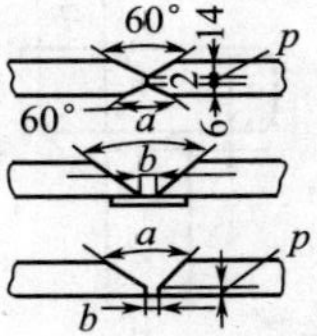	7	—	—	—	140～180	130～180	4.0、5.0	反面挑焊根
		9	4	—	45	160～200	110～175	5.0	加垫板
		10	2	2	45	90～180	110～160	3.2、4.0、5.0	—
32	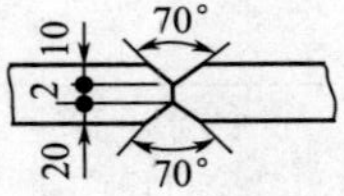	14	—	—	—	160～200	140～170	4.0、5.0	反面挑焊根

注：表中各种坡口的焊接均为平焊位置。

表 5-39 奥氏体不锈钢焊条电弧焊角焊缝坡口形式及工艺参数选择

板厚/mm	坡口形式	L/mm	焊接层数	焊接位置	坡口尺寸		焊接电流/A	焊接速度/mm·min^{-1}	焊条直径/mm	备注
					间隙 b/mm	钝边 p/mm				
6		4.5	1	平焊	0～2	—	160～190	150～200	5.0	—
		6	1	立焊	0～2	—	80～100	60～100	3.2	—
9		7	2	平焊	0～2	—	160～190	150～200	5.0	—
12		9	3	平焊	0～2	—	160～190	150～200	5.0	—
		10	2	立焊	0～2	—	80～100	50～90	3.2	—
16		12	5	平焊	0～2	—	160～190	150～200	5.0	—
22		16	9	立焊	0～2	—	160～190	150～200	5.0	—
6		2	1～2	平焊	0～2	0～3	160～190	150～200	5.0	—
		2	1～2	立焊	0～2	0～3	80～110	40～80	3.2	—
12		3	8～10	平焊	0～2	0～3	160～190	150～200	5.0	—
		3	3～4	立焊	0～2	0～3	80～110	40～80	3.2	—
22		5	18～20	平焊	0～2	0～3	160～190	150～200	5.0	—
		5	5～7	立焊	0～2	0～3	80～110	40～80	3.2、4.0	—

续表

板厚/mm	坡口形式	L/mm	焊接层数	焊接位置	坡口尺寸		焊接电流/A	焊接速度/mm·min^{-1}	焊条直径/mm	备注
					间隙 b/mm	钝边 p/mm				
12	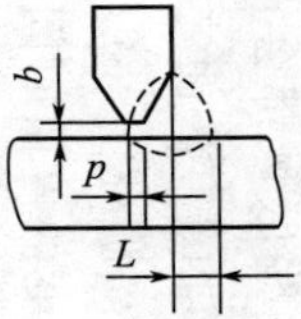	3	3～4	平焊	0～2	0～2	160～190	150～200	5.0	—
		3	2～3	立焊	0～2	0～2	80～110	40～80	3.2、4.0	—
22		5	7～9	平焊	0～2	0～2	160～190	150～200	5.0	—
		5	3～4	立焊	0～2	0～2	80～110	40～80	3.2、4.0	—
6	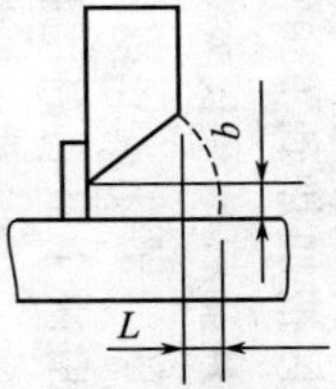	3	2～3	平焊	3～6	—	160～190	150～200	5.0	加垫板
		3	2～3	立焊	3～6	—	80～110	40～80	3.2、4.0	加垫板
12		4	10～12	平焊	3～6	—	160～190	150～200	5.0	加垫板
		4	4～6	立焊	3～6	—	80～110	40～80	3.2、4.0	加垫板
22		6	22～25	平焊	3～6	—	160～190	150～200	5.0	加垫板
		6	10～12	立焊	3～6	—	80～110	40～80	3.2、4.0	加垫板

面；焊后可采用如水冷、风冷等措施强制冷却；焊后变形只能用冷加工矫正。

5-87 奥氏体不锈钢焊接是否需要焊后热处理？如何进行？

一般情况下，不推荐对奥氏体钢进行焊后热处理。但为了改善耐腐蚀性或消除应力，也可以进行焊后热处理。焊后热处理主要有：焊后消除应力处理、固溶处理和稳定化处理。

① 消除应力处理　对于18-8钢焊后消除应力处理规范为850～950℃保温后快速冷却；对于稳定化钢为850～900℃保温后空冷。

② 固溶处理　将工件加热到1000～1180℃范围内的某一温度，然后快速冷却，必要时要用水淬，使晶界上的$Cr_{23}C_6$溶入晶粒内部，形成均匀的奥氏体组织。

③ 稳定化处理　在850～930℃保温后空冷，即稳定化处理，是对于含Ti或Nb这类奥氏体钢特有的一种热处理。经过稳定化处理，晶界上的$Cr_{23}C_6$溶入晶粒内部，此时碳被稳住，不再析出$Cr_{23}C_6$敏化。

5-88 试述铁素体不锈钢的焊接性？

焊接铁素体不锈钢最大的问题是热影响区的脆化，其中主要是热影响区的粗晶脆化、475℃脆化和σ相脆化等。

① 粗晶脆化　由于铁素体不锈钢含有大量的铬或配有少量其他铁素体形成元素，其铁素体组织十分稳定，在熔化前几乎不会发生相变，加热时有强烈的晶粒长大倾向。焊接时，焊缝和热影响区的近缝区被加热到950℃以上，在这些区域都会产生晶粒严重长大，而且晶粒一经长大，不能用热处理的方法使之细化，从而降低热影响区的韧性，导致热影响区的粗晶脆化。一般来讲，晶粒粗化的程度取决于最高温度和相变以上温度的停留时间，因此，焊接时尽量缩短在950℃以上高温的停留时间。此外，铁素体钢焊缝金属粗大的铸态组织，决定了整个铁素体钢焊接接头的韧性都会降低，尤其是热影响区韧性的降低。

② σ相脆化　如果焊后在850℃到650℃温度区间的冷却速度

缓慢，铁素体向σ相转化。σ相是一种硬脆而无磁性的FeCr金属间化合物相，具有变成分和复杂的晶体结构。在纯Fe-Cr合金中，Cr>20%时即可产生σ相。当存在其他合金元素，特别是存在Mn、Si、Mo、W等时，会促使在较低含Cr量下即形成σ相，而且可以三元组成，如FeCrMo。σ相硬度高达38HRC以上，并主要析集于柱状晶的晶界，从而导致接头的韧性降低。

③ 475℃脆化　475℃脆化主要出现在Cr含量超过15%的铁素体钢中，在430℃到480℃的温度区间长时间加热并缓慢冷却，就导致在常温时或低温时出现的脆化现象。造成475℃脆化的主要原因是在Fe-Cr合金系中以共析反应的方式沉淀，析出富Cr的α′相（体心立方结构）所致。杂质对475℃脆化有促进作用。

总之，不论是Cr17型铁素体不锈钢，还是含铬量低的铁素体不锈钢（如0Cr13Al等），热影响区都存在着475℃脆化和σ相脆化的倾向。因此，焊接铁素体不锈钢的关键是防止热影响区的脆化。

5-89 铁素体不锈钢焊条电弧焊如何选择预热温度?

由于铁素体钢的脆性转变温度常常正好处于室温以上，其室温韧性很低，若工件厚，刚性大，很容易产生冷裂纹。因此，当采用铬焊条进行焊接时，要求预热70～150℃范围内有明显的效果。但预热温度不能过高，否则不能达到高温区快速冷却的效果，反而引起脆化。

5-90 铁素体不锈钢焊条电弧焊如何选择焊条?

铁素体不锈钢焊接时的填充金属主要有两类：同质的铁素体型、异质的奥氏体型（或镍基合金）。同质的优点是与母材有一样的颜色，相同的线胀系数和大体相似的耐腐蚀性，但同质焊缝的抗裂性能不高。

当要求焊缝有更好的塑性时，通常采用铬镍奥氏体类型的焊条。

常用的铁素体不锈钢焊条见表5-40。

表 5-40　铁素体型不锈钢焊条选用表

钢种	对接头性能的要求	焊条			预热及焊后热处理
		牌号	型号	类型	
0Cr13	—	G202、G207	E410-16、E410-15	0Cr13	—
		A102、A107	E308-16、E308-15	18-9	
Cr17 Cr17Ti	耐硝酸腐蚀耐热	G302、G307	E430-15、E430-15	Cr17	预热 100～150℃，焊后 750～800℃回火
	耐有机酸和耐热	G311	—	Cr17Mo2	
	提高焊缝塑性	A102、A107	E308-16、E308-15	18-9	不预热，焊后不热处理
		A202、A207	E316-16、E316-15	18-12Mo	
Cr25Ti	抗氧化	A302、A307	E309-16、E309-15	25-13	不预热，焊后 760～780℃回火
Cr28 Cr28Ti	提高焊缝塑性	A402、A407	E310-16、E410-15	25-20	不预热，焊后不热处理
		A412	E310Mo-16	25-20Mo2	

5-91　铁素体不锈钢焊条电弧焊如何选择焊接参数?

由于铁素体不锈钢具有强烈的晶粒长大倾向以及 475℃脆化和 σ 相脆化的倾向。因此要求采用小的焊接热输入，即用小电流、快速度，焊条不横向摆动，多层焊，并且严格控制层间温度，一般待层间温度冷至预热温度时，再焊下一道。厚大的焊件焊接时，可在每道焊缝焊好后，用小锤轻轻锤击焊缝，以减少焊缝的收缩应力。

铁素体不锈钢对接焊缝焊条电弧焊的焊接参数举例见表 5-41。

5-92　铁素体不锈钢焊后如何进行焊后热处理?

铁素体不锈钢钢焊后热处理的目的是消除应力，并使焊接过程中产生的马氏体或中间相分解，获得均匀的铁素体组织。但焊后热处理不能使已经粗化的铁素体晶粒重新细化。

这类钢焊后热处理有两种：①在 750～850℃加热后空冷，使组织均匀化，可以提高韧性和抗腐蚀性能；②在 900℃以下加热水淬，使析出脆性相重新溶解，得到均一的铁素体组织，提高接头的

表 5-41　铁素体不锈钢对接焊缝焊条电弧焊的焊接参数举例

板厚 /mm	坡口形式	层数	坡口尺寸			焊接电流 /A	焊接速度 /mm·min^{-1}	焊条直径 ϕ/mm	备注
			间隙 b/mm	钝边 p/mm	坡口角度 α/(°)				
2	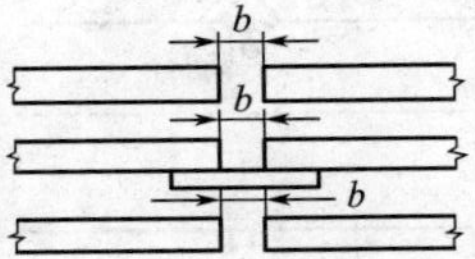	2	0-1	—	—	40～60	140～160	2.6	反面挑焊根
		1	2	—	—	80～110	100～140	3.2	垫板
		1	0-1	—	—	60～80	100～140	2.6	—
3	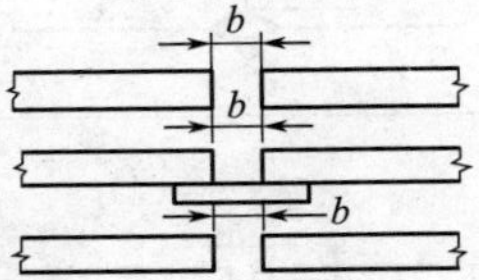	2	3	—	—	80～110	100～140	3.2	反面挑焊根
		1	2	—	—	110～150	150～200	4.0	垫板
		2	3	—	—	90～110	140～160	3.2	—
5	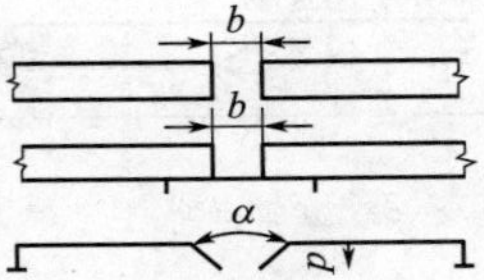	2	3	—	—	80～110	120～140	3.2	反面挑焊根
		2	4	—	—	120～150	140～180	4.0	垫板
		2	2	2	75	90～110	140～180	3.2	—

续表

板厚/mm	坡口形式	层数	坡口尺寸			焊接电流/A	焊接速度/mm·min^{-1}	焊条直径ϕ/mm	备注
			间隙b/mm	钝边p/mm	坡口角度α/(°)				
6	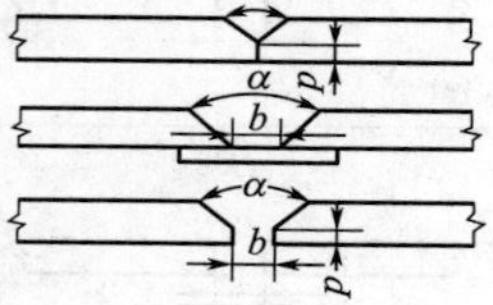	4 2 3	0 4 2	2 — 2	80 60 75	90～140 140～180 90～140	160～180 140～150 140～160	3.2,4.0 4.0,5.0 3.2,4.0	反面挑焊根 垫板 —
9	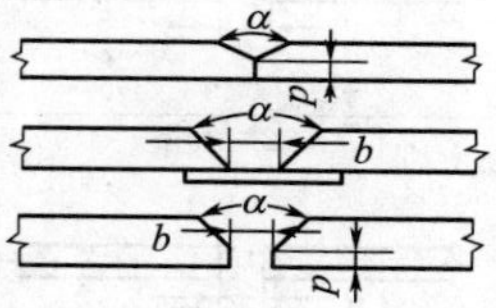	4 3 4	0 4 2	3 — 2	80 60 75	130～140 140～180 90～140	140～160 140～160 140～160	4.0 4.0,5.0 3.2,4.0	反面挑焊根 垫板 —
12	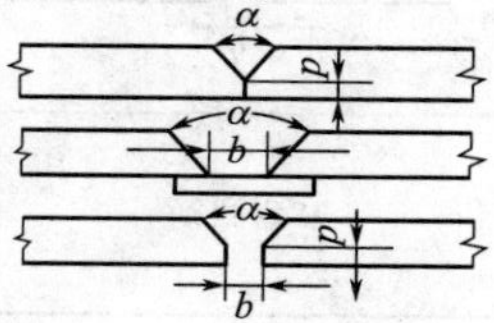	5 4 5	0 4 2	4 — 2	80 60 75	140～180 140～180 90～140	120～180 120～160 130～160	4.0,5.0 4.0,5.0 3.2,4.0	反面挑焊根 垫板 —

续表

板厚/mm	坡口形式	层数	坡口尺寸			焊接电流/A	焊接速度/mm·min^{-1}	焊条直径 ϕ/mm	备注
			间隙 b/mm	钝边 p/mm	坡口角度 α/(°)				
16	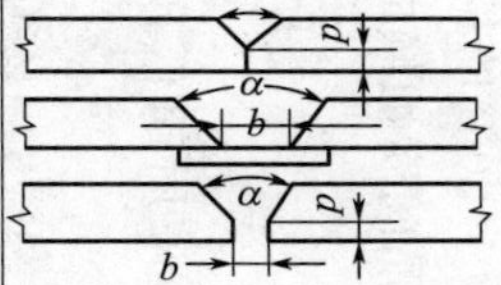	7	0	6	80	140～180	120～180	4.0,5.0	反面挑焊根
		6	4	—	60	160～200	110～160	4.0,5.0	垫板
		7	2	2	75	90～180	110～160	3.2,4.0,5.0	—
22		7	—	—	—	140～180	130～180	4.0,5.0	反面挑焊根
		9	4	—	45	160～200	110～170	5.0	垫板
		10	2	2	45	90～180	110～160	3.2,4.0,5.0	—
32	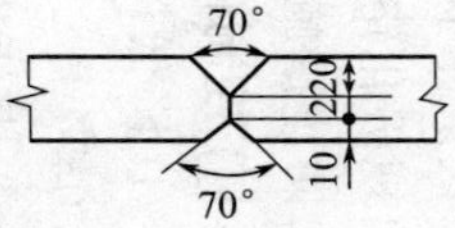	14	—	—	—	160～200	140～170	5.0	反面挑焊根

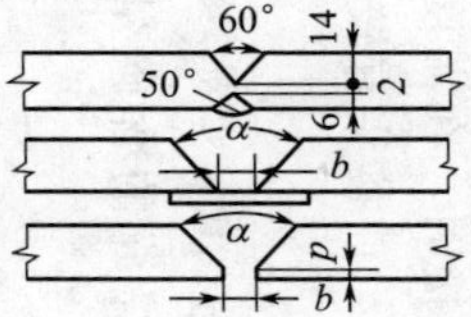

韧性。

5-93 如何防止铁素体不锈钢焊缝和热影响区的脆化？

① 为了减小475℃脆化，无论是母材或焊缝金属均应最大限度地提高其纯度。

② 选用含有少量Ti元素的母材，以防止粗晶脆化。

③ 焊接时采用小的焊接热输入，尽量缩短在950℃以上高温停留的时间，并且焊件应避免用冲击整形。

④ 缩短在475℃和σ相脆化温度区间停留的时间。一旦发生475℃脆化，可以在600℃以上短时加热，然后空冷。当产生σ相脆化，可用加热到930～980℃后急冷方法进行消除。

⑤ 采用铬不锈钢焊条时，要求低温预热，预热温度一般不超过150℃。

5-94 如何防止铁素体不锈钢产生焊接裂纹？

由于铁素体钢在室温下的韧性很低，对于厚大的工件，刚性大，同时为了防止热影响区的脆化常采用焊后快速冷却的方法，因此产生很大的应力，容易导致裂纹的产生。

① 为了防止裂纹，可预热至70～150℃，在富于韧性的温度范围内焊接。

② 采用奥氏体型焊条。

5-95 如何防止铁素体不锈钢焊接接头产生晶间腐蚀？

铁素体不锈钢焊接时，在温度高于1000℃的熔合线附近，容易出现碳化铬的沉淀，使接头有较大的晶间腐蚀倾向。

防止措施主要有：

(1) 控制化学成分

① 降低母材及焊缝的含碳量，可采用超低碳母材［w(C)≤0.03%］。

② 将工件再次加热到650～850℃，并缓慢冷却，使晶粒内部的高铬原子能充分向晶界贫铬区扩散补充，则可消除晶间腐蚀。

③ 在母材中加入强碳化物元素，如Ti［w(Ti)＝5×C%］、Nb

等，通过 Ti、Nb 与 C 的结合降低碳的含量和避免形成 $Cr_{23}C_6$，可以提高抗晶间腐蚀能力。

(2) 工艺措施

通过采用小的焊接热输入、强制冷却等方法，降低热影响区敏化温度区的时间，使之处于一次稳定状态。

(3) 焊后热处理

① 固溶处理　加热到 1050～1150℃，使 $Cr_{23}C_6$ 重新溶入奥氏体中，然后通过水淬快冷，使之来不及析出，从而达到一次稳定状态。

② 稳定化处理　加热到 850℃，保温 2h，然后空冷，使 $Cr_{23}C_6$ 充分析出，奥氏体中的 Cr 扩散均匀达到一次稳定状态，消除晶间腐蚀。

5-96 试述马氏体不锈钢的焊接性？

马氏体不锈钢焊接产生的主要问题是热影响区脆化和裂纹。

(1) 热影响区脆化

马氏体钢尤其是铁素体形成元素较高的马氏体钢，具有较大的晶粒长大倾向。冷却速度较小时，焊接热影响区中出现粗大的铁素体和碳化物；冷却速度较大时，热影响区中会出现硬化现象，形成粗大的马氏体。这些粗大的组织都使马氏体钢焊接热影响区塑性和韧性降低，产生脆化。此外，马氏体钢还具有一定的回火脆性。所以，焊接马氏体钢时，冷却速度的控制是一个难题。

(2) 焊接冷裂纹

马氏体钢含铬量高，极大地提高其淬硬性，不论焊前的原始状态如何，焊接总会使其近缝区产生马氏体组织。马氏体钢热影响区的硬度，随含碳量增多而增大，将导致马氏体转变温度（M_s 点）下降，韧性降低。随着淬硬倾向的增大，接头对冷裂也更加敏感，尤其在有氢存在时，马氏体不锈钢还会产生更危险的氢致延迟裂纹。

对于焊接含奥氏体形成元素 C 或 Ni 较少，或含铁素体形成元素 Cr、Mo、W 或 V 较多的马氏体钢，焊后除了获得马氏体组织外，还要产生一定量的铁素体组织。这部分铁素体组织使马氏体回火后的冲击韧性降低。在粗大铸态焊缝组织及过热区中的铁素体，往往分布在粗大的马氏体晶间，严重时可呈网状分布，这会使焊接接头对冷裂纹更加敏感。

5-97 马氏体不锈钢焊条电弧焊如何进行焊前准备?

① 清除坡口两侧的油污及吸附的水分，减少氢的来源。

② 严格烘干焊条，尽量减少熔池中氢的含量。

③ 预热。焊前预热温度一般为 150～400℃，最高不超过 450℃。薄板有时可以不预热，即使预热，预热温度为 150℃即可。对于刚性大的厚板结构，以及淬硬倾向大的钢种，则预热温度相应的高些，通常选在马氏体开始转变温度 M_s 点以上。如焊接厚度大于 25mm 时，预热温度为 300～400℃。

若采用 Cr-Ni 奥氏体不锈钢焊条焊接马氏体不锈钢时，一般可以不进行预热，只有在焊接厚板时才预热 200℃左右。

当预热温度过高时（如预热温度超过 450℃），会使焊接接头的性能恶化。一方面接头长时间处于高温下，有可能出现 475℃脆化；另一方面由于冷却速度缓慢，长时间处于奥氏体温度以上的部分，会分解出粗大的铁素体，奥氏体间析出大量的碳化物。因此，将导致接头的韧性严重降低。同时，此类钢通常在调质状态下进行焊接，焊后只进行高温回火，一般不能加热到相变点以上的温度进行热处理来改变这种不良的组织，因此，预热时尽可能不超过 450℃。

④ 合理结构设计。焊接接头设计应避免刚性过大，装配焊接时避免强制装配。

5-98 马氏体不锈钢焊条电弧焊如何选择焊条?

马氏体不锈钢焊接可以采用两类焊条：①Cr13 型马氏体不锈钢焊条；②Cr-Ni 奥氏体型不锈钢焊条。

通常在焊缝有较高的强度要求时，采用 Cr13 型马氏体不锈钢焊条，可使焊缝金属的化学成分与母材相近。但焊缝的冷裂倾向大，因此要求焊前预热，焊后进行热处理。为了防止裂纹，焊条中 S、P 的含量应小于 0.015%，Si 的含量应≤0.3%。Si 含量增加，促使生成粗大的一次铁素体，导致接头的塑性降低。碳的含量一般应低于母材，可以降低淬透性。但从防止产生一次铁素体的角度考虑，有时不能降低含碳量。R817 焊条，则增加含碳量至 0.19%，并将少 Cr 含量。

Cr-Ni 奥氏体型不锈钢焊条，其焊缝金属具有良好的塑性，可以缓和热影响区马氏体转变时产生的应力。此外，Cr-Ni 奥氏体钢焊缝对氢的溶解度大，从而可以减少氢从焊缝金属向热影响区扩散，可以有效地防止冷裂纹，因此焊前不需预热。但焊缝的强度较低，也不能通过焊后热处理来提高。

常用马氏体不锈钢焊条电弧焊焊条见表 5-42。

5-99 马氏体不锈钢焊接操作要点有哪些?

① 合理选择焊接参数。一般选用较大的焊接热输入进行焊接，以降低冷却速度。马氏体不锈钢对接焊缝焊条电弧焊的焊接参数举例见表 5-43。

② 严格控制层间温度，以防止在熔敷后续焊道前发生冷裂纹。

③ 保证全部焊透，如采用钨极氩弧焊进行打底焊，可以避免产生根部裂纹。

④ 注意填满弧坑，防止出现火口裂纹。

5-100 马氏体不锈钢焊接为什么要进行后热和焊后热处理?

① 后热处理　绝大多数马氏体钢焊后不允许直接冷却到室温，因为有可能产生冷裂纹的危险。马氏体钢中断焊接或焊完之后，应立即施加后热，以使奥氏体在不太低的温度下全部转变为马氏体(有时还有贝氏体)。后热的时机很重要，既不能等到冷却至室温，又不能在 M_s 点以上进行。如果焊后能够立即进行热处理，则可以免去后热。

马氏体钢焊后热处理的目的：a. 消除焊接残余应力，去除接头中的扩散氢，以防止延迟裂纹的产生；b. 对接头进行回火处理以减少硬度，改善组织和力学性能。

② 焊后热处理　焊后的热处理有两种。一种是焊后进行调质处理，这种处理是在焊后立即进行，不必再进行高温回火。另一种

表 5-42 马氏体不锈钢焊条电弧焊焊条选用举例

母材牌号	对焊接性能的要求	焊条			预热及层间温度/℃	焊后热处理
		型号	牌号	焊缝类型		
1Cr13 2Cr13	抗大气腐蚀及气蚀	E410-16、E410-15	G202、G207	Cr13	150～300	700～730℃回火，空冷
	耐有机酸腐蚀并耐热		G211	Cr13Mo2	150～300	
	要求焊缝具有良好的塑性	E308-16、E308-15 E316-16、E316-15 E310-16、E310-15 E309-16、E309-15	A102、A107 A202、A207、 A402、A407、 A302、A307	18-9 18-12Mo2 25-20 25-13	补预热（厚大件预热200℃）	不热处理
1Cr17Ni2	—	E308-16、E308-15 E310-16、E310-15 E309-16、E309-16	A102、A107、 A402、A407、 A302、A307、	25-13 25-20 18-9	200～300	700～750℃回火，空冷
Cr11MoV	540℃以下有良好的热强性	—	G117	Cr10MoNiV	300～400	焊后冷至100～200℃，立即在700℃以上高温回火
Cr12WMoV	600℃以下有良好的热强性	E11MoVNiW-15	R817	Cr11WMoNiV	300～400	焊后冷至100～120℃，立即在740～760℃以上高温回火

表 5-43　马氏体不锈钢对接焊缝焊条电弧焊的焊接参数举例

板厚/mm	坡口形式	层数	坡口尺寸 间隙 b/mm	坡口尺寸 钝边 p/mm	坡口尺寸 坡口角度 α/(°)	焊接电流/A	焊接速度/mm·min^{-1}	焊条直径 ϕ/mm	备注
3		2 1 2	3 2	— — —	— — —	80～110 110～150 90～110	100～140 150～200 140～150	3.2 4.0 3.2	反面挑焊根 垫板 —
5		2 2 2	2	— — 2	— — 76	80～110 120～150 90～110	120～140 140～180 140～180	3.2 4.0 3.2	反面挑焊根 垫板 —
6		4 2 3	4 2	2 — 2	80 60 75	90～140 140～180 90～140	160～180 140～150 140～160	3.2,4.0 4.0,5.0 3.2,4.0	反面挑焊根 垫板 —
9		4 3 4	4 2	2 — 2	80 60 75	130～140 140～180 90～140	140～160 140～160 140～160	4.0 4.0,5.0 3.2,4.0	反面挑焊根 垫板 —

续表

板厚/mm	坡口形式	层数	坡口尺寸			焊接电流/A	焊接速度/mm·min^{-1}	焊条直径ϕ/mm	备注
			间隙b/mm	钝边p/mm	坡口角度α/(°)				
12		5		4	80	140～180	120～180	4.0,5.0	反面挑焊根
		4	4	—	60	140～180	110～160	4.0,5.0	垫板
		4	2	2	75	90～140	110～160	3.2,4.0	—
16		7		6	80	140～180	120～180	4.0,5.0	反面挑焊根
		6	4	—	60	140～180	110～160	4.0,5.0	垫板
		7	2	2	75	90～180	110～160	3.2,4.0,5.0	—
22		7		—	—	140～180	130～180	4.0,5.0	反面挑焊根
		9	4	—	45	160～200	110～170	5.0	垫板
		10	2	2	45	90～180	110～160	3.2,4.0,5.0	—
32		14	—	—	—	160～200	140～170	5.0	反面挑焊根

注：表中各种坡口的焊接均为平焊位置。

是焊前已进行调质处理（淬火+回火），因此焊后只进行高温回火，而且回火的温度应比调质的回火温度略低，使之不至于影响母材原有的组织状态。如 Cr12WMoV 钢的调质回火温度为 740～780℃，焊后的高温回火温度应比它低 20～40℃。

对于焊后不再进行调质处理的焊后回火处理，不应在焊件尚处于高温下进行，应等到接头冷却到马氏体转变基本完成的温度 M_f 时，立即进行回火。若焊后尚处于高温的工件立即回火，虽然可以防止冷裂纹的产生，但是接头会出现粗大的铁素体和沿晶界析出碳化物，甚至焊缝中还会形成大量性能较差的贝氏体组织。

回火处理需保温足够的时间，以使接头中可能存在的脆硬贝氏体组织能够转变为索氏体。保温时间可选为每毫米厚度 4min 计算。保温后以 3～5℃/min 的冷却速度冷至 300℃，然后空冷。

5-101 马氏体不锈钢焊接时如何防止冷裂纹的产生？

① 预热。防止焊缝硬脆和产生冷裂纹，预热是一个很有效的措施。预热温度可根据工件的厚度和刚性大小来决定，一般为 150～400℃，含碳量越高，预热温度也越高。但从接头质量看，预热温度过高，会在接头中引起晶界碳化物沉淀和形成铁素体，对韧性不利，尤其是焊缝含碳量偏低时。这种铁素体+碳化物的组织，仅通过高温回火不能改善，必须进行调质处理。

② 采用大的焊接热输入，较大的焊接电流，以减缓冷却速度。

③ 控制层间温度。对于不同的钢种层间温度不同，可以参见表 5-42。

④ 正确选择焊条。为了保证使用性能，最好采用同质填充金属。为了防止冷裂纹，也可采用奥氏体钢填充金属，此时由于焊缝成分为奥氏体组织，焊缝强度不可能与母材匹配。此外，若采用奥氏体焊条时，必须考虑母材稀释的影响以及凝固过渡层的形成问题。

⑤ 焊后处理。焊后缓冷到 150～200℃，并进行焊后热处理消除焊接残余应力，去除接头中扩散氢，同时也可以改善接头的组织和性能。

5-102 马氏体不锈钢焊接时如何防止热影响区脆化?

① 合理选择预热温度。预热温度不应超过450℃，否则接头长时间处于高温下，可能产生475℃脆化。

② 合理选择焊条，调整焊缝的成分，尽可能避免焊缝中粗大铁素体的产生。

5.5 异种钢的焊接

5-103 异种钢焊条电弧焊有何特点?

异种钢的焊接比同种钢的焊接要复杂得多，由母材、热影响区、熔合区和焊缝金属组成的焊接接头区域存在着化学成分、金相组织、力学性能和应力分布的不均匀性。

① 化学成分的不均匀性　异种钢焊接时，由于焊缝两侧的金属和焊缝的合金成分有明显的差别。焊接时存在着稀释，即由于母材的熔入而引起焊缝金属合金成分含量降低的现象。随着焊缝形状、母材厚度、焊条药皮的不同，焊接熔池行为也不一样，母材的熔化量也将随之不同。因此，在异种焊接接头中，不仅存在焊缝与母材成分不同，就连焊缝本身成分也是不均匀的（尤其在多层焊），此外，焊缝与母材交界的过渡区成分也往往既区别于焊缝又不同于母材。这种成分的不均匀，对异种钢焊接接头的整体性能有重要的影响，在选择焊条、制订焊接工艺时应充分估计到其影响的后果。

此外，在熔合区还容易产生碳的扩散与迁移，形成具有塑性变形能力的脱碳层和变形能力差的增碳层。在焊接接头冷却过程中，拘束应力在脱碳层得到松弛，而应力则集中在增碳层上，使异种钢焊接接头很容易产生断裂事故。

② 组织的不均匀性　由于焊接热循环的作用，焊接接头各区域的组织也不同，而且往往在局部区域出现相当复杂的金相组织。组织的不均匀性，决定于母材和焊条的化学成分。同时也与焊接工艺、焊道层次及焊后热处理有关。

③ 力学性能的不均匀性　焊接接头各区域化学成分和组织的

差异，必然带来焊接接头力学性能的不同，沿接头各区域的强度、硬度、塑性和韧性都有很大的差别。高温蠕变强度和持久强度也会因成分和组织的不同，相差极为悬殊。

④ 应力分布的不均匀性　由于接头各区域具有不同的塑性，形成异种钢焊接接头的残余应力分布不均匀。另外，材料物理性能的差异，引起焊接温度场的变化，也是形成残余应力分布不均匀性的因素之一。

由于异种钢焊接接头各区域热膨胀系数不同，接头在正常使用条件下，因温度的变化而在界面上出现附加热应力，其分布也是不均匀的，甚至还会出现应力峰值，从而成为焊接接头断裂的重要原因。

由于组织结构的不均匀，在整个焊接接头各区域组织应力的分布和大小也存在差异。

5-104 碳素钢与低合金异种钢焊接存在哪些问题?

碳素钢与低合金结构钢的焊接存在的主要问题：

① 低碳钢与低合金钢焊接时，在低合金钢母材金属侧容易产生淬硬组织。

② 中碳钢与低合金钢焊接时，在两种母材金属的热影响区容易产生淬硬组织，而在低合金钢母材金属侧的淬硬倾向更大。

③ 高碳钢与低合金钢焊接时，在两种母材金属的热影响区及异质焊缝都容易产生淬硬组织和裂纹缺陷，尤其是在低温焊接时，冷裂纹的倾向更为明显。

5-105 碳素钢与低合金异种钢焊接时焊前如何准备?

强度级别低于500MPa的低合金钢与低碳钢焊接时，在环境温度不太低时，可以不预热，采用氧乙炔焰进行切割，切割后不需要加工，即可直接进行施焊。

强度级别超过500MPa的低合金钢（如18MnMoNb、14MnMoVB等）与低碳钢焊接时，由于低合金钢的碳当量较高，气割后在气割边缘常产生微裂纹，因此，在施焊前应用砂轮将边缘微裂纹磨掉。

对于强度级别更高或厚度较大的钢材，焊接坡口若用气割加工而成，为防止产生裂纹可采用与焊接时相同的预热温度进行预热。碳弧气刨加工坡口时，必须仔细清除残余的碳屑以及气刨边缘的渗碳和渗铜层，以避免进入焊接熔池，增大裂纹倾向。

5-106 碳素钢与低合金异种钢焊接时如何选择焊条?

碳素钢与低合金异种钢焊接选择焊条原则是：焊缝金属的强度、塑性和冲击韧性都不能低于被焊钢种的最低值。即要求焊缝金属及焊接接头的强度应大于低碳钢强度；其塑性和冲击韧度不应低于低合金钢。

① 当焊接结构强度要求不高时，可选用牌号为 E4316 或 E4315 焊条。

② 当焊接强度要求较高时，可选用 E5003 或 E5001 焊条。

③ 当焊接强度要求很高时，可选用 E4316 或 E4315 焊条。

5-107 碳素钢与低合金异种钢焊接如何确定预热和层间温度?

碳素钢与低合金异种钢焊接时要根据低合金钢选择预热温度。当 Q345（16Mn）钢和 15MnCu 钢的厚度分别超过 25mm、22mm 时以及强度级别超过 500MPa 的低合金钢与低碳钢焊接时，均应预热。预热时，可以单独对低合金钢进行，也可以与低碳钢装配定位焊后进行预热。预热温度不低于 100℃。预热宽度为焊缝两侧各 100mm 左右为宜。

焊接中碳钢与强度级别为 190～539MPa 的低合金钢时，预热温度可在 150～250℃。

层间温度通常应等于或略高于预热温度，层间温度具有保持预热的作用和促进焊接过程氢的扩散逸出的作用。

但预热温度和层间温度不应过高，否则，可能引起某些钢种焊接接头组织和性能恶化。

5-108 碳素钢与低合金异种钢焊接有哪些焊接工艺要点?

(1) 接头设计

合理的设计接头：①对接接头散热最慢，有缓冷作用，其焊后淬硬倾向最小；②T形接头散热最快，焊后淬硬倾向最大；③十字接头散热情况介于对接与T形接头之间，焊后淬硬倾向较小，但十字接头的刚度最大，其裂纹倾向最大；④搭接接头实质是角接头，散热条件较好，焊后淬硬与裂纹的倾向均较小。

(2) 装配和定位焊

不允许强制装配，对角变形和错边量要严格控制，避免因未焊透和应力集中而引起裂纹。为了防止装配定位焊的开裂，一般定位焊的焊缝长度为20～100mm。如发现定位焊点有裂纹时，要立即清除，并移位重新进行定位焊。定位焊所选用的焊接参数和材料应与正式焊接要求相同。

(3) 焊接热输入

为了减少这两类钢焊接接头热影响区的淬硬倾向和消除冷裂纹，扩散氢从焊缝金属中逸出，可以采用较大的焊接热输入，即在电弧电压不变的情况下，可用较大的焊接电流和较慢的焊接速度。施焊时允许焊条作横向摆动，使焊接熔池缓慢凝固，以利于氢的逸出。

焊接参数的选择可根据板厚和母材强度级别进行选择。表5-44为碳素钢与低合金钢焊接焊接参数选择举例。

表5-44 碳素钢与低合金钢焊条电弧焊焊接参数

母材厚度/mm	焊条型号	焊条直径/mm	焊接电流/A	电弧电压/V	电源极性
3+3	E4303	3.2	90	25	交流
5+5	E4301	3.2	100	25	交流
8+8	E4316	4.0	110	26	交流、直流
10+10	E4315	4.0	120	27	交流、直流
12+12	E5003	4.0	120	27	交流
14+14	E5001	4.0	130	27	交流
16+16	E5016	4.0	140	28	交流、直流
18+18	E5016	4.0	150	29	交流、直流
20+20	E5015	5.0	160	30	直流

5-109 碳素钢与低合金异种钢焊接如何进行焊后热处理？

应根据低合金钢来决定是否需要焊后热处理。对于强度级别超过500MPa、具有延迟裂纹倾向的低合金钢来说，焊后应及时进行高温回火处理，以便焊接接头中扩散氢逸出，改善热影响区的组织和减小焊接残余应力，降低冷裂纹倾向。

5-110 珠光体耐热钢与低合金钢异种钢焊接的主要问题是什么？

珠光体耐热钢和低合金钢焊接时，由于这两类钢的热物理性能差异不大，焊接性良好。存在的主要问题是焊接接头的热影响区或熔合区易产生冷裂纹。

5-111 珠光体耐热钢和低合金钢焊接如何进行焊前准备？

① 结构设计　为了消除或减少冷裂纹形成，在设计焊接结构时，要选择合理的结构形式，尽量避免焊接接头应力过于集中，减少T形和十字接头。

② 焊前清理　焊前要严格清理坡口两侧20mm范围内的铁锈、油污、水分等杂质，控制氢的来源。

③ 坡口形式　焊接坡口的设计原则是尽量减小熔合比，也就是希望珠光体耐热钢熔入焊缝金属的量越少越好。其目的是为了减少热影响区脆硬的马氏体组织，避免或减少出现冷裂纹。

5-112 珠光体耐热钢和低合金钢焊接如何选择焊条？

这类异种钢焊接时，应根据钢材的力学性能来选择相应强度等级的焊条，而不是根据珠光体耐热钢的化学成分来选择焊条。尽量选用低氢型焊条，焊前要严格烘干焊条。

5-113 珠光体耐热钢和低合金钢焊接如何确定预热温度和层间温度？

无论是定位焊，还是正式焊接，焊前均应进行预热。预热温度可根据珠光体耐热钢的要求进行选择。可以整体预热，也可以进行局部预热。对于焊接结构刚度比较大、质量要求高的产品，最好采用整体预热。

多层焊的层间温度不应低于预热温度，并保持到焊接结束。焊接过程如果间断，则工件应保温后再缓慢冷却，必要时，还应进行脱氢处理，再施焊时，仍按原要求进行预热。

5-114 珠光体耐热钢和低合金钢焊接工艺要点有哪些?

这类异种钢焊接时宜采用较大的焊接热输入，焊后进行缓冷或热处理，选择合理的焊接顺序，以减少焊接残余应力。

对于重要的高压管道，可先采用手工钨极氩弧焊打底，然后焊条电弧焊盖面，以保证质量。

5-115 珠光体耐热钢和低合金钢焊接时如何确定焊后热处理的温度?

为了减少焊接接头的残余应力，消除延迟裂纹，改善焊接接头的力学性能，防止在使用过程中产生变形，焊后必须进行回火热处理。

当焊后不能立即进行回火热处理时，要及时进行后热处理，加热到200～350℃，保温2～6h。

焊后热处理的温度要以珠光体耐热钢为基准。

5-116 珠光体钢与马氏体钢焊接有何特点?

这类异种钢焊接性较差，焊接性主要取决于马氏体不锈钢。

① 冷裂倾向大由于马氏体钢具有明显的空气淬硬倾向，焊后易产生硬度高的马氏体组织，使焊缝金属脆性增加。在焊接热循环作用下，经高温过热，焊缝及熔合区附近晶粒急剧长大，加上焊接残余应力的作用，极易形成冷裂纹。

② 形成增碳层和脱碳层　为了提高马氏体钢的高温强度，常在这类钢中加入Mo、V、W等易形成碳化物的元素，从而在焊接接头中导致珠光体钢焊缝熔合线附近的碳扩散形成脱碳层，而在马氏体钢一侧，由于碳的迁入，形成增碳层。

5-117 珠光体钢与马氏体钢焊接如何确定预热温度和层间温度?

焊前预热和控制层间温度是有效防止产生冷裂纹的工艺措施之一。预热温度按马氏体钢要求进行选择，温度控制在300～450℃，并保持此层间温度。

5-118 珠光体钢与马氏体钢焊接如何选择焊条?

焊接这类异种钢时，可以选择三种不同的焊条：①与珠光体钢相似；②与马氏体钢相似；③与两类钢完全不同的焊条，如奥氏体钢焊条。

采用与珠光体钢相似焊条，可以降低产生脱碳层和增碳层倾向。

采用奥氏体钢焊条焊接这类异种钢时，可以使焊缝金属得到奥氏体组织，具有良好的抗裂性能。但焊后回火热处理过程中，容易发生碳的迁移。此外，奥氏体钢的热膨胀系数比马氏体钢约大50%，使焊缝组织产生较大内应力，增大产生裂纹的倾向。因此，一般都避免使用奥氏体钢焊条焊接这类异种钢，特别对于受压元件的焊接接头，更不能采用这种焊条。

常用珠光体钢与高铬马氏体钢焊接焊条选用见表 5-45。

表 5-45 常用珠光体钢与高铬马氏体钢焊接选用的焊条

钢材牌号		焊条型号	焊后后热处理退火规范	备注
珠光体钢	马氏体钢			
12CrMo、15CrMo、20CrMo、30CrMo、Q390(15MnV)、14MnMoV、12Cr1MoV、15Cr1Mo1V、ZG15Cr1Mo1V、14CrMnMoVB	Cr9Mo1、0Cr13、1Cr13、2Cr13、1Cr11MoV、Cr12WMoV、Cr13Si3、15Cr12WV、Cr12Mo1VWTi	E5515-B2-V、E5515-B2-VW、E6015-B3	680～720℃	0Cr13 与 Q235(16Mn)钢焊接，12CrMo 与 0Cr13 钢焊接时，均可用 E309-15 焊条
12Cr2MoWVB、Cr5Mo、Cr5MoV	Cr11MoV、Cr12WMoV、Cr12NiMoWV、Cr12MoVNbN	E5MoV	700～760℃	0Cr13 或 Q235A、B、C 与 Q345(16Mn)钢焊接，12CrMo 与 0Cr13 焊接时，均可采用 E309-15 焊条
Q235A、B、C、20g、Q345(16Mn)、12CrMo、12Cr1MoV	Cr17、Cr17Ti、Cr17Mo2Ti、Cr21Ti、Cr25Ti、Cr21Ni5Ti、Cr25Ni5Ti	E5515-B3-VWB E309-15	不退火或 700～750℃ 快冷	

5-119 珠光体钢与马氏体钢焊接焊后需要哪些处理？

珠光体钢与马氏体钢焊接，焊后必须缓慢冷却到 M_s 点以下约150～100℃，保温 0.5～1h，使其焊接接头完全转变成马氏体组织，然后再升温，进行回火热处理。

焊后不宜在较高温度下立即升温回火，否则，碳化物易从奥氏体晶界析出，得到粗大的铁素体加碳化物组织，造成焊接接头脆性断裂。

如果将焊接接头焊后冷却到室温后进行回火处理，此时将出现空气淬硬倾向，造成常温塑性降低，并且在常温下残余奥氏体将继续转变为马氏体组织，使焊接接头变得又硬又脆，组织应力也随之增加，如果再加上扩散氢的聚集，焊接接头有可能产生冷裂纹。

5-120 珠光体钢与奥氏体钢的焊接有何特点？

珠光体钢和奥氏体钢的组织、成分、物理性能和力学性能等方面存在较大的差异。这两类钢焊接在一起，焊缝金属是由不同类型的母材与填充金属熔合而成，将产生与焊接同一种金属所不同的一系列困难，为保证焊接质量，必须考虑以下特点：

① 焊缝成分的稀释　异种钢焊缝成分是由填充金属成分、母材及其熔合比所确定的。由于珠光体钢合金元素含量相对较低，所以对整个焊缝金属的合金具有稀释作用，使焊缝的奥氏体形成元素含量减少，结果焊缝中可能出现马氏体组织，导致焊接接头性能恶化，严重时甚至可能出现裂纹。

② 形成脆化过渡层　由于珠光体钢与奥氏体钢填充金属的成分相差悬殊，在这两类钢焊接时，在紧靠珠光体钢一侧熔合线的焊缝金属中，会形成和焊缝金属内部成分不同的过渡层。离熔合线越近，珠光体的稀释作用越大，过渡层中含铬、镍量也越小，因此，其铬当量和镍当量也相应减少。此时过渡层将由奥氏体区＋马氏体和奥氏体区组成，过渡层的宽度决定于所用的焊条类型，见表 5-46。

表 5-46　过渡层的宽度

焊条类型	马氏体区宽度/μm	马氏体＋奥氏体区/μm
18-8 型	50	100
25-20 型	10	25
16-35 型	4	7.5

当马氏体区较宽时，对珠光体钢与奥氏体钢焊接接头的抗裂性能影响很大，会显著降低焊接接头的韧性，使用过程中容易出现局部脆性破坏。提高填充金属中奥氏体形成元素镍的含量，该过渡层的宽度减小。因此，当工作条件要求接头的低温冲击韧度较好时，应选用含镍较高的焊条。

③ 形成碳的扩散迁移层　奥氏体钢和珠光体钢组成的焊接接头中，由于珠光体钢的含碳较高，但合金元素含量较少，而奥氏体钢则相反，这样在熔合线珠光体钢一侧的碳和碳化物形成元素含量差。当接头在温度高于 350～400℃长期工作时，熔合区便出现明显的碳的扩散，即碳从珠光体钢一侧通过熔合区向奥氏体焊缝扩散。结果在靠近熔合区的珠光体钢一侧产生脱碳层，在奥氏体钢焊缝一侧产生了增碳硬化层。这一扩散迁移层的宽度随加热温度提高和加热时间增长而增大。

脱碳层硬度低，质软，晶粒粗大；增碳层中的碳以碳化物形态析出，硬度高。因此，扩散层是这两种异种钢焊接接头中的薄弱环节，使接头的高温持久强度和耐腐蚀性能降低，脆性增大，使接头可能沿熔合区产生破坏。

④ 焊接接头应力状态　由于奥氏体钢和焊缝金属的热膨胀系数比珠光体钢大 30％～40％，而热导率却只有珠光体钢的 1/3 左右。焊接这两类钢的焊接接头将会产生很大的热应力，特别当温度变化速度较快时，由热应力引起的热冲击力易引起焊件开裂。此外，在交变温度条件下工作时，由于珠光体钢一侧抗氧化性能较差，易被氧化形成缺口，在反复热应力的作用下，缺口便沿着薄弱的脱碳层扩展，形成热疲劳裂纹。

⑤ 延迟裂纹　这类异种钢的焊接熔池在结晶过程中，既有奥氏体组织又有铁素体组织，两者相互接近，气体可以进行扩散，使

扩散氢得以聚集，为产生延迟裂纹创造了条件，使焊接接头易受到破坏。

5-121 珠光体钢与奥氏体钢的焊接如何设计坡口形式?

坡口形式对母材熔合比影响很大。尽量选用熔化比小的坡口形式。坡口角度越大，熔合比越小；U 形坡口的熔合比比 V 形坡口小。

采用镍基合金型焊条进行焊接时，为使焊条能自由摆动使熔池金属流动所要求的位置上，应增大坡口的角度，V 形坡口的角度应增至 80°～90°。采用镍基焊条焊接时，坡口形式见图 5-3。

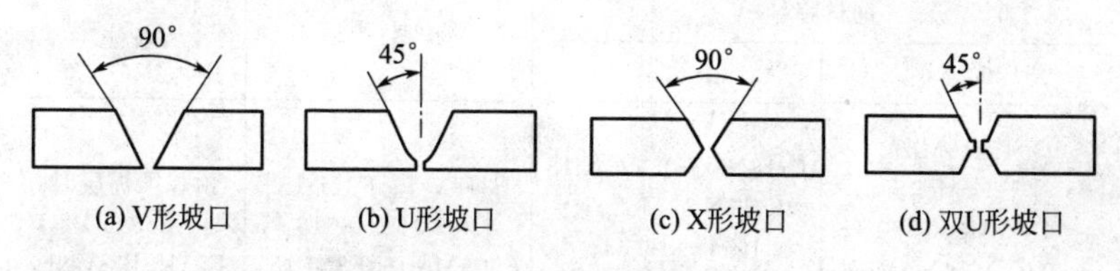

图 5-3　坡口形式

5-122 珠光体钢与奥氏体钢的焊接如何选择焊接材料?

珠光体钢与奥氏体钢焊接时，熔合区的组织和性能主要取决于填充金属。焊条的选择须考虑焊接接头的使用要求、稀释作用、碳迁移、抗热裂和残余应力等。焊接时，应根据母材种类和工作温度等条件进行选择。所选的焊条也应具有缓解稀释作用，并抑制碳等元素的扩散。

通常珠光体耐热钢与 12％铬钢焊接时，原则上选用珠光体钢焊条，也可以用奥氏体钢焊条；珠光体耐热钢与 17％铬钢焊接，必须选用奥氏体不锈钢焊条；珠光体耐热钢与奥氏体不锈钢焊接时，原则上选用镍含量大于 12％的奥氏体不锈钢焊条，重要结构焊接，应采用镍基合金型焊条（因科镍类）。

选用 E309-16、E309-15 或 E310-16、E310-15 型焊条，不仅能抑制珠光体钢熔合区中碳的扩散，而且对改变焊接接头应力分布也有利。用 E310-16 和 E310-15 型焊条时，其焊缝金属为单相奥氏体组织，除了焊接热强奥氏体钢外，对于其他类型的奥氏体钢，其热裂纹倾向较大，因此，生产上用得比较少。

厚度超过20mm的珠光体钢与奥氏体钢焊接时，焊接接头的刚度较大，在焊后热处理过程中或周期性的加热，冷却运行条件下，将产生很大的热应力，导致珠光体钢一侧的熔合区出现热疲劳裂纹。裂纹沿脱碳层延伸到母材金属内部，导致接头断裂。为了减少热应力，可采用热膨胀系数与珠光体钢相近的含镍量高的E16-25MoN-15型焊条（A507）或ENiCrMo-0焊条（Ni307）。表5-47是常用珠光体钢与奥氏体钢焊接时焊条的选用。

表5-47　珠光体与奥氏体、铁素体-奥氏体钢焊接的焊条选用

钢材牌号		焊条型号	备注
珠光体钢	不锈钢		
Q345(16Mn)、12CrMo、15CrMo、Q390(15MnV)、14MnMoV、20CrMo、20CrMoV、30CrMo、12CrMoV、12Cr2Mo、15Cr1Mo1V	1Cr18Ni9Ti、Cr23Ni18、Cr17Ni13Mo2Ti、1Cr18Ni12Ti、Cr17Ni13Mo3Ti、Cr18Mn9Si2N、Cr20Ni14Si2	E318V-15、E317-15、E309-15E309-16、E309Mo-16、E310-15、E16-25MoN-16、E16-25MoN-15	预焊堆焊层时，采用E5515-B2-V、E5515-B3-VNb、E5515-B3-VWB型焊条
Cr5Mo、Cr5MoV、12Cr2MoWVB	1Cr18Ni9Ti、0Cr23Ni13、Cr17Ni13Mo3	E309-15、E309-16、E16-25MoN-16、E16-25MoN-15	要求抗晶间腐蚀的焊件，用E309Mo-16型焊条
Q235、20g、Q345(16Mn)、Q390(15MnV)	Cr21Ni5Ti、Cr25Ni5Ti	E318-16、E317-16、E16-25MoN-16、E16-25MoN-15	

5-123 珠光体钢与奥氏体钢的焊接如何确定预热温度？

一般焊接时不预热，焊后不热处理。如珠光体耐热钢淬火倾向较大时，为防止裂纹预热时，其温度可比焊接同类珠光体钢时低100～150℃。表5-48是珠光体钢和奥氏体各种组合焊接用焊条及其预热温度。

表 5-48　珠光体钢和奥氏体各种组合焊接用焊条及其预热温度

钢材牌号		焊条牌号	预热温度/℃	备　注
珠光体钢	不锈钢			
15CrMo、30CrMo、35CrMo、38CrMoAlA、12CrMo、20CrMo	4Cr14NiW2Mo、Cr16Ni15Mo3Nb	E309-16、E309-15	不预热或200～300	不耐硫腐蚀，工作温度不超过 450℃
		E16-25MoN-16 E16-25MoN-15		不耐硫腐蚀，工作温度不超过 500℃
		Ni307		工作温度不超过 550℃，在珠光体钢坡口上堆焊过渡层
	0Cr21Ni5Ti、0Cr21Ni6Mo2Ti、1Cr22Ni5Ti	E16-25MoN-16 E16-25MoN-15		不耐晶间腐蚀，工作温度不超过 350℃
20Cr3MoWVNb、12Cr1MoV、25CrMoV	00Cr18Ni10、0Cr18Ni9、1Cr18Ni9、2Cr18Ni9、0Cr18Ni9Ti、1Cr18Ni9Ti、0Cr18Ni9、1Cr18Ni11Nb、Cr18Ni12Mo2Ti、1Cr18Ni12Mo3Ti	E309-16、E309-15		不耐晶间腐蚀，工作温度不超过 520℃，C<0.3%可不预热
		E16-25MoN-16 E16-25MoN-15		不耐晶间腐蚀，工作温度不超过 550℃，C<0.3%可不预热
		ENiCrMo-0		工作温度不超过 570℃，用来堆焊珠光体钢坡口的过渡层
		E318-16	不预热	用来在 A302、A207、A502、A507 焊缝上堆焊覆面层，可耐晶间腐蚀

续表

钢材牌号		焊条牌号	预热温度/℃	备注
珠光体钢	不锈钢			
20Cr3MoWVNb、12Cr1MoV、25CrMoV	0Cr18Ni12TiV、Cr18Ni22W2Ti2	E309-16、E309-15	不预热或200～300	不耐晶间腐蚀，工作温度不超过520℃，C<0.3%可不预热
		E16-25MoN-16 E16-25MoN-15		不耐晶间腐蚀，工作温度不超过550℃，C<0.3%可不预热
		ENiCrMo-0		工作温度不超过570℃，用来堆焊珠光体钢坡口的过渡层
		E318-16	不预热	用来在A302、A207、A502、A507焊缝上堆焊覆面层，可耐晶间腐蚀
	4Cr14NiW2Mo、Cr16Ni15Mo3Nb	E309-16、E309-15	不预热或200～300	不耐晶间腐蚀，工作温度不超过520℃，C<0.3%可不预热
		E16-25MoN-16 E16-25MoN-15		工作温度不超过550℃
		ENiCrMo-0		工作温度不超过570℃，用来堆焊珠光体钢坡口的过渡层
	0Cr21Ni5Ti、0Cr21Ni6Mo2Ti、1Cr22Ni5Ti	E16-25MoN-16 E16-25MoN-15		不耐晶间腐蚀，工作温度不超过300℃

5-124 试述珠光体钢与奥氏体钢的焊接工艺？

焊接这类异种钢的原则是减少母材熔入焊缝。确定焊接工艺时，应保证焊缝获得一定的成分和组织，使焊接接头具有良好的使用性能。

① 尽量降低熔合比。为了降低熔合比，焊接时应采用小直径焊条。在可能的情况下，尽量采用小电流、高电弧电压和快速焊接。焊条电弧焊时焊接电流的选用见表 5-49。

表 5-49 焊接电流的选用

焊条直径/mm	2.5	3.2	4.0	5.0
焊接电流/A	60	75	105	150

② 采用预堆焊过渡层（隔离层）。焊接过渡层可以减小扩散层尺寸，可在珠光体钢上堆焊一层稳定珠光体钢的过渡层。过渡层中应含有比母材更多的强碳化物形成元素，并使淬硬倾向减小。利用过渡层可以降低对接头的预热要求及减少产生裂纹的危险性。过渡层的厚度应为 5～6mm，见图 5-4。

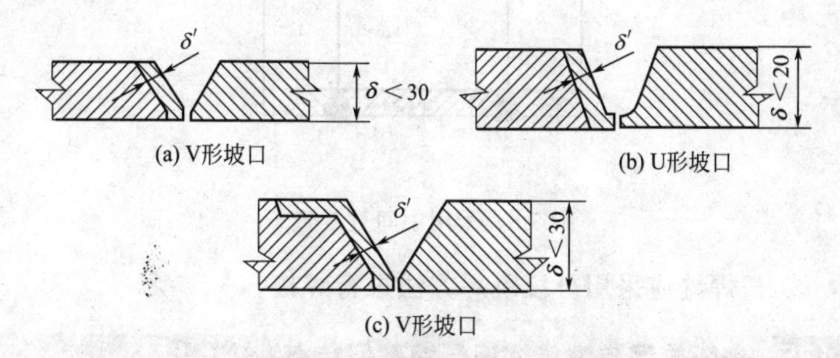

图 5-4 珠光体钢焊道上堆焊过渡层

对于运行温度高于 400～500℃的珠光体与奥氏体钢焊接时，在珠光体钢耐热钢（如 12CrMoV）坡口上采用含 V、Nb、Ti、W 等碳化物形成元素的珠光体耐热钢焊条，如 E5515-B2-V、E5515-B2VNb 型焊条，堆焊一层 5～6mm 的过渡层，可以限制珠光体钢中碳向奥氏体焊缝扩散。然后再用相应的奥氏体钢焊条，如 E309-

15 型焊条，焊接对接接头，如图 5-5 所示。

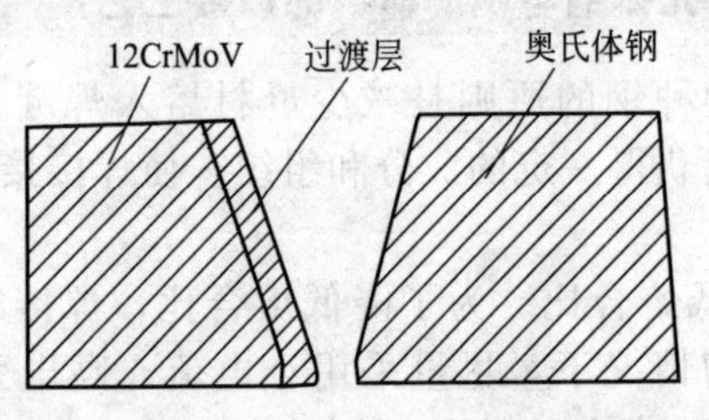

图 5-5　珠光体耐热钢坡口上堆焊过渡层

为了提高高温下运行的珠光体耐热钢与奥氏体钢焊接管接头的高温持久强度，可在珠光体钢与奥氏体钢之间采用加一段含 V、Nb、Ti 等强碳化形成元素的珠光体耐热钢中间过渡管子，如图5-6 所示。先用铬钼钢焊条（E5515-B2-15）焊接焊缝 4，焊后在 700～760℃下进行回火处理，再用奥氏体钢焊条（如 E309-15）焊条焊接焊缝 2。

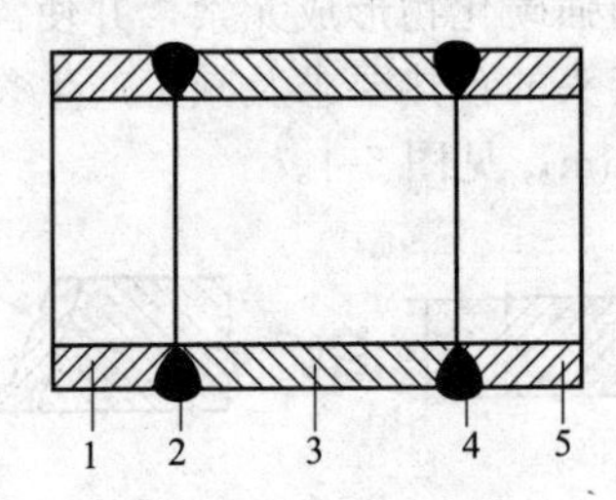

图 5-6　采用中间过渡管子

③ 长焊缝应采用分段跳焊方法进行焊接。

5-125　奥氏体钢与铁素体钢焊接有何特点？

这类异种钢焊接的主要特征也是焊接接头中碳的迁移和合金元素的扩散，导致熔合区部位低温冲击韧度降低和产生裂纹。

奥氏体钢与铁素体钢焊接时，其焊接接头混合区结构的主要特征是增碳带处于铬、镍合金元素浓度陡降的互熔区内；脱碳带不仅是低温冲击韧度的低值区，当焊接接头承受应力和变形时又是裂纹的起始和延展的区域，而它的宽度为增碳带的数倍至几十倍，危害性最大。

这类异种钢的焊接工艺和珠光体钢与奥氏体钢的焊接工艺基本相同。

5-126 奥氏体钢和铁素体钢焊接如何选择焊条?

这类钢焊接时既可采用高铬焊条，也可采用铬镍奥氏体焊条，无论是采用哪一类焊条，其焊缝金属组织类型基本相同。

如果采用高铬镍焊条，如 E310-16（A302）、E309-15（A307）和 E316-16（A202）型焊条，都不可避免地会在熔合区产生马氏体组织，这种马氏体组织在互熔区内靠近铁素体钢一侧，结果使焊接接头性能恶化。为了防止碳的迁移，也可采用镍基合金焊条。

用超低碳的 E316L-16 型焊条焊接时，焊接接头经退火处理后，熔合线的低温冲击韧度下降比较小，这是由于焊条中不含 Ti，且含碳量又低，使碳迁移减弱，阻碍了脱碳带和增碳带的形成。因此，焊接这类异种钢，采用 E316L-16 型焊条比较合适。

当焊缝金属具有奥氏体-铁素体双相组织时，抗热裂性好，常温下塑性很高。所以，对于 500℃以下工作的高铬钢与奥氏体钢异种钢焊接接头，要选用奥氏体焊条或奥氏体-铁素体焊条，这样可以降低焊前预热温度。当使用温度高于 500℃时，则选用高铬焊条更好。

焊接这类异种钢选用的焊条见表 5-50。

5-127 奥氏体钢和铁素体钢焊接如何确定预热温度和焊后热处理温度?

焊前预热可以防止冷裂纹。焊接这类异种钢时，预热温度见表 5-50。

奥氏体钢和铁素体钢焊接的接头，除要消除焊接残余应力外，还要消除因两者热膨胀系数差异而产生的附加应力，所以焊后应采取高温回火处理。焊接这类异种钢焊后回火温度见表 5-50。

表 5-50 铁素体钢与奥氏体钢焊接的焊条、预热温度和回火温度

钢材牌号		焊条		预热温度/℃	回火温度/℃	备注
铁素体钢	奥氏体钢	型号	牌号			
0Cr13、Cr14、1Cr13、2Cr13、3Cr13	00Cr18Ni10、0Cr18Ni9、1Cr18Ni9、2Cr18Ni9、0Cr18Ni9Ti、1Cr18Ni9Ti、0Cr18Ni9、1Cr18Ni11Nb、Cr18Ni12Mo2Ti、1Cr18Ni12Mo3Ti	E309-16、E309-15	A302、A307	不预热或150～250	720～760	在无液态浸蚀介质中工作，焊缝不耐晶间腐蚀，在无硫气氛中工作温度可达 650℃
0Cr13、Cr14、1Cr13、2Cr13、3Cr13	0Cr18Ni12TiV、Cr18Ni22W2Ti2	E316-16、	A202、	150～250	不回火	浸蚀性介质中的工作温度≤650℃
		E318-15、	A217、			
		E318V-15	A237		720～760	在无液态浸蚀介质中工作，焊缝不耐晶间腐蚀，在无硫气氛中工作温度可达 650℃
0Cr13、Cr14、1Cr13、2Cr13、3Cr13	4Cr14Ni14W2Mo	E16-25MoN-15	A507	不预热或150～250	720～760	含 Ni35％而不含 Nb 的钢，不能在液态浸蚀介质中工作，工作温度可达 540℃
		E347-15	A137			Ni≤16％的钢，可在液态浸蚀介质中工作，焊后焊缝不耐晶间腐蚀，温度可达 570℃

续表

钢材牌号		焊条		预热温度/℃	回火温度/℃	备注
铁素体钢	奥氏体钢	型号	牌号			
Cr17、Cr17Ti、Cr25、1Cr28、1Cr17Ni2	00Cr18Ni10、0Cr18Ni9、1Cr18Ni9、2Cr18Ni9、0Cr18Ni9Ti、1Cr18Ni9Ti、0Cr18Ni9、1Cr18Ni11Nb、Cr18Ni12Mo2Ti、1Cr18Ni12Mo3Ti		A122	不预热	720～750	回火后快速冷却焊缝耐晶间腐蚀，但不耐冲击载荷
Cr17、Cr17Ti、Cr25、1Cr28、1Cr17Ni	0Cr18Ni12TiV、Cr18Ni22W2Ti2	E316-16	A202		不回火	无液态浸蚀性介质，焊缝不耐晶间腐蚀，在无硫气氛中工作温度可达1000℃
Cr17、Cr17Ti、Cr25、1Cr28、1Cr17Ni	0C23Ni18、Cr18Ni18、Cr23Ni13、0Cr20Ni14Si2、Cr20Ni14Si2	E309-16、E309-15	A302、A307			含Ni35%而不含Nb的钢，不能在液态浸蚀性介质工作，不耐冲击载荷
Cr17、Cr17Ti、Cr25、1Cr28、1Cr17Ni	4Cr14Ni14W2Mo	E16-25MoN-15	A507		不回火或720～780	含Ni<16%的钢，可在浸蚀性介质中工作，焊后焊缝耐晶间腐蚀，但不耐冲击载荷
		E347-15	A137			
1Cr11MoVNb、	00Cr18Ni10、0Cr18Ni9、1Cr18Ni9、2Cr18Ni9、0Cr18Ni9Ti、1Cr18Ni9Ti、0Cr18Ni9、1Cr18Ni11Nb、Cr18Ni12Mo2Ti、1Cr18Ni12Mo3Ti	E309-16、E309-15	A302、A307	150～1250	750～780	在无液态浸蚀介质中工作，焊缝不耐晶间腐蚀，工作温度可达650℃

第6章

焊接缺欠与焊接质量检验

6.1 焊接缺欠（缺陷）概述

6-1 何谓焊接缺欠和焊接缺陷？焊接缺陷与焊接缺欠有何区别？

焊接缺欠是指在焊接接头中所存在的不连续、不均匀及其他不完美的缺损。

焊接缺陷是指凡是不符合产品使用性能要求的焊接缺欠。

焊接缺陷是产品所不能接受的那些焊接缺欠。焊接缺欠是绝对的，但焊接缺陷是相对的。同一种焊接缺欠，在要求相对较高的产品中不被接受，必须返修。相反，在要求相对较低的产品中可以接受，不必返修。

判断准则是相应的法规、标准和产品技术条件。如 0.5mm 深度的咬边缺欠，大多数金属结构都可接受，但运行在低温的金属结构及不锈钢容器就不被认可。

6-2 焊接缺欠如何分类？

焊接缺欠按形成原因可分为结构缺欠（与结构设计相关）、工艺缺欠（与制造工艺相关）、冶金缺欠（与冶金因素相关）三类。其中结构缺欠主要有：焊缝布置不良、结构不连续和错边等；工艺缺欠主要有：咬边、未熔合、未焊透、未焊满、焊瘤、夹渣、焊缝外观不良（包括电弧擦伤、尺寸偏差、飞溅等）、成形不良等；冶金缺欠有：裂纹、气孔等。

按可见性可分为表面缺欠和内部缺欠。

按断裂机理分为平面形的二维缺欠（如裂纹、未焊透等）和非平面型三维缺欠（如气孔、夹渣等）。

6.2 钢材焊条电弧焊常见外部缺欠

6-3 焊缝不符合要求表现在哪些方面？产生的主要原因是什么？如何防止？

焊条电弧焊时焊缝尺寸不符合要求主要指焊缝宽窄不一、高低不平、余高不足或过高、错边量和焊后变形量等不符合标准规定的尺寸等。

产生的原因主要有：焊接坡口角度不当或钝边及装配间隙不均匀、焊接参数选择不合理、运条方式或速度及焊条角度不当等均会造成焊缝尺寸不符合要求。

防止措施：选择适当的坡口角度和装配间隙；提高装配质量；正确地选择焊接参数、运条方法、焊条角度等；提高焊工的操作技术水平等。

6-4 何谓咬边？有何危害？试述产生咬边的原因和防止措施？

由于焊接参数选择或操作工艺不当，沿着焊趾的母材部位因电弧烧熔而形成的凹陷或沟槽，如图 6-1 所示。

咬边不仅减弱了接头的有效截面减小，减弱了焊接接头的强度，而且在咬边处易引起应力集中，承载后有可能在咬边处产生裂纹，甚至引起结构的破坏。

产生的原因：由于焊接时电流过大，电弧过长及焊条角度不正确，运条方法不当等。一般在平焊时较少出现；在立焊、横焊、仰焊时，如电流较大，由于运条时在坡口两侧停留时间较短，在焊缝中间停留时间长了些，使焊缝中间的铁水温度过高而下坠，两侧母材金属被电弧吹去而未填满熔池所致。

防止措施：要选择合适的焊接电流和焊接速度，电弧不能拉得太长，焊条角度要适当，运条方法要正确，焊条摆动到坡口边缘要稍微慢些，中间摆动要稍微快些。

6-5 何谓焊瘤？有何危害？试述产生焊瘤的原因和防止措施？

焊瘤是焊接过程中，熔化金属流淌到焊缝以外未熔化的母材上所形成的金属瘤，见图 6-2。

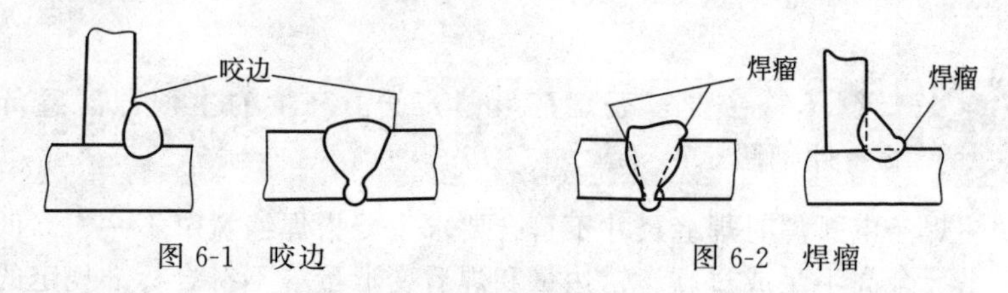

图 6-1　咬边　　图 6-2　焊瘤

焊瘤不仅影响了焊缝的成形，而且在焊瘤的部位，往往还存在夹渣和未焊透，造成应力集中。对于管道接头，内部的焊瘤会使管道内的有效面积减少，严重时使管内产生堵塞。

焊瘤产生的原因：由于熔池温度过高，使液体金属凝固较慢，在自重的作用下下坠而形成。常见于立焊、横焊和仰焊，而在平焊对接时第一层背面有时也可产生焊瘤。钝边过小而根部间隙过大；焊条角度和运条方法不正确；焊条质量不好；焊接电流过大或焊接速度太慢；焊工操作技术水平低等均可引起焊瘤的产生。

(1) 仰焊

采用一般的酸性焊条（如 E4303），仰焊对接接头第一层采用灭弧焊法时，若灭弧与焊接时间掌握不当，造成熔池温度过高，将产生焊瘤。在焊接后面几层时，如果电流较大，焊条在坡口边缘两侧的运条速度太快，而在中间较慢，且前进速度较慢时，使中间的熔化金属温度过高，凝固较慢，从而导致因自重引起铁水下坠而产生焊瘤；当电弧拉得过长，使母材温度升高也促使了焊瘤的形成；相反，电流过小时，为了使母材熔合良好，又不得不降低焊接速度，也易导致熔池中心温度过高而引起铁水下坠。

(2) 立焊

立焊对接打底层要求单面焊双面成形时，常由于对熔池温度掌握不当而在正面及背面产生焊瘤。正面焊瘤主要是由于熔池温度过高引起的，而背面的焊瘤则主要是由于熔池温度过高以及焊接时背面弧柱过长，熔化金属流向背面过多造成。

(3) 平焊

在带衬垫和封底的对接平焊中，常存在焊瘤问题；在单面焊双面成形的对接平焊中，第一层焊接时由于熔池温度过高而烧穿，使熔化铁水下坠，在焊缝背面易出现焊瘤。

防止措施：根据不同的焊接位置要选择合适的焊接参数，严格地控制熔孔的大小，提高焊工操作水平等。在焊立焊后面的各层，为使熔池温度合适，不致产生焊瘤，应使熔池呈扁椭圆形。可采用焊条左右摆动，两边稍慢，中间快些；如果熔池温度稍高，熔池下部出现小“鼓肚”时，可用焊条的左右摆动加跳弧法进行焊接；如果仍控制不住熔池继续往下“鼓肚”，则应立即采用灭弧法进行焊接，以达到降温的目的。

6-6 焊条电弧焊过程为什么会产生凹坑，如何防止?

由于焊接操作不当，在收弧时未填满弧坑，导致焊后在焊缝表面或焊缝背面形成低于母材表面的局部低洼部分，见图 6-3。

防止措施：焊条可在收弧处稍多停留一会。但必须注意有时会因停留时间过长会导致熔池过高，造成熔池过大或焊瘤。此时应采用断续灭弧焊来填满，即焊条在该处稍停留后就灭弧，待其稍冷却后再引弧并填充一些熔化金属，这样几次便可将凹坑填满。

6-7 何谓塌陷和未填满? 有何危害?

塌陷是指单面熔化焊时，由于焊接工艺不当，造成焊缝金属过量透过背面，使焊缝正面塌陷，背面凸起的现象，如图 6-4 所示。塌陷常在立焊和仰焊时产生，特别是管道的焊接，往往由于熔化金属下坠出现这种缺欠。

未填满是指由于填充金属不足，在焊缝表面形成的连续或断续的沟槽。

这类缺欠削弱了焊缝的有效截面，容易造成应力集中，并使焊缝的强度严重减弱。

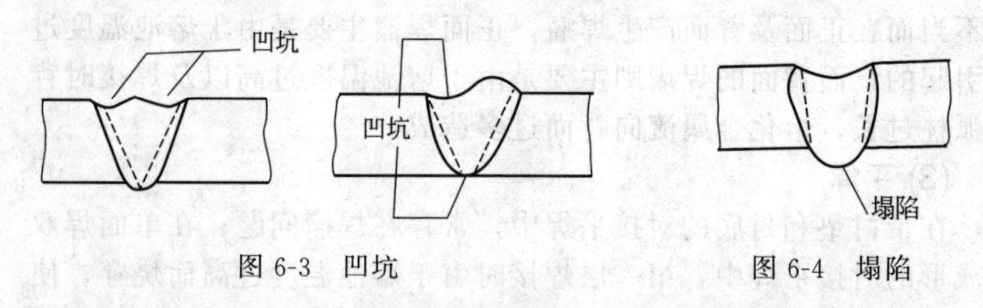

图 6-3　凹坑　　　　图 6-4　塌陷

6-8 焊条电弧焊过程如何造成电弧擦伤？有何危害？

电弧擦伤大多是由于偶然不慎使焊条端部或焊把裸露部分与焊件接触，短暂地引燃电弧后在焊件表面所留下的伤痕。

电弧擦伤处几乎不带有焊缝金属，但电弧擦伤处的冷却速度极快，且擦伤处在熔化的瞬间缺乏应有的保护。因此，该处的硬度高，且化学成分中含有对金属性能有害的气体。

电弧擦伤对焊接结构有严重的脆化作用，在其他因素的共同作用下，电弧擦伤处可能成为焊接结构在使用过程中，发生脆性破坏的起源点。不锈钢焊接结构，电弧擦伤处易发生点蚀。对于易淬火的钢，可能会导致该处产生裂纹。

电弧擦伤的有害作用往往不被人们所注意，但对于重要的焊接结构，电弧擦伤易导致构件的脆性破坏。例如壁厚较大的容器、船舶及其重要的受压管道、容器和受动载的结构，不允许存在电弧擦伤。当发生电弧擦伤时，必须予以完全铲除。铲除后的部位应视情况予以补焊。补焊时，应遵守对该结构的焊接所制订的各项工艺规程，并且焊缝的长度不可过短，以防止再次产生局部硬化现象。

6-9 何谓烧穿？焊条电弧焊过程如何形成烧穿？如何防止？

焊接过程中，熔化金属自坡口背面流出，形成穿孔的缺欠称为烧穿，如图 6-5 所示。烧穿常发生于打底焊道的焊接过程中。一旦发生烧穿，焊接过程难以继续进行，因此，烧穿是一种不允许存在的焊接缺欠。

产生的原因：焊接参数选择不合适，如焊接电流太大或焊接速度太低；坡口和间隙太大或钝边太薄以及操作不当等。

防止措施：正确设计焊接坡口尺寸，确保装配质量，选用适当的焊接参数。单面焊可采用加铜垫板或焊剂垫等办法防止熔化金属下塌及烧穿。焊接薄板时，可采用跳弧焊接法或断续灭弧焊接法。

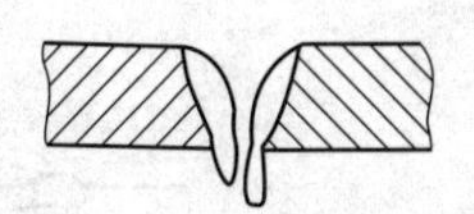
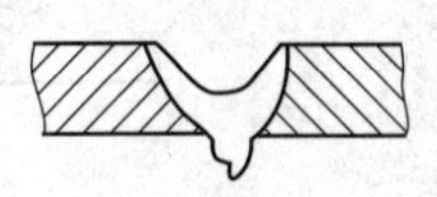
图 6-5　烧穿

6.3　钢材焊条电弧焊常见内部缺欠

6-10　何谓未熔合？焊条电弧焊过程为什么会产生未熔合？如何防止？

焊道与母材之间或焊道与焊道之间，未能完全熔化结合的部分称未熔合，见图 6-6。未熔合不仅使焊接接头的力学性能降低，而且在未熔合的缺口处和端部易形成应力集中，承载后会导致裂纹形成。

产生的原因：①焊接时电流过小而焊速过快，热量不够或者焊条偏离坡口一侧，使母材或先焊的焊道未得到充分熔化就被熔化金属覆盖而造成。②焊条偏心，焊条与焊件的夹角不合适，电弧指向偏斜。③母材坡口或先焊的焊道表面有锈、氧化物、熔渣及脏物等未清理干净，在焊接时由于温度不够，未能将其熔化而盖上了熔化金属也可造成。④起焊温度低，先焊的焊道开始端未熔化，也能产生未熔合。⑤层间清渣不彻底也易引起未熔合。

防止措施：①选用稍大的电流、放慢焊速，使热量增加到足以熔化母材或前一条焊道，对于散热面积大的焊件，焊前必须预热。②焊条倾角及运条速度应适当，要照顾到母材两侧温度及熔化情况。焊条有偏心时，应调整角度使电弧处于正确方向，保证焊缝的熔合比。③加强层间清理。对由熔渣、脏物引起的未熔合，可用防止夹渣的办法来处理。④初学者应注意分清熔渣与铁水。认真操作，提高操作技术水平。

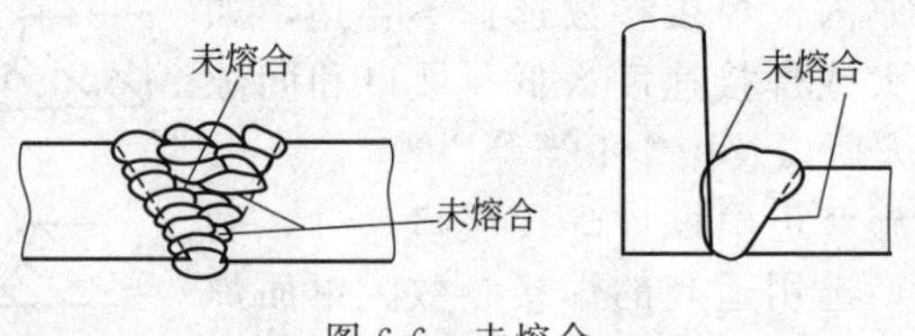

图 6-6 未熔合

6-11 何谓未焊透？焊条电弧焊过程为什么会造成未焊透？如何防止？

焊接时接头根部未完全熔透的现象称为未焊透，见图 6-7。未焊透常出现在单面焊的根部和双面焊的中部。未焊透使焊接接头的力学性能降低，在缺口和端部造成应力集中，易引起裂纹，重要的焊接接头不允许有未焊透。

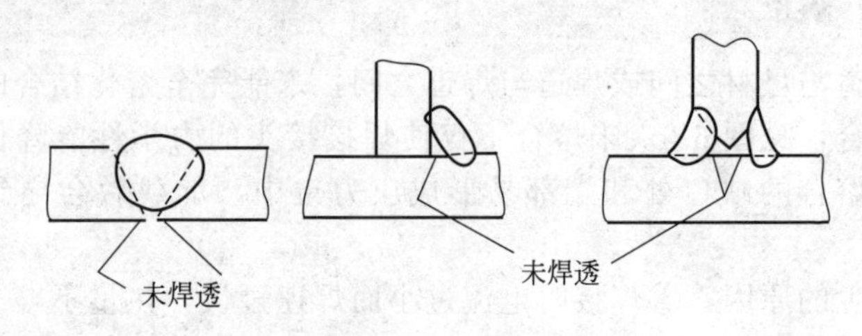

图 6-7 未焊透

产生的原因：①坡口角度过小、间隙过小或钝边过大或装配不良而造成。②由于焊工操作技术不良和焊接参数选用不当。在对接平焊、角焊、搭接接头中往往系电流过小或焊速较快而引起。进行单面焊双面成形的平、立、仰焊对接时，由于电流过小或在操作时未使一定长的弧柱在背面燃烧，而造成未焊透。双面焊时，也会由于背面挑焊根不彻底而造成未焊透。

防止措施：

① 正确选择坡口形式和装配间隙，保证间隙。对于单面焊双面成形的焊缝，对口间隙应大些，钝边应小些。

② 清除坡口两侧和焊层间的污物及熔渣。

③ 选择适当的焊接电流和焊接速度；运条时，要注意调整焊

条的角度，特别是遇到磁偏吹和焊条偏心时，更应注意调整焊条角度，以使焊缝金属和母材金属得到充分熔合。

④ 对于导热快、散热面积大的焊件，应采取焊前预热或焊接过程中加热的措施。

6-12 何谓夹渣？焊条电弧焊过程产生夹渣的原因是什么？如何防止？

焊后熔渣残留在焊缝金属中的现象称夹渣。如图 6-8 所示。夹渣外形很不规则，大小相差也极悬殊。夹渣可分为点状夹渣和条状夹渣两类。夹渣削弱了焊缝的有效截面，降低了接头的力学性能。夹渣的尖角处，造成应力集中，容易使焊接接头在承载时遭受破坏；特别是对于淬火倾向较大的焊缝金属，容易在夹渣尖角处产生很大的内应力而形成焊接裂纹。

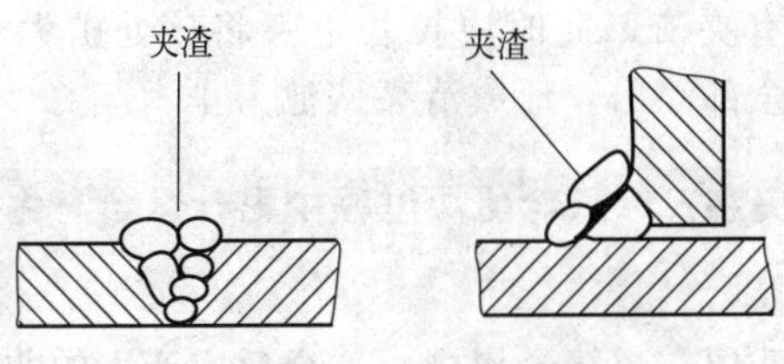

图 6-8　夹渣

产生的原因：

① 由于操作技术不良，使熔池中熔渣未浮出而存在于焊缝；

② 焊接过程中层间清渣不净，易形成点状或条状夹渣；

③ 焊接参数选择不当，焊接电流太小，焊接速度过快，熔池中的熔渣来不及浮出而形成点状夹渣；

④ 焊条角度和运条方法不当，熔渣和铁水混杂在一起阻碍熔渣上浮，而产生夹渣；

⑤ 坡口设计加工不合适等。

防止措施：

① 认真清除层间熔渣，将焊道的凹凸不平处打磨平后再焊下一层焊道。

② 选用工艺性能良好的焊条及选择合适的焊接电流，减慢焊

接速度，改善熔渣浮出条件，焊接时不要将电弧压得过死，随时调整焊条角度和运条方法，注意熔渣流动方向，使其有利于浮到熔池表面。当熔渣大量地盖在铁水上面造成焊工分不清铁水与熔渣时，应适当将电弧拉长，并向熔渣方向挑动，利用增加的电弧热量和吹力使熔渣能顺利地被吹到旁边或淌到下方。在焊接过程中，要始终保持清晰的熔池，要将熔渣与铁水分得很清楚。如果发现不清时，应放慢焊接速度或使焊条在该处稍作停留，以提高该处温度，使熔渣上浮。

③ 当发现母材上有脏物或前道焊道尚有熔渣未清除之处，则焊到该处时应将电弧拉长些，并稍加停留，使脏物或熔渣再次被熔化、吹走，等母材或前道焊道得到较好熔化时，再进行焊接，这样可避免产生夹渣或未焊透。

④ 焊接过程中，当前道焊道再熔化时有黑块或黑点出现时，表明前道焊道有夹渣，此时应拉长电弧将该处扩大和加深熔化范围，直至熔渣全部浮出，形成清亮熔池为止。

6-13 何谓夹杂？焊条电弧焊过程中为什么会产生夹杂？如何防止？

夹杂是指残留在焊缝金属中由冶金反应产生的非金属夹杂和氧化物、硫化物等。夹杂物尺寸很小，呈分散分布，它的危害是针状氮化物和磷化物会引起金属冷脆，氧化铁和硫化物则易使焊缝产生热脆性。

产生的原因：母材和焊条的化学成分匹配不当，如含氧、氮、硫、磷等成分较多，其相应产物在熔化金属凝固较快时，来不及浮出而残留在焊缝中。

防止措施：调整焊条药皮，有利于防止夹杂物的产生。

6-14 何谓气孔？有何特征？焊条电弧焊过程易产生哪些类型的气孔？

焊条电弧焊接过程中，熔池金属中的气体在金属凝固时未能来得及逸出，而残留在焊缝金属中形成的空穴称为气孔。

气孔是一种常见的焊接缺欠，分为焊缝内部气孔和表面气孔。

气孔的形状有圆形、椭圆形、条虫形、针状形和密集形等，如图6-9所示。其形状、大小及数量与母材种类、焊条类型、焊接位置及焊工操作技术均有关系。

形成气孔的气体种类主要有氢气孔、一氧化碳气孔和氮气孔。

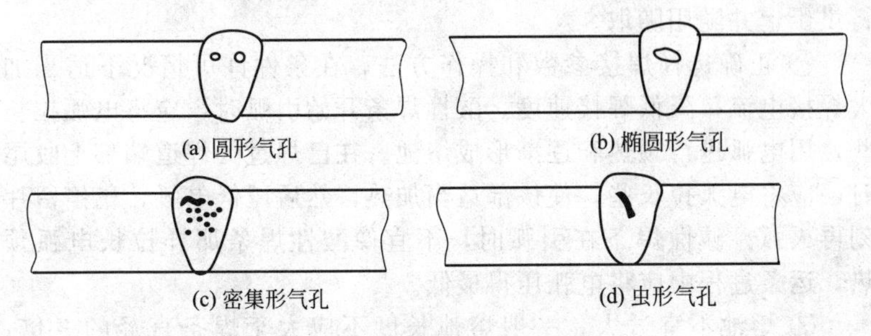

图 6-9　气孔的类型

6-15 气孔对焊接构件有何危害?

气孔的存在不但会影响焊缝的致密性，而且将减少焊缝的有效承载面积，降低焊缝的力学性能。条虫状气孔和针状气孔比圆形气孔危害更大，在这种气孔的边缘有可能产生应力集中现象，导致焊缝的塑性降低。因此在重要的焊件中，对气孔应严格控制。

6-16 焊条电弧焊过程产生气孔的主要原因是什么?

① 焊件表面和坡口处有油污、铁锈、氧化皮和水分等杂质存在，这些杂质在电弧高温作用下，分解产生CO、H_2和水蒸气等气体而被高温熔池吸收，从而形成气孔。

② 焊条药皮受潮，使用前没有烘干。

③ 电弧过长或偏吹，熔池保护效果不好，空气侵入熔池。

④ 焊接电流过大，焊条药皮发红、药皮提前脱落，失去保护作用。

⑤ 操作不当，如收弧动作太快，易产生缩孔。接头引弧动作不正确，易产生密集气孔。

⑥ 母材和焊芯含碳量高过，焊条药皮的脱氧能力差。

6-17 焊条电弧焊过程如何防止气孔的产生？

① 尽量减少熔池中产生气体的因素。如焊件坡口两侧20～30mm范围应彻底清除油、铁锈、氧化皮等；焊条使用前按规定进行烘干，并随用随取。

② 正确选择焊接参数和操作方法，在条件许可情况下适当加大焊接电流，降低焊接速度。酸性焊条开始引弧时，应将电弧拉长些，用电弧进行预热和逐渐形成熔池。在已焊过的焊道端部上收尾时，应将电弧拉长些，使该部适当加热，然后压低电弧，稍停留片刻再灭弧。碱性焊条在引弧时，不宜像酸性焊条那样拉长电弧预热，运条过程中应将电弧压得最低。

③ 熔池不宜过大，一般熔池长度不应大于焊条直径的3倍，否则熔池容易被空气侵入，而引起气孔。

④ 尽量采用短弧焊接，野外施工要有防风设施。

⑤ 尽量不采用偏心焊条，因电弧偏吹使电弧周围气压不等，易使空气侵入。不允许使用失效的焊条，如焊芯锈蚀、药皮开裂、剥落、偏心度过大等。

⑥ 对于环境温度低，导热速度快的大厚焊件，焊前要预热。

6-18 何谓裂纹？对焊接构件有何危害？常见的裂纹有哪些？

在焊接应力及其他致脆因素的共同作用下，焊接接头中局部区域金属的原子结合遭到破坏，形成新截面而产生的缝隙称为裂纹。具有尖锐的缺口和大的长宽比的特征。

裂纹是焊接中常见的一种缺欠，也是焊接接头中最危险的缺欠。严重地影响焊接结构的使用性能和安全可靠性，许多焊接结构的破坏事故，都是焊接裂纹引起的。裂纹尖端将引起严重的应力集中，促使裂纹的发展和结构的破坏。

裂纹按其产生的温度和时间的不同可分为：冷裂纹、热裂纹、再热裂纹、层状撕裂和应力腐蚀开裂；按其产生的部位不同可分为：纵裂纹、横裂纹、焊根裂纹、弧坑裂纹、熔合线裂纹及热影响区裂纹等，如图6-10所示。

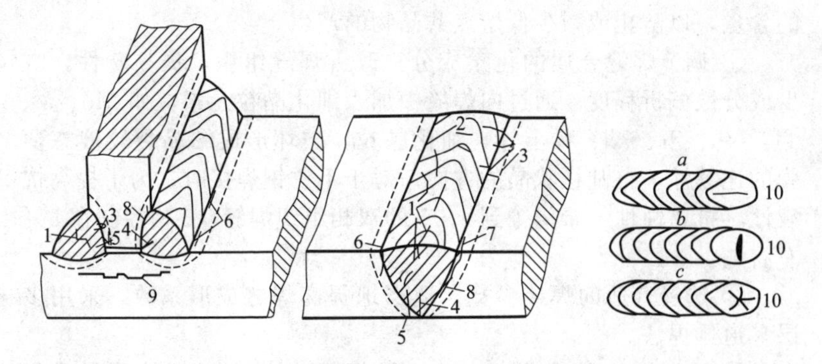

图 6-10 各种部位的裂纹

1—焊缝纵向裂纹；2—焊缝横向裂纹；3—熔合区裂纹；4—焊缝根部裂纹；
5—热影响区根部裂纹；6—焊趾纵向裂纹；7—焊趾纵向裂纹；
8—焊道下裂纹；9—层状撕裂；10—弧坑裂纹

6-19 何谓热裂纹？试述热裂纹的基本特征、产生原因和防止措施？

焊接过程中，焊缝和热影响区金属冷却到固相线附近的高温区域所产生的焊接裂纹称为热裂纹。

其特征是沿原奥氏体晶界开裂，断口具有氧化色彩。热裂纹可分为结晶裂纹、高温液化裂纹和高温低塑性裂纹（多边化裂纹）。是一种不允许存在的危险焊接缺欠。

热裂纹多发生在奥氏体不锈钢、镍合金和铝合金中。低碳钢焊接时一般不易产生热裂纹，但随着钢的含碳量增高，母材和焊条中硫、磷杂质含量过高，热裂纹倾向也增大。

产生的原因：熔池金属中的低熔点共晶物和杂质，在结晶过程中形成严重的晶内和晶间偏析，低熔点共晶物和杂质富集到晶界，在冷却收缩时，若得不到液体金属补充，在拉应力作用下，沿着晶界被拉开，形成热裂纹。焊缝中因偶然渗入超过一定数量的 Cu，也易产生热裂纹。

防止措施：

① 严格控制钢材及焊接材料的硫、磷等有害杂质的含量，降低热裂纹的敏感性；采用碱性焊条，增加锰量，降低焊缝中杂质物

的含量，以防止或减少低熔点共晶物的产生。

② 调节焊缝金属的化学成分，改善焊缝组织，提高塑性，减少或分散偏析程度。通过向焊缝中加入细化晶粒元素，如Mo、V、Ti、Nb、Zr、Al、稀土等，细化晶粒，破坏形成结晶裂纹液态薄膜的连续性，打乱柱状晶的方向。对于不锈钢焊接时，为了提高抗裂性、抗腐蚀性，希望等到$\gamma+\delta$的双相组织焊缝（δ相控制在5%左右）。

③ 选择合适的焊接参数，适当地提高焊缝成形系数，采用多层多道排焊法。

④ 采用预热和缓冷，以减小焊接应力；在接头处应尽量避免应力集中（错边、咬边、未焊透等），也是降低裂纹倾向的有效办法。

⑤ 断弧时采用与母材相同的引出板；或逐渐灭弧并填满弧坑，避免在弧坑处产生热裂纹；

⑥ 接头形式设计和施工时应特别注意接头的受力状态、结晶条件和热的分布等。降低焊缝的熔合比。表面堆焊和熔深较浅的对接焊缝的抗裂性较高。熔深较大的对接和各种角接抗裂性较差。对于厚板焊接结构，尽量采用多层焊。结构设计时，在接头处应尽量避免应力集中（错边、咬边、未焊透等）。

⑦ 施工时尽量使大多数焊缝能在较小刚度的条件下焊接，使焊缝的受力较小。采用同心圆式和平行线式都不利于应力疏散，只有采用放射交叉式的焊接次序才能分散应力。在一般情况下，尽可能采用对称施焊，以利分散应力，减小裂纹倾向。

6-20 何谓冷裂纹？试述冷裂纹的基本特征、影响因素和防止措施？

焊接接头冷却到较低温度下［对于钢来说在马氏体转变温度（M_s）］产生的裂纹称为冷裂纹。

冷裂纹可在焊后立即出现，也有可能经过一段时间（几小时，几天，甚至更长时间）出现，这种裂纹又称延迟裂纹，这种裂纹一般是由扩散氢引起，因此也称为氢致裂纹。延迟裂纹是冷裂纹中比较普遍的一种形态，具有更大的危险性。碳当量在0.35%～

0.40%的低合金钢，中、高碳钢，工具钢及超高强钢等，都有冷裂纹倾向。冷裂纹大多产生在焊接热影响区或熔合区上，有时也会产生在焊缝中，常见的有焊趾裂纹、焊道下裂纹和根部裂纹三种形态。

影响因素：马氏体转变而形成的淬硬组织、拘束度大而形成的焊接残余应力和残留在焊缝中氢是产生冷裂纹的三大要素。

防止措施：

① 选用低氢碱性焊条，使用前严格按照说明书的规定进行烘干；严格控制氢的来源，焊前清除焊件上的油污、水分、油漆、氧化皮等杂质；通过合金元素改善焊缝组织形态，以提高焊缝塑性。

② 选择合理的焊接参数和焊接热输入，减少焊缝的淬硬倾向；焊后立即进行消氢处理，使氢从焊接接头中逸出；对于淬硬倾向大的钢材，焊前预热、层间保温、焊后缓冷和及时进行热处理，改善接头的组织和性能；施工中注意改善拘束条件，减少焊接应力，合理安排焊接顺序，分段焊及采用合理焊接方向等降低焊接应力的各种工艺措施。

6-21 何谓再热裂纹？试述再热裂纹的基本特征、产生原因和防止措施？

在焊接一些含 V、Cr、Mo 的高强钢，焊后在一定温度范围再次加热（消除应力热处理或其他热处理过程），在焊接应力作用下，产生于焊接热影响区中的裂纹称为再热裂纹。

再热裂纹大多数产生于厚件和应力集中处；多层焊时有时也会产生再热裂纹。裂纹大多数起源于焊接热影响区的粗晶区，并呈晶间开裂，遇细晶区裂纹停止扩展。

产生的原因：一般发生在含 V、Cr、Mo 等合金元素的低合金高强钢、珠光体耐热钢及不锈钢中，经受一次焊接热循环后，再加热到敏感温度区域，由于第一次加热过程中过饱和的固溶碳化物再次析出，造成晶内强化，使应力集中于晶界，当晶界的塑性应变能力不足以承受松弛应力形成的应变时，就产生再热裂纹。

防止措施：在满足设计要求的前提下，尽量选用低匹配焊接材料，即选择焊接材料的强度低于母材，有利于提高焊缝金属的塑性和韧性，应力在焊缝中松弛，避免热影响区产生裂纹；控制母材与焊缝的化学成分，减少敏感元素含量，改善焊缝组织；尽量减少焊接残余应力和应力集中；控制焊接热输入，合理地选择预热和热处理温度，尽可能地避开敏感温度区范围的温度。

6-22 何谓层状撕裂？试述层状撕裂常出现在哪些焊接结构中、产生原因和防止措施？

大型厚壁轧制钢板中的硫化物、氧化物和硅酸盐等非金属夹杂物，呈平行于钢板表面，片状分布在钢板中，在焊接应力作用下，沿夹杂物界面开裂，从而在焊接热影响区及其附近母材上，就会出现具有阶梯状的裂纹，这种裂纹称为层状撕裂。

层状撕裂一般在钢表面难以发现，即使用超声波探伤检测合格的钢板，仍可能经焊接后出现层状撕裂。

层状撕裂常产生在T形接头、角接头和十字接头中。一般对接接头很少出现，但在焊趾和焊根处由于冷裂纹的诱发也会出现层状撕裂。

产生的原因：与钢种强度级别无关，主要与钢中的夹杂物含量及分布形态有关。

防止措施：应选用夹杂物少的母材；焊接时采取措施减少焊接应力，尽量避免单侧焊缝，采用双侧焊缝；在强度允许的情况下，尽量采用焊接量少的对称角焊缝代替焊接量大的全焊透焊缝；T形接头，可在横板上预先堆焊一层低强度的焊缝金属，以防止根部出现裂纹。为防止冷裂纹诱发层状撕裂，可采用降低氢含量，适当提高预热、控制层间温度等措施。

6.4 焊接质量检验

6-23 焊接质量检验的主要依据是什么？

焊接质量检验是根据产品的有关标准和技术要求，对焊接过程及其产品的一种或多种特性进行测量、检查、试验。它主要通过对焊接接头或整体结构的检验，发现焊缝和热影响区的各种缺欠，以便作出相应处理，评价产品质量、性能是否达到涉及、标准及有关规程的要求，以确保产品的安全与可靠。

焊接质量检验的主要依据是：①产品的施工图样；②国家、行业或企业的有关技术标准和技术法规；③产品制造的工艺文件；④订货合同。

6-24 焊接质量检验分哪三个阶段，各有哪些检验内容？

焊接质量检验主要分焊前检验、焊接过程检验及焊后质量检验三个阶段。

(1) 焊前检验

焊前检验目的是以预防为主，做好焊接前的各项准备工作，最大限度避免或减少焊接缺欠的产生。焊前检验是保证焊接质量的前提。主要检验内容包括：

① 检查技术文件。设计图纸、工艺文件等是否完整齐全，并符合各项标准、法规的要求。

② 金属原材料的质量验收。金属原材料质量复验，包括检验来料的单据及合格证、金属材料上的标记、金属材料表面质量、金属材料的尺寸等。

③ 焊接材料检验。检查焊接材料的选用及审批手续；代用的焊接材料及审批手续；焊接材料及代用的焊接材料合格证书；焊接材料及代用的焊接材料质量复验；焊接材料的工艺性处理；焊接材料的型号及颜色标记。

④ 坡口质量及接头装配质量的检验。坡口的选用、坡口角度、钝边及加工质量；零、部件装配；装配工艺，定位焊质量。

⑤ 焊件试板检验。试板的用料、试板的加工、试板的尺寸及分类。试板按正式焊件的焊接参数焊接，并按工艺文件所要求的内容进行检验。

⑥ 焊接工艺评定和规程检验。工艺评定的项目是否覆盖施焊产品；工艺规程是否在工艺评定基础上做出的。

⑦ 焊接预热。检验预热方式、预热温度及温度的检验。

⑧ 焊工资格检验。焊工操作水平、焊工资格证件的有效期；焊工资格证件考试合格的项目。

⑨ 焊接设备检验。焊接设备是否完好和可靠。

(2) 焊接过程中检验

从施焊开始到形成优良的焊接接头和焊后热处理的整个过程称为焊接过程。焊接过程中检验目的是及时发现焊接缺欠，并随时加以纠正，进行有效的焊接缺欠修复，保证焊件在制造过程中的质量。同时通过对焊接工艺实施情况的检查及焊接过程中的质量控制，防止缺欠的产生。主要检验内容包括：

① 焊接设备运行情况检查。

② 检查焊接工艺执行情况。焊接工艺方法是否与工艺规程规定相符，否则应办理审批手续。

③ 检查焊接材料。查看焊接材料特征、颜色、型号标注、尺寸、焊缝外观特征；查看焊接材料领用单和实际使用焊接材料是否相符。查看烘干记录，现场是否使用焊条保温等。

④ 焊接环境检查。检查施焊当天的天气情况。露天施工时，雨、雪天气应停止焊接；检查风速、相对湿度、最低气温等。

⑤ 检查预热及层间温度。根据焊件表面温度变化情况，随时验证预热及层间温度是否符合要求。

⑥ 焊道表面质量的检验。检查焊道表面质量，对发现的焊缝缺欠及时进行修复。

⑦ 焊后热处理的检验。焊后要及时进行消除应力热处理。检查热处理的方法、工艺参数是否与工艺规程相同。

(3) 焊后质量的检验

焊后质量检验是焊接检验的最后一个环节，也是鉴别产品质量的主要依据，在全部焊接工作完成后进行。

主要检验内容包括：外观检验（整体结构和焊缝的成形与尺寸、焊缝表面质量的检验）；焊缝的无损探伤；焊缝金属或堆焊层化学成分分析和堆焊层的结合强度测定、铁素体含量的测定等；焊接接头及整体结构的耐压试验及致密性试验；结构在承压或承载条件下（工作状态下）的应力测试等。对于具有延迟裂纹倾向的高强钢焊接结构，焊接接头的无损探伤和成品检验，应在焊后延迟一段时间进行或进行复查，且要求进行两次检查以防止漏检。

6-25 焊接质量检验常用的无损检验方法有哪些?

焊接质量检验的方法很多，主要为非破坏性检验和破坏性检验两类。常用的无损检验方法有射线探伤（RT)、超声波探伤(UT)、磁粉探伤（MT)、渗透探伤（PT）和声发射探伤（AE)等检验。RT、UT主要用于检验焊缝内部缺欠，MT、PT主要适用于焊缝表面缺欠的检验，AE是一种动态状况下的检测方法。此外，还有采用涡流探伤（ET)、中子探伤、全息探伤、液晶探伤等进行无损检测。

6-26 焊缝的外观检验能发现哪些焊接缺欠?

焊缝外观检验是一种常见的简单的检验方法，属于非破坏性检验。它是利用肉眼、样板、量具或低倍放大镜（5～10倍）等对焊缝表面质量（外观尺寸和焊缝成形情况）进行检验。

焊缝的外观检验，在一定程度上有利于分析发现内部缺欠。如，焊缝表面有咬边和焊瘤时，其内部则常常伴随有未焊透；焊缝表面有气孔，表示内部可能不致密，有内气孔和夹渣等。通过外观检验，还可以分析焊接参数的选择是否合理，如通过焊道外表面的高低不平，反映出焊接电流过小或运条过快；如果弧坑过大或咬边严重，表明选择的电流过大。

外观检查从点固焊开始，每焊完一层都要进行，以把焊接缺欠消除在焊接过程中。

6-27 焊缝外观检验分为哪两类?

焊缝的外观检验分为直接外观检验和间接外观检验。

① 直接外观检验　用于目视距离约为400～600mm时，眼睛能直接观察和分辨缺欠形貌的场合。在检查过程中，采用适当的照明，利用反光镜调节照射角度和观察角度，或借助于低倍放大镜观察，以提高眼睛发现焊接缺欠和分辨焊接缺欠的能力。

② 间接外观检验　用于在直径较小的管子及焊制的小直径容器的内表面焊缝等场合，由于眼睛不能接近被检物体，必须借助于工业内窥镜等进行观察试验。这些设备的分辨能力，至少应具备相

当于直接外观检验所获得检查效果的能力。

6-28 焊缝外观检验包含哪些内容?

① 焊接缺欠　表面裂纹、未熔合、弧坑、夹渣、气孔、焊瘤、咬边、未焊透及内凹等。

② 焊缝外观尺寸　焊缝的余高及余高差；焊缝比坡口每侧增宽及宽度差；I形坡口的焊缝直线度及宽度差；管板状处的焊脚及焊缝的凸凹度。对接边缘偏差（错边、棱角度等），壳体直径、圆度、直线度等。

③ 清理质量　焊缝及母材的熔渣、飞溅及阻碍外观检验的附着物。

④ 表面状态　一次焊、补焊和返修焊。

6-29 焊缝外观检验需要哪些器具?

① 放大镜与工业内窥镜　放大镜主要用于检查焊缝表面质量。工业内窥镜适用于直径较小的小型容器的内壁检查或对管道内壁焊缝的检查。

② 常用量具　常用的量具有：平直尺、钢卷尺、游标深度尺、千分尺、塞尺（或称塞规），以及千分表等。

③ 专用量具　即焊接检验尺，是检测构件焊接部位角度及外形尺寸的量具。由主尺、探尺及万能角度尺组成，可以用来测量焊接接头的坡口角度、间隙、错边、焊缝高度、焊缝宽度和角焊缝高度、厚度等。

④ 样板　是用薄铁皮、硬纸板、油毡纸等易裁物件制成，其形状和尺寸应预先按原设计图纸的1∶1比例和形状等剪裁，然后与部件实物进行形状和尺寸的核对。可以用来测量弧度、棱角度等。

6-30 焊接构件的无损探伤有何作用?

无损探伤是一类非破坏性检验，在不破坏被检查材料和结构的性能和完整性，而对焊接缺欠进行检验的一类方法。无损探伤不仅能判断缺欠是否存在，而且对缺欠的性质、形状、大小、位置、取向等作出定性、定量的评定。此外，根据无损检测结果，还能分析缺欠的危害程度。

6-31 焊缝射线探伤有何优势？试述射线探伤方法及适用范围是什么？

焊缝射线探伤是检验焊缝内部缺欠准确而又可靠的方法之一，它可以非破坏性显示出缺欠在焊缝内部的形状、位置和大小。

目前应用的主要有射线照相法、透视法（荧光屏直接观察法）和工业 X 射线电视法。常用射线照相法有 X 射线和 γ 射线两种方法。目前直接射线照相法是用得最多、灵敏度高、能识别小缺欠的检测方法。

射线探伤法对体积型缺欠敏感，其缺欠影像清晰，并能永久保存，因此，在工业中应用广泛。没有电源的地方可采用放射性同位素源产生的 γ 射线进行检测。

射线探伤在锅炉压力容器、船体、管道和其他结构的焊缝和铸件方面应用得十分广泛。对厚的被检物体，可以使用高能射线和 γ 射线检查；而对于薄的被检物体可以使用软 X 射线。对于如气孔、夹渣、缩孔等体积型缺欠，在 X 射线透照方向有较明显的厚度差，即使很小的缺欠也较容易检查出来；而对于如裂纹那样的面状缺欠，只有与裂纹方向平行的 X 射线照射时，才能够检查出来。但当 X 射线与裂纹面几乎垂直的照射时，就很难查出裂纹。这主要是由于在照射方向几乎没有厚度差造成，因此有时需要改变照射方向来进行照相。

6-32 焊接缺欠在射线照相底片上有何特征？

在照相底片上淡色的影像的焊缝，深色的斑点和条纹是缺欠的影像。

① 裂纹　裂纹在底片上是一条略带曲折波浪状的黑色条纹，有时也呈直线型，轮廓较分明，两端尖、色淡，中间稍宽、色较深。

② 气孔　气孔在底片上呈圆形或椭圆形黑点。黑点在中心处较黑，均匀地向边缘变浅，分布不一致，有稀疏，也有稠密。

③ 夹渣　夹渣在底片上呈现不同的形状点或条状。点状夹渣为单独黑点，轮廓不太规则，带有棱角，黑度不均匀；而条状夹渣呈现出宽而短的粗线条状；常条形夹渣物，线条较宽，宽度不一致。群状夹渣呈现出较密的黑点群。

④ 未焊透　未焊透在底片上呈现一条断续或连续的黑直线。I 形坡口对接焊缝中，出现在焊缝中部，宽度较均匀；在 V 形坡口焊缝中位置偏离焊缝中心，呈断续状，宽度不均，黑度也不均匀。V 形坡口双面焊和 X 形坡口中部或根部未焊透，缺欠在底片上呈现出黑色较规则的线条。而在角接头、T 形接头、搭接接头中的未焊透，呈线出断续的线状。

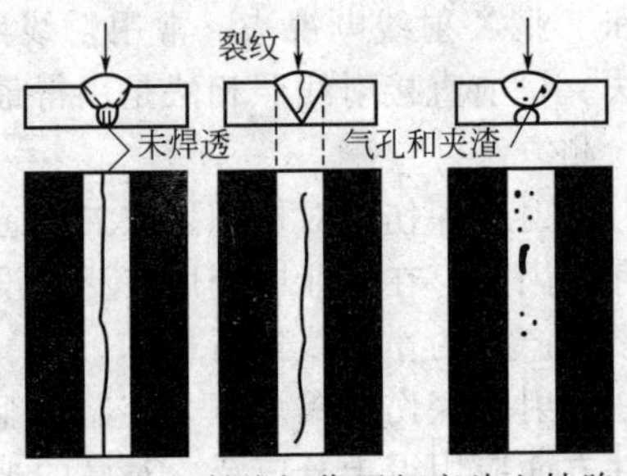

图 6-11　X 射线探伤照相底片上缺陷

⑤ 未熔合　坡口的未熔合在底片上呈现出一侧平直，另一侧有弯曲，黑度淡而均匀，时常伴有夹渣。层间的未熔合表现出不规则，且不易分辨。

各种缺欠显示特点如图 6-11 所示。

6-33　何谓超声波探伤？有何特点？

超声波探伤是利用超声波（频率超过 20×10^4 Hz 的声波）传入金属材料的深处，从一种介质传播到另一种介质时，在不同介质的界面上能发生反射和折射现象，并据此来检查焊缝内部缺欠的一种方法。

超声波探伤的特点：

① 对面状缺欠具有较高的灵敏性　超声对钢板的分层及焊缝中的裂纹、未焊透等缺欠的检出率较高，而对于单个气孔则检出率较低。也就是说超声波探伤对于平面状缺欠较敏感，即使厚度很薄的面状缺欠，只要超声的发射与它垂直，就可以获得很高的缺欠回波。但对于圆形缺欠，如缺欠不是相当大，或者不是较密集，就不能得到足够的缺欠回波。主要焊接缺欠的波形特征见图 6-12。

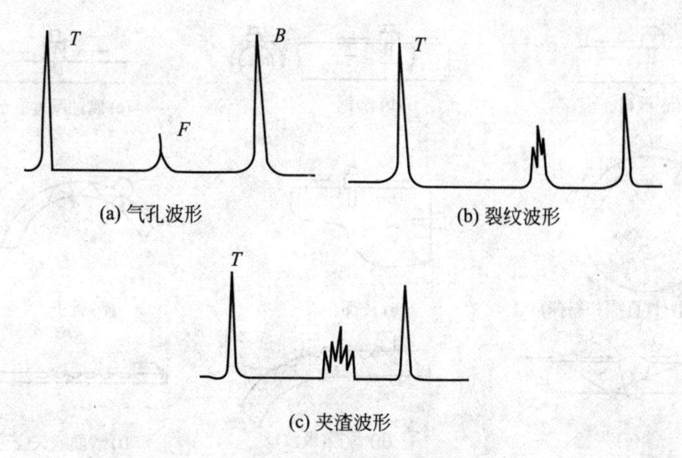

(a) 气孔波形　(b) 裂纹波形　(c) 夹渣波形

图 6-12　缺欠波的特征

② 探测距离大　如果被检物金属组织晶粒较细，超声波可以传到相当远距离。因此直径为几米的大型锻件也能进行内部探伤，这是其他无损检测方法不能比拟的。

③ 探伤装置小型、轻便，探伤周期短、成本低　超声携带型装置，体积小，重量轻，便于携带到现场探伤，检测速度较快，探伤中只消耗耦合剂和磨损探头，总的检测费用较低。

④ 缺点　超声探伤结果不直观，需探伤人员根据荧光屏上波形进行分析后判断，而且这些探伤波形图像，随着探头的移动，图像也跟着变化，也无客观性、永久性记录，对缺欠种类的判断，需要有高度熟练的技术。超声波探伤的这个缺点，限制了它的应用。

6-34 试述超声波探伤的应用范围?

超声波探伤不仅可检验焊缝内部缺欠，而且可检验钢板、锻件、钢管等金属内部存在的缺欠。超声波探伤应用于各种被检物的情况如图 6-13 所示。在探伤时，要注意选择探头的扫描方法，尽可能使声波垂直地射向缺欠面。根据被检物加工情况，一般可以估计出缺欠的方向和大致部位。因此，可以根据缺欠的部位和方向，探伤前就应研究选择合适的探伤方法。

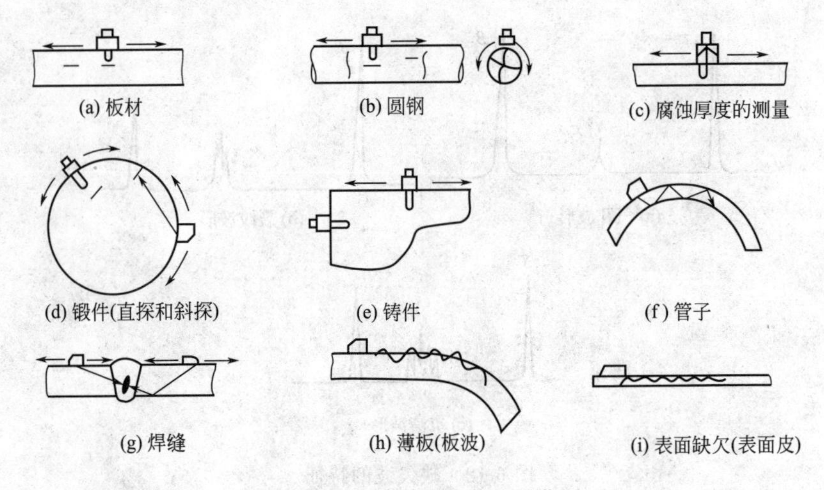

图 6-13 超声波探伤的适用范围

6-35 超声波探伤有哪些技术要点?

① 探伤前要了解被检工件的材质、结构、厚度、曲率、坡口形式、焊接方法和焊接过程等。

② 探伤灵敏度应调到不低于评定线；探伤过程探头移动速度不大于 150mm/s，相邻两次探头移动间隔至少有探头宽度 10%的重叠；探头移动过程中还应作 10°～15°角度的摆动，以便波束尽可能地垂直于缺欠。

③ 为了发现焊缝中的横向裂纹，B 级以上检验应使探头作平行或近于平行于焊缝的探测扫查。

④ 焊缝侧的探测面应平整、光滑，清除飞溅物、氧化皮、凹坑及锈蚀等。表面粗糙度不应超过 6.3μm，探测面的修整宽度（B）应大于探头垂直于焊缝移动的最小距离（P）＋探头长度（H）或大于探头垂直于焊缝移动的最小距离（P）＋50（mm）。对于薄板 P 为 1.5 倍焊缝宽度；中板 $P=2\delta\tan\beta-\alpha$，其中 δ 为被探工件厚度，β 为探头折射角，α 为入射点到探头前沿的距离。对于厚板 $P=\delta\tan\beta-\alpha$。根据 GB/T 11345—1989 规定：一次发射法，探头移动区 B 应大于 $1.25P$；采用直射法 B 应大于 $0.75P$，取

$P=\delta\tan\beta$。

⑤ 对于T形接头、角接头和管座角焊缝的探伤，其探伤面和探伤头的选择应考虑到检测各种类型缺欠的可能性，并使波束尽可能垂直于焊缝中的主要缺欠。

⑥ 为了确定缺欠的位置、方向、形状，有效区分缺欠发射波是否为伪信号或观察发射波的动态波形，可采用在发现缺欠波处前后、左右、转角和环绕等四种探头扫查方式，如图6-14所示。

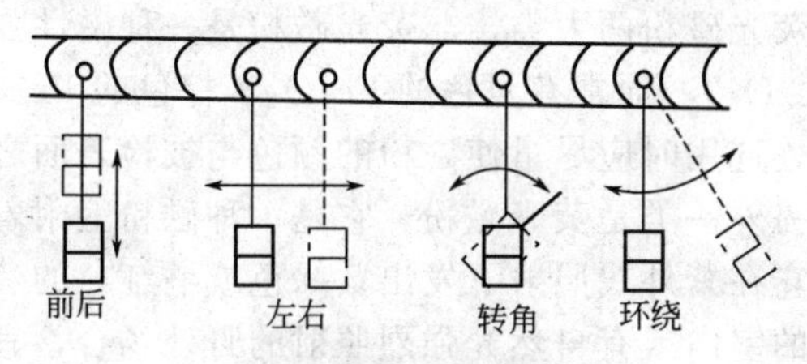

图6-14 探头的四种基本扫查方法

6-36 试述磁粉探伤的特点和适用范围？

利用在强磁场中，铁磁性材料表面缺欠产生的漏磁场吸附磁粉的现象进行的无损检测法称磁粉探伤。

特点：①操作简便、直观、灵敏度高；②能检测出缺欠的位置和表面长度，但不能确定缺欠的深度。

适用场合：①磁性材料的表面和近表面缺欠检测，不适用于非磁性材料和工件内部缺欠的检测。②焊后经热处理、压力试验后的表面，临时点固件去除后的表面检测。

应用领域：磁粉探伤作为一种重要的常用的无损检测手段，广泛应用于各个工业领域，在铸、锻件的制造过程中，焊接件的加工过程及机械零件的加工过程中，特别是在锅炉、压力容器、管道等的定期维修过程中。

6-37 磁粉探伤操作有哪些基本程序？

探伤操作包括预处理、磁化和施加磁粉、观察、记录及后处理（包括退磁）等几个步骤。

① 预处理　用溶剂等把试件表面的油脂、涂料以及铁锈等去

掉，以免妨碍磁粉附着在缺欠上。用干磁粉时还应使试件表面干燥，组装的部件要将各部件拆开后进行探伤，

② 磁化　对工件进行磁化时，应根据磁粉探伤设备特性，工件的磁特性、形状、尺寸、表面状态和缺欠性等，确定合适的磁场方向和磁场强度，然后选定适当的磁化方法和磁化电流值。然后接通电源，对试件进行磁化操作。

③ 施加磁粉或磁悬液　磁粉是磁粉探伤用的显示介质。有非荧光磁粉和荧光磁粉两大类。非荧光磁粉是一种磁性强的微细铁粉（Fe_3O 和 Fe_2O_3），通常有黑色的 Fe_3O_4、棕色的 Fe_2O_3 和灰白色的纯铁三种，选用时应尽量使磁粉的颜色与被检表面之间产生明显的对比度。另外一类是荧光磁粉，它是一种磁粉上附着一层荧光物质而制成，它在紫外线照射下发出黄绿色或橘红色的荧光。在白炽光强烈照射的室内或有自然光强烈照射的野外场合，宜采用非荧光磁粉进行检测。而在较暗场地及夜间检验时，宜采用荧光磁粉。

磁粉的喷撒分为干式和湿式两种。干式磁粉的施加是在空气中分散地撒在试件上，而湿式喷撒是将磁粉调匀在水或油中作为磁悬液来使用的。磁悬液的浓度一般：非荧光磁粉为 1L 溶液中加入 10～25g 磁粉；荧光磁粉为 1L 溶液中加入 1～2g 磁粉。

在检测焊缝表面被油污染，宜采用油悬液，对不得有油污染或有防火要求的焊缝检验，宜采用水悬液。

磁粉的喷撒时间，分为连续法和剩磁法两种方式。连续法是在磁化工件的同时喷撒磁粉，磁粉一直延续到磁粉施加完成为止。而剩磁法是在磁化工件之后施加磁粉。

④ 磁痕的观察与判断　在磁粉探伤中，肉眼见到的磁粉堆集，简称磁痕，磁痕的观察是在施加磁粉后进行的，用非荧光磁粉探伤时，在光线明亮的地方进行，用自然日光和灯光进行观察；而用荧光磁粉探伤时，则在暗室等暗处用紫外线灯进行观察。

不是所有的磁痕都是缺欠，形成磁痕的原因很多，所以对磁痕必须进行分析判断，把假磁痕排除掉，有时还需用其他探伤方法（如渗透探伤法）重新探伤进行验证。

⑤ 记录　为了记录磁粉痕迹，可采用照相或用透明胶带把磁痕粘下，用这样的方法记录下磁痕备查，这样的记录具有简便、直

观的优点。

⑥ 后处理　探伤完毕后，由于剩磁可能造成工件运行受阻和加大了零件的磨损，因此根据需要，应对工件进行退磁、除去磁粉和防锈等处理，尤其是转动部件经磁粉探伤后，更应进行退磁处理，退磁时，一边使磁场反向，一边降低磁场强度。

6-38 何谓渗透探伤？试述渗透探伤的特点及适用场合？

利用某些液体的渗透性来发现和显示缺欠的无损探伤法称渗透探伤。渗透探伤是检查焊缝表面缺欠的有效方法之一。渗透探伤常用带有红色燃料或荧光燃料的渗透剂进行渗透作用，显示缺欠痕迹。

渗透探伤具有以下特点：

① 任何种类的材料，如钢铁材料、有色金属、陶瓷材料和塑料等表面开口缺欠都可以用渗透探伤。

② 形状复杂的部件也可用渗透探伤进行，并一次操作就可大致做到全面检测；同时存在几个方向的缺欠，用一次探伤操作就可完成检测，形状复杂的缺欠容易观察出显示痕迹。

③ 操作简便，尤其适用于现场各种部件表面开口缺欠的检测。

④ 试件表面粗糙度影响大，探伤结果往往容易受操作人员技术的影响。

⑤ 渗透探伤能检测出的最小尺寸，是由探伤剂的性能、探伤方法、探伤操作的好坏和试件表面的状况等因素决定的，但一般能将深 0.02mm、宽 0.001mm 的缺欠检测出来。

渗透探伤法适用于：坡口表面、焊缝表面、焊接过程中焊道表面、热处理和压力试验后的表面及临时点固件去除后的表面检查。

6-39 常用渗透探伤有哪些方法？

常用渗透法探伤有着色探伤和荧光探伤两种。

① 着色探伤　该法主要用于发现各种材料焊接接头的各种表面缺欠。适用于不锈钢、耐热钢、有色金属及其合金等工件的缺欠检查。

② 荧光探伤　常用于不锈钢、铜、铝及镁合金等焊接件的缺

欠检查。

6-40 渗透探伤包含哪些基本操作过程?

渗透探伤通常包括：渗透清理、渗透、清洗、显像和观察与评定等过程。

① 渗透清理　去除被检工件表面的油污、氧化皮、铁锈、油漆、熔渣和飞溅物等。可以采用打磨、酸洗、碱洗或溶剂清洗等。清洗后必须烘干，尤其需要烘干缺欠内部。

② 渗透　首先将试件浸渍于渗透液中或者用喷雾器或刷子把渗透液涂在试件表面。如果试件表面有缺欠时，渗透液就渗入缺欠，见图 6-15(a)。为了使液体充满缺欠，渗透时间应足够，一般应大于 10min。

③ 清洗　待渗透液充分地渗透到缺欠内之后，对于自乳化型渗透剂，用布擦后再用清洗剂清洗；对后乳化型渗透剂，还要增加乳化剂的乳化程序，然后用水清洗。见图 6-15(b)、(c) 所示。这个过程应快速进行，一般不超过 5min，以防止干燥和过洗。

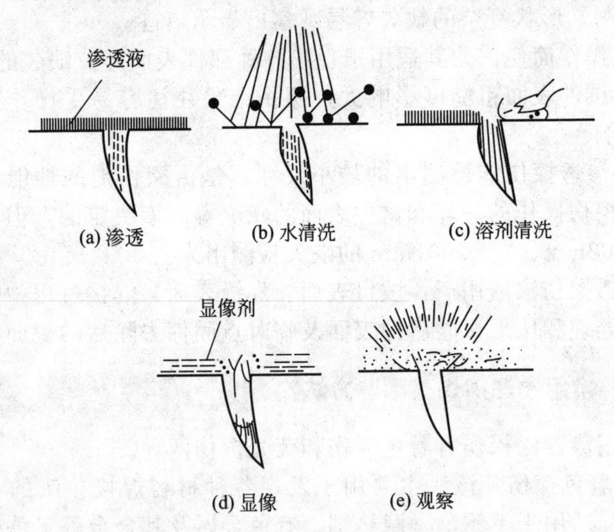

图 6-15　渗透探伤的基本操作过程

④ 显像　把显像剂喷撒或涂敷在试件表面上，使残留在缺欠

中的渗透液吸出，表面上形成放大的黄绿色荧光或者红色的显示痕迹，见图 6-15(d)。要求涂层薄而均匀。

⑤ 观察与评定　荧光渗透液的显示痕迹在紫外线照射下呈黄绿色，着色渗透液的显示痕迹在自然光下呈红色，用肉眼观察可以发现很细小的缺欠，见图 6-15(e)，若缺欠细小，可借助 3～10 倍的放大镜观察。

6-41 产品整体的强度检验分为哪两类？各有什么特征？

产品整体的强度检验分为破坏性强度试验和超压试验两类。强度检验用来检查焊接接头的致密性和强度，是对整体焊接产品质量的综合性检验。

进行破坏性强度试验时，试验施加压力的性质（压力、弯曲、扭转等）和工作压力的性质相同，压力要加至产品破坏为止。用破坏时的压力和正常工作压力的比值来说明产品的强度情况。比值达到或超过规定的数值时则为合格，低于规定数值则不合格。这个数值是由设计部门规定的。如高压锅炉汽包的爆破试验即属于这种试验。

破坏性试验是在大量生产而质量尚未稳定的情况下，抽百分之一或千分之一来进行，或在试制新产品时，或在改变产品的加工工艺规范时选用。

超压试验是对产品所施加的压力超过工作压力一定程度（如 1.25 倍、1.5 倍工作压力）来观察焊缝是否出现裂纹，以及产品变形的部分是否符合要求来判断其强度是否合格。

焊接的锅炉、压力容器规定要 100% 接受超压试验。试验时，施加的压力性质和工作的压力性质相同。在压力的作用下，保持一定的停留时间进行观察，若不出现渗漏、变形、异常声响，在规定范围内，则产品评为合格。

6-42 如何进行产品的压力试验？

压力试验又称耐压试验，包括水压或气压试验。用于评定锅炉、压力容器、管道等焊接结构的整体强度性能、变形量大小和有无渗漏现象。

① 液压试验　凡在试验时不会导致发生危险的液体，在低于其沸点的温度下，都可用作为试验介质，进行产品的耐压试验，通常采用水作为试验介质。

试验时主要仪表设备有：高压水泵、阀门和两个同量程的压力表等。

作水压试验时应注意：焊接构件内的空气必须排净；焊接构件上和水泵上同时装有检验合格的压力表；试验环境温度不得低于5℃；试验压力应按规定逐级上升；试验场地应有防护措施。

奥氏体不锈钢用水进行液压试验后应将水渍清除干净，当无法达到这一要求时，应控制水的氯离子含量不超过25mg/L。如采用可靠燃性液体进行液压试验时，试验温度必须低于液体的闪点，试验场地附近不得有火源，且应配备适用的消防器材。

② 气压试验　气压试验一般用于低压容器和管道的检验。也可用于对于不适合作液压试验的容器，如容器内运行条件不允许有微量残留液体或由于结构或支撑原因不能充满液体的容器。

试验时主要使用高压气泵、阀门、缓冲罐（稳压罐）、安全阀、两个同量程并经校正的压力表等。

所用气体应为干燥、洁净的空气、氮气或其他惰性气体。加压时采取逐级升压，每升一级保持一定时间。气压试验时，升压期间工作人员不能检查，试验单位的安全部门应进行现场监督。第一级升压至试验压力的10%，保持10min对所有焊缝和连续处进行初次检查，合格后继续升压到试验压力的50%，而后按试验压力的10%递增，当升到试验压力后，保持10～30min，最后进行检查。检查关闭输气阀门，停止加压。在试压过程不能对构件敲击或振动。

检验方法是涂肥皂水检漏，或检查工作压力表数值变化。如果没有发现漏气或压力表值稳定，则为合格。

6-43 如何进行产品的致密性试验?

产品的致密性试验包括：气密性试验、煤油试验等。

① 气密性试验　气密性试验是将压缩空气压入焊接容器内，利用容器内外气体压力差，检查容器有无泄漏的试验方法。

检验小容积压力容器时，可把容器浸于水槽中充气。如果焊缝金属致密性不好，水中将出现气泡；而大容积容器，容器充气后，在焊缝处涂肥皂水检验渗漏。为了提高试验灵敏度，还可以使用氨、氟里昂、氦和卤素气等。

设计要求进行气密性试验的应在液压试验合格后进行，试验时一般应将安全附件装置齐全。

② 煤油试验　该检测法适合于敞开容器和储存液态的大型储存器上焊缝的渗漏检验。

在焊缝便于观察和焊补的一侧的焊缝和热影响区表面涂上一层石灰水溶液或白垩水溶液，干后在焊缝另一侧涂刷煤油，一般刷2～3次，持续 15min 到 3h。如果有穿透性缺欠，则煤油沿缝隙渗透使涂有白底色的粉面上出现黑色痕迹。在规定时间内没有发现油斑痕迹，则为合格。

6-44 焊缝的破坏检验方法主要有哪些？检测的目的是什么？

焊缝的破坏性检验主要包括理化试验（化学成分分析、金相检验、铁素体含量测定、腐蚀试验等）、接头力学性能试验（包括拉伸、弯曲、冲击、硬度、压扁、疲劳、断裂韧性及入编持久强度试验等），此外还有断口检验和测氢试验等。

破坏性试验测得的技术数据用来校核焊接接头是否达到设计要求或满足加工工艺要求；考核焊接材料的选用是否正确：评定焊接技术，包括焊接方法及焊后热处理工艺的正确性。

第7章

焊条电弧焊安全生产与防护

7.1 焊接安全生产

7.1.1 焊条电弧焊过程安全用电

7-1 焊条电弧焊过程常见的触电事故有哪些?

焊条电弧焊操作时，焊工触电的机会比较多，在整个工作过程中都需要接触电器装置。一般电焊机所用的电源接220V或380V电网，其空载电压一般都在60V以上，而40V的电压就会对人身造成危险，因此焊接安全用电是焊工操作安全技术的首要内容。触电的原因很多，可分为直接触电和间接触电。

(1) 直接触电

直接触电是指接触焊接设备正常运行状态下的带电体或靠近高压电网。导致焊工直接触电的因素主要有：

① 焊接作业时，手或身体某部位在更换焊条或焊件时接触焊钳、焊条等带电部分，而脚或身体的其他部位对地面或金属结构之间绝缘不好，如在容器、管道内，阴雨、潮湿的地方或人体大量出汗的情况下进行焊接，容易发生触电。

② 手或身体某部位触及裸露而带电的接线头、接线柱或导线而触电。

③ 在靠近高压电网的地方进行焊接，人身虽未触及带电体，而是接近带电体至一定程度，发生击穿放电。

(2) 间接触电

间接触电是指接触了在正常运行状态下不带电、而由于绝缘损坏或设备发生故障而带电的物体。导致焊工间接触电的因素主要有：

① 焊接设备外壳漏电，人体触及带电的壳体而发生触电。

② 人体触及绝缘损坏的电线、电缆或开关等发生触电。

③ 由于利用厂房金属构架、管道、天车轨道等作为焊接二次回路而发生触电。

7-2 焊条电弧焊过程如何防止触电事故？

(1) 焊钳的安全要求

① 必须具有良好的绝缘性能和隔热性能。橡胶导线与夹钳连接的地方，其橡胶外皮应有一段深入到钳柄内部，使导线不外露。夹钳手柄与钳口之间应设置护手挡板。

② 应保证在任何斜度下都能夹紧焊条，而且更换焊条方便，能使焊工不必接触导电体部分，即可迅速更换焊条。

③ 焊钳上的弹簧失效时应立即更换，钳口应经常保持清洁。

(2) 焊接电缆的完全要求

① 应具有良好的导电性能和绝缘性能。施焊前应检查电缆的绝缘性能是否良好，凡破损或绝缘不良的电缆应严禁使用。应定期检查其绝缘性能，一般每半年一次。

② 应轻便柔软，能任意弯曲和扭转，便于操作。焊机电源线应设置在靠墙壁不易接触的地方，其连接长度一般以不超过 2～3m 为宜，如因临时需要较长的电源线，应离地面 2.5m 以上沿墙用绝缘子布设，不得将导线拖在工作现场的地面上。焊机与焊钳连接电缆长度要适宜，应根据工作时的具体情况来决定，太长会增加电压降落，太短操作不方便，一般不超过 20～30m。

③ 焊接电缆应用整根，中间不要有接头。如需用短线接长时，则接头部分不应超过两个，接头部分应用铜导体做成，要坚固可靠，否则因接触不良产生高温。且要保证绝缘良好。

④ 不得将电缆线放在电弧附近或炽热的焊缝金属上，避免高温烧坏绝缘层，同时也可避免碾压和磨损。

⑤ 二次绕组的导出线虽然电压没有一次绕组导出线高，但也有危险，应使用规定的绝缘导线。禁止使用厂房的金属结构、管道、轨道或其他金属物的搭接来代替焊接电缆的使用。

(3) 安装焊接设备的安全措施

① 安装焊机时要注意配电系统开关、熔断器等是否合格、齐全；导电绝缘性能是否完好；网络电源功率是否够用。

② 焊机应有接地或接零保护装置。为了确保安全，不发生触电，所有焊机的外壳都必须接地。在三相三线制或单线制供电系统中，焊机必须装设保护性接地装置，如图 7-1 所示，即为焊机保护接地安全措施。在电网为三相四线制中性点接地的供电系统中，焊机必须安装保护性接零装置，如图 7-2 所示。在三相四线制中性点接地供电系统上的焊机，用一根导线一端接焊机金属外壳，另一端接到零线的干线上，一旦焊机因绝缘损坏而外壳带电时，绝缘损害的这一相就与零线短路，产生强大的电流，使该相熔丝熔断，切断该相电源，外壳带电现象立即终止，从而达到人身和设备的安全。

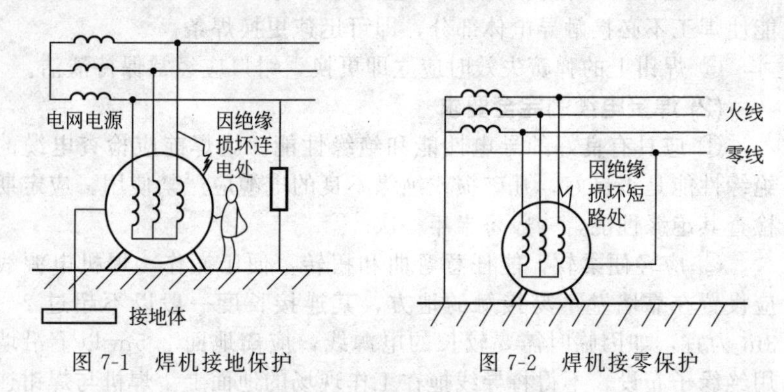

图 7-1 焊机接地保护　　图 7-2 焊机接零保护

利用铜棒或无缝钢管作接地极时，接地装置应打入地里深度不小于 1m，接地电阻应小于 4Ω。焊机的接地装置也可以利用自然接地极，但氧气和乙炔管道以及其他可燃、易爆物品的容器和管道等，严禁作为自然接地装置。自然接地极电阻超过 4Ω 时，应采用人工接地极。

如果焊机二次线圈一端已经接地或接零，则焊件本身不应接地或接零。因为如果焊件再接地或接零，一旦焊机回路接触不良，大的焊接工作电流可能会通过接地线或接零线熔断。不但使人身完全受到威胁，且易引起火灾。

连接接地线或接零线时，应首先将导线接到接地体上或接零线，然后将另一端接到焊机外壳上，拆除接地线或接零线的顺序与此相反，不得颠倒顺序。所有的接地或接零线，不得串联接入接地体或零线干线。

③ 空载电压不同的焊机不能并联使用，否则因并联时在空载情况下，各焊机间出现不均衡的环流。焊机并联时，应将它们的初级绕组接在网络的同一相，次级绕组也必须同相相联。

7-3 焊条电弧焊过程如何进行安全操作?

① 拉合闸刀开关与装拆保险安全操作。

a. 拉合闸刀开关时，必须穿绝缘鞋，戴干燥的皮手套，且站在与开关或保险箱至少有一臂远的地方。当用右手操作时，面部应向左偏转，避开开关或保险，以防止电弧火花烫伤脸部。

b. 不准带电拉开关或保险，否则易产生电弧或炽热的熔化金属而灼伤。

c. 当用多级电源开关时，送电应按大、中、小的顺序推合。断电则按相反的顺序，不可颠倒顺序。

② 切断电源的操作。在改变焊机接头、搬移和检修焊机、改接二次回线、换熔断器、焊机发生故障需要检修时，需切断电源。

③ 更换焊条的安全操作。更换焊条时，应戴上干燥、绝缘可靠的绝缘手套。更换焊条需要在焊机处于空载电压的条件下进行。为了避免在更换焊条时，接触二次回路的带电体，造成触电事故，可以安装电焊机空载自动断电保护装置。对于空载电压和工作电压较高的焊接操作，以及在潮湿工作场地操作时，还应在工作台附近地面上铺上橡胶垫。特别是在夏天，由于身体出汗后，衣服潮湿，不得靠在焊件或工作台，以免触电。

④ 在狭窄操作空间焊接安全操作。在容积小的舱室（如锅炉、容器、油槽等金属结构内）以及狭窄的工作场所内施焊时，触电的

危险性较大，可采用橡胶皮垫或其他绝缘衬垫，并戴皮手套、穿胶底鞋等，以保障焊工身体与焊件间的绝缘。

⑤ 光线不足环境的安全操作。在光线不足的较暗环境工作，必须使用手提工作行灯，一般环境使用的照明行灯电压不超过36V。在潮湿、金属容器灯危险环境，照明行灯电压不得超过12V。

⑥ 在遇到有人触电时，不得赤手去拉触电人，应迅速切断电源，进行解救。

7-4 如何进行触电的救护？

(1) 脱离电源

① 当焊工发生低压触电时，应立即切断电源，即拉下电源开关或拔出电源插头。如果电源的开关远离焊工时，可用带绝缘柄的电工钳切断电源线，或用绝缘物（如橡胶、干木板等）放到触电焊工的身下隔断电流。当电线搭在触电焊工的身上时，可采用绝缘体拉开触电焊工或挑开电线。但救护者不能接触触电焊工的皮肤或鞋，以防救护人员触电。

② 当焊工发生高压触电时，应立即通知供电部门停止供电。

(2) 救护措施

当触电焊工脱离电源后，应立即进行救治。对于呼吸或心脏停止的触电者，应立即采取人工呼吸和心脏挤压的方法进行急救。

7.1.2 防止弧光伤害与灼伤的安全措施

7-5 焊条电弧焊过程如何防止弧光造成的伤害？

① 焊工应使用符合安全标准要求的面罩。对于与电焊工作有关的辅助人员，应按相应的规定，佩戴防护眼镜。绝对禁止在近处用眼睛直接观看电弧，也不得任意更换滤光镜片的色号。

② 为了防止弧光伤害焊工和其他工作人员的眼睛，在小件焊接的固定场所，要设置防护屏。防护屏最好用布料涂上灰色或黑色油漆后制作。临时施焊处，要用耐火材料做屏面，用角钢和钢管做支架，屏高1.8m，屏底距地面250～300mm。

③焊接位置应使电弧至少离墙0.5m，距离越大，其反射危害

越小。

④ 为了防止焊工皮肤受到电弧伤害，必须穿好工作服、戴好手套、鞋盖等。决不允许卷起袖口，穿短袖衣服或敞开衣领等进行焊接工作。

⑤ 在引弧前，要事先告诉周围的工作人员避开弧光。不操作时，焊钳应悬空挂起，或放置在绝缘物上，以免突然起弧。

7-6 焊条电弧焊过程如何防止灼伤造成的伤害?

焊接电弧、违章操作开关产生的开关飞弧、飞溅的金属熔滴、红热的焊条头、药皮熔渣等，如果防护不好，会灼伤焊工的皮肤和眼睛。

① 穿好工作服等防护用具。为了避免飞溅金属致伤，短上衣不应塞在裤子里，同时裤脚不要散开向外卷和束在脚盖里；工作服的口袋要盖好。有大量金属飞溅的作业以及狭小空间作业时，要将颈部和脸部的侧面防护好，以免反射的金属飞溅灼伤皮肤。戴好手套还可以避免电弧产生的高温灼伤手臂。

② 在高空作业更换焊条时，严禁乱扔焊条头，以免红热的焊条头烫伤他人的身体。仰焊、横焊时，飞溅严重，应加强个人防护。

③ 违章操作开关时易产生飞弧。为防止飞弧灼伤，合闸时应将焊钳挂起或放在绝缘板上，拉闸时必须先停止焊接。

④ 预热焊件时，为了避免灼伤，焊件烧热的部分应用石棉板覆盖，只露出待焊接的部分。清渣时，为了防止灼热的药皮灼伤眼睛，焊工应戴防护眼镜。清渣方向应避开人员，不要急于清理尚未冷却的熔渣，否则易造成高温熔渣崩到眼睛或皮肤上而产生灼伤。

7.1.3 高空（登高）作业安全措施

7-7 焊条电弧焊过程哪种场合属于高空（登高）作业?

焊工在离地面 2m 以上的脚手架、或坡度大于 45°的斜面上，或在吊篮中施焊，均属于登高作业（高空作业）。

登高作业必须采取相应安全措施，以防止高处坠落、火灾、触电和物体打击等事故的产生。

7-8 高空作业应采取哪些安全措施？

① 佩戴好安全帽，系好安全带　安全带的安全绳子长一般不超过 2m，且必须采用高挂低用，不可低挂高用。焊工衣着应灵便，穿软底胶鞋。严禁焊工酒后从事登高作业。在施工现场，不得穿拖鞋、高跟鞋、硬底鞋，更不得打赤脚进行焊接作业。

② 防止触电　焊接电缆要紧绑在固定处，严禁绕在身上或搭在背上工作。对于接近高压线或裸露电线以及离低压线小于 2m 时，应停电并确认无触电危险后，才可登高作业。

③ 防止高空物体坠落伤人　在登高作业时不要随意扔焊条头，以免灼伤、砸伤地面人员或引燃地面可燃物品。焊接飞溅、火花所能涉及到的区域，应清除任何可燃易爆物品。并在地面设置围栏，禁止无关人员进入现场。

④ 防止登高坠落　登高作业需要架设梯子时，应保证所架设的梯子应结实完好，不得有断档；为了保持架设的梯子平稳，梯子与地面夹角不应大于 60°，不得架在木箱、空桶等不稳定的位置上，同时梯脚还应有铁尖或防滑胶垫，梯顶应有挂钩或用绳绑牢。对于使用人字梯进行登高作业时，人字梯的夹角为 40°，且只允许一人登高作业。当使用脚手架登高作业时，脚手架的宽度不应小于 120cm，对于在高度大于 3m 的工作面作业的脚手架外侧应设有 18cm 高的档脚板和 1m 高的护栏。如果脚手架高度不够，应重新架设脚手架，不得在脚手架上放置梯子或凳子。

⑤ 登高作业者身体应健康　对于患有高血压、心脏病、恐高症、癫痫病登焊工不得登高作业。

⑥ 恶劣条件下不得登高作业　当有六级以上大风和大雨、大雪天、雾天，禁止登高作业。如果夜间照明不好时，禁止登高作业。

⑦ 登高作业不得使用带高频振荡器的焊接设备　严禁高频引弧，以防止触电。

7.1.4 焊接作业的防火防爆安全措施

7-9 焊条电弧焊过程为什么要防火防爆？

焊接作业时存在焊机、线路等的故障；在操作点附近存放有易燃、易爆物品；化工设备管道的生产检修补焊时，由于防暴措施不当等，都可能引起爆炸和火灾事故。

7-10 采取哪些措施可以防火防爆？

① 焊接场地禁止存放易燃、易爆物品。焊接现场应有必要的消防器材（如消防栓、灭火器、砂箱等），保证足够的照明和良好的通风措施。

② 禁止在存放有易燃、易爆物品的车间或场所作业。在有易燃、易爆物车间、场所或煤气管道、乙炔管道附近作业，必须取得消防部门的同意。同时作业点离这些场所还应有大于5m的安全距离。操作时采取严密的措施，防止火星、飞溅物引起火灾或爆炸事故。在场地周围空气中含有可燃性气体或可燃性粉尘浓度较高的环境，严禁进行焊接作业。

③ 不准在木板、木板地面上进行焊接作业，如必须焊接时，要用铁板把工作物垫起来，同时须携带防火水桶，以防火花飞溅引起火灾。焊工不准在焊钳或接地线裸露情况下进行焊接，也不得将二次回路线乱搭乱接。

④ 严禁对存有可燃性液体或气体及具有压力的容器、带电的设备进行焊接作业。对于受压容器、密闭容器、各种油桶和管道进行焊接时，应先用蒸汽吹洗，冲洗掉有毒、有害、易燃、易爆的物质，然后开盖检查，确认解除了容器的压力及管道压力，已冲洗完易燃、易爆物质后，再进行焊接。对于密封容器不准进行焊接。

⑤ 离开焊接现场，应关闭气源、电源。特别是对于易燃、易爆物或填有可燃物质隔热层的场所，一定要彻底检查，将火种熄灭。待焊件冷却并确认没有焦味或烟气后，方能离开工作场地。使用完的工作服及防护用具，应检查确认没有带火迹象后，再放起来。

7.1.5 化工、燃料容器、管道及其他闭塞性场所焊接作业的安全措施

7-11 在化工、燃料容器、管道及闭塞性场所焊接时为什么要进行防火、防爆与防毒防范？

化工部门的生产设备（如锅炉、压力容器、压力管道等）、燃

料容器（包括桶、箱、柜、罐和塔等）及管道，因受腐蚀或材料和制造工艺的缺陷，在使用过程中常产生穿孔和裂缝需焊补。这些设备或部件内的介质大多是有毒、易燃、易爆及腐蚀性较强的物质。有时焊接操作往往是时间紧、任务急，有时焊接作业处于易燃、易爆、有毒情况下进行，由于甚至在高温高压下进行抢修焊接。焊接过程中稍有疏忽，就有发生爆炸、着火或中毒的可能，造成严重的后果。

对于焊工进入罐内、地下室、地坑、暖气通道、下水道或其他闭塞性场所作业时，由于这些场所的内部空间狭小、空气流动不畅，易发生中毒或窒息事故，也可能产生火灾、爆炸等事故。

因此，在这些场所进行焊接作业时，应采取切实可靠的防爆、防火与防毒措施。

7-12 何谓置换动火？如何进行置换动火？如何保证置换动火安全技术？

置换动火就是在焊接动火前实行严格的惰性介质置换，将原有的可燃物排出，使容器、设备、管道内的可燃物含量降低，达到安全要求。就是可燃气体、蒸气或粉尘的含量大大小于爆炸下限，不能形成爆炸性混合物的条件，才能动火焊补。

置换动火焊补前，通常采用蒸汽蒸煮，接着用置换介质（常用介质氮气、二氧化碳、水或水蒸气）吹净等方法，将容器内部的可燃物质和有毒性物质置换排出。在可燃容器外焊补时，容器内对燃物含量不得超过爆炸下限的1/5～1/4；如果需进入容器内的焊补操作，还应保证氧的体积分数为18%～21%，有毒物含量应符合《工业企业设计卫生标准》的规定，并以化验或检测结果为准。

为了确保置换动火焊补的安全，在焊补前还应采取可靠隔离、严格控制可燃物含量、清洗工作、气体分析和监视、安全管理等措施。

① 可靠隔离　燃料容器与管道停止工作后，常采用盲板将与之连接的出入管路截断，使焊补的容器管道与生产系统完全隔离。为了有效地防止爆炸事故的发生，盲板除必须保证严密不漏气外，还应保证能耐管路的工作压力，避免盲板受压破裂。为此，在盲板

与阀门之间应加设放空管或压力表，并派专人看守，否则应将管路拆卸一节。

② 严格控制可燃物含量　在检修动火开始前半小时内，必须取混合气样品进行分析，检查合格后才能开始动火焊补。未置换处理或虽经处理，但未取样分析的可燃容器，均不得动火焊补。

③ 清洗　由于有些可燃易爆介质被吸附在容器、管道内表面的积垢或外表面的保温材料中，它们难以被彻底置换。由于温差和压力变化的影响，置换后也还能陆续散发出可燃蒸气，导致动火操作中气体成分发生变化而发生爆炸失火事故。所以燃料容器在置换后，还应仔细清洗。

油类容器、管道的清洗，可以用火碱（氢氧化钠）清洗，再用清水洗涤，或通入水蒸气煮沸。但不可先放碱后加水，否则当碱溶解时放出大量的热，易发生危险。酸性容器器壁的污物和残酸要用木质、黄铜（铜含量70%以下）、铝质刀或刷、钩等简单工具，用手工刮除。装盛其他介质的设备管道的清洗，可以根据积垢的性质，采取酸性或碱性溶液。如铁锈等清除，可用8%～15%的硫酸。

④ 气体分析和监视　焊补过程中需要继续用仪表监测，一旦发现可燃气含量有上升时，立即寻找原因，加以排除。当可燃气混合上升到危险浓度时，要立即暂停动火，再次清洗到合格为止。

⑤ 未开孔洞的容器焊接　严禁焊补未开孔洞的密封容器，为增加泄压面积，动火焊补前应打开容器的人孔、手孔、清扫孔等。

⑥ 完全管理　在检修动火前必须制订施工计划，在工作地点10m内无可燃物管道和设备。检修动火前除应准备的必要的材料、工具外，还必须准备好消防器材。禁止使用各种易燃物质，作业区周围要划定界限，悬挂防火安全标志。

7-13 何谓带压不置换动火？如何进行置换动火？如何保证置换动火安全技术？

带压不置换动火是指含有可燃气体的设备、管道，在一定条件下未经置换直接动火的焊补作业。严格控制容器内的氧含量，使可燃物含量大大超过爆炸上限，而不能形成爆炸性混合物，并保持正压操作，让可燃气体以稳定的速度从容器中扩散溢出，以达到安全要求。

带压不置换焊补不需要置换容器内的原有气体，有时可以在不停车的情况下进行，需要处理的手续少，作业时间短，有利于生产。但由于只能在容器外动火，而且与置换动火相比，其安全性稍差。

为了确保安全，带压不置换动火焊补燃料容器、管道等设备时，必须严格采取以下措施。

① 严格控制容器内氧含量　带压动火焊补之前，必须分析容器内气体成分，以保证其中氧的含量不超过安全值。氧含量的这个安全值也称为极限含氧量。通过控制这个指标，使可燃物含量大大超过爆炸上限，是焊补得以安全进行的一个关键条件。当发现氧含量超过安全值时，应立即停止焊补。

② 正压操作　动火前和在整个焊补操作过程中，容器必须连续保持稳定的正压，这是带压不置换动火安全操作的另一个关键条件。一旦出现负压，空气就会进入动火的容器，那就难免会发生爆炸。正压大小要控制在1500～5500MPa之间。

③ 严格控制周围可燃物的含量　无论在室外还是室内，进行容器的带压不置换动火焊补时，均必须分析动火点周围滞留的可燃气含量。以小于爆炸下限的1/4或1/3为合格，否则不能施焊。

④ 安全操作技术　带压不置换动火的操作安全要求有：a. 焊补前应先弄清楚焊补部位的情况（如形状、大小及焊补范围）后，再进行焊补，焊补前要引燃从裂纹中逸出的可燃气，操作时焊工不可正对动火点，以免发生烧伤事故；b. 预先调好焊接工艺参数，特别是对于压力在0.1MPa以上且钢板较薄的容器，由于焊接电流太大，易熔扩穿孔，在介质的压力下将会产生更大的孔和裂纹，造成事故；c. 遇到周围条件有变化，如系统内压力急剧下降到所规定的限度，或氧含量超过安全值时，都要立即停止动火，待查明原因，采取相应对策后，方可继续焊补；d. 焊补过程中如果发生猛烈喷火，应立即采取消防措施，动火未结束以前不得切断可燃气来源，也不得降低系统的压力，以防容器吸入空气形成爆炸性混合气；e. 焊工要有较高的技术水平，焊接操作要均匀、迅速。

7.2 焊接劳动保护

7.2.1 焊条电弧焊卫生防护措施

7-14 焊条电弧焊过程弧光辐射会产生哪些危害?

焊接电弧的光辐射主要有紫外线、可见光与红外线。

① 紫外线　焊接时弧光辐射的紫外线对人体的皮肤和眼睛都有伤害作用。皮肤受到紫外线的强烈作用，轻者引起皮炎、弥散性红斑、出现水泡等；重者出现头痛、头晕、疲劳、发烧、失眠等症状。还会引起电光性眼炎，即眼睛角膜急性发炎。

② 可见光　焊接时电弧发出强烈的可见光，可使眼睛发花、疼痛，长期作用引起视力衰退。

③ 红外线　红外线强烈灼伤眼睛，引起闪光和视网膜灼伤。长期接触可引起白内障眼病，严重时导致失明。

7-15 焊条电弧焊过程有害气体有哪些? 有何危害?

焊条电弧焊过程在焊接电弧高温和强烈的紫外线作用下，焊接区周围形成了一氧化碳、臭氧、氮氧化物及氟化物等有害气体。这些有毒气体吸收进入人体内，影响焊工的身体健康。

① 一氧化碳　焊条电弧焊时会产生大量的一氧化碳有害气体，如果通风条件好，焊接中一般不会发生较重的中毒现象。当发生轻度一氧化碳中毒时表现为头疼、全身无力、有时呕吐、脉搏增快、头晕等症状。

② 氟化氢　氟化氢是一种无色气体，腐蚀性较强，毒性剧烈。焊条电弧焊主要是在焊接低氢碱性焊条时产生。氟化氢可引起眼、鼻和呼吸道粘膜的刺激症状，严重时可造成支气管炎、肺炎等。

③ 臭氧　臭氧是由于紫外线激发作用而产生的。人吸入臭氧的浓度超过一定量后，会引起咳嗽、胸闷乏力、头晕、全身酸痛等，严重时，可引起支气管炎。

④ 氮氧化物　在焊接时由于高温作用，空气中的氮与氧发生反应，形成二氧化氮、一氧化氮和四氧化氮等氮氧化物。这些氮氧化物对肺具有刺激作用，且引起慢性中毒。

7-16 焊条电弧焊过程产生哪些焊接烟尘？有何危害？

在焊接电弧高温的作用下，液态金属、熔渣以及熔池表面发生激烈的蒸发。这些高温蒸气从电弧区被吹出后迅速被氧化和冷凝，变成细小的固态粒子。这些微小的离子分散飘浮在空气中，弥散在电弧周围，形成了焊接烟尘。一般将直径小于 0.1μm 的固体微粒称为烟，而直径在 0.1～10μm 的微粒称为粉尘。

焊条电弧焊的发尘速度和发尘量与焊条类型存在密切的关系。碱性焊条的发尘速度和发尘量，比其他类型焊条高。

焊条电弧焊烟尘的成分比较复杂，主要取决于焊条药皮的组分，主要成分是铁、硅、锰等，主要毒物是锰和粉尘中含有的可溶性氟。酸性焊条烟尘中不含氟，烟尘的主要成分为氧化铁，约占50%左右，主要毒物是锰及其化合物；而碱性焊条烟尘中氟含量超过 10%，以 CaF_2、NaF、$KCaF_3$ 等晶体状态存在，F 与 K、Na 的化合物均为可溶性物质，其次有毒物质是锰。

焊工长期接触金属烟尘，如防护不良则易形成焊工尘肺、锰中毒和金属热等危险。

① 焊工尘肺　焊接烟尘是造成焊工尘肺的直接原因，主要是焊工长期吸入超过规定浓度的、以氧化铁为主的混合金属烟尘以及臭氧、氮氧化物等混合有毒气体，并在肺组织中长期作用导致肺组织弥漫性纤维化。其发病比较缓慢，一般在接触焊接烟尘后 10 年，有的长达 15～20 年以上。其症状主要表现为呼吸系统症状，如气短、咳嗽、咳痰、胸闷和胸痛等，部分焊工可呈现无力、食欲减退、体重减轻及神经衰弱，同时对肺功能也有影响。

② 锰中毒　焊接时锰蒸气在空气中能很快被氧化成一氧化锰及四氧化锰烟雾，长期吸入超过允许浓度的锰及化合物而造成。锰及其化合物主要作用于人的末梢神经和中枢神经系统，能引起严重的器质性病变。锰中毒的主要表现为头痛、头晕、失眠、记忆力减退，以及植物神经功能紊乱（如舌、眼睑和手指细微震颤）等，中毒较重时，神经症状表现更为严重，而且转弯、跨越、下蹲等都较困难，走路时左右摇摆或前冲后倒，书写震颤不清等。锰中毒发病很慢，大多数在接触 3～5 年后，甚至长达 20 年才逐渐发病。

③ 金属热　在密闭容器、船舱内用碱性焊条焊接时，焊工还易得金属热。主要症状表现为工作后发烧、寒战，口内金属味，恶

心、食欲不振等。

7.2.2 焊条电弧焊卫生防护措施

7-17 如何改善焊条电弧焊的劳动条件?

① 通风防护措施。采用车间整体通风或焊接工位局部通风，排除焊接中产生的烟尘和有害气体。通风措施是消除焊接烟尘危害和改善劳动条件的有力措施。通风可采用自然通风、机械通风、使用空气净化设备等措施，把新鲜空气送到工作场地，并及时地排除工作场地产生的有害物质和被污染的空气，以减少烟尘和有毒、放射性物质浓度。尤其是在焊接有色金属时，应采用高效率的局部排除烟尘设备。

② 使用低尘低毒的焊条，减少高锰和低氢型焊条的使用量。

7-18 焊条电弧焊过程如何进行个人防护?

① 焊工必须穿好工作服，戴好工作帽、手套和口罩，及穿好绝缘鞋等。有条件的应佩戴具有防毒、吸尘过滤作用的送风防护头盔和面罩、送风口罩等。

② 在密闭容器、船舱与狭小空间内焊接作业。焊工除做好安全防护外，必须佩戴好必要的防护用具，同时还应采取局部机械通风和除尘装置，更换容器内的空气，改善作业条件。

③ 定期检查身体，发现患职业病、中毒和不适宜从事焊条电弧焊作业者，应及时调离或调换岗位。

7-19 焊条电弧焊过程如何防护弧光辐射?

① 远离弧光辐射源　弧光辐射为直线传播，而且随距辐射源越远，其辐射强度越弱。一般在距离电弧 10m 以外，人眼偶然被弧光刺激，其伤害不大。

② 选择合适的遮光镜片　遮光镜片是有效防止弧光和火花、飞溅灼伤的防护用具。

③ 佩戴好个人防护用具　穿好帆布的工作服，戴好手套，正确使用面罩。

④ 工作场所应设置防护屏或防护室　防护屏选用阻燃材料制成，表面涂黑或深灰色，高度不低于 1.8m，下部留 25cm 的空隙，保证空气的流通。

参 考 文 献

[1] 王新洪，吴军，宋思利等编著. 手工电弧焊. 北京：化学工业出版社，2007.
[2] 王新洪，宋思利，韩芳等编著. 焊条电弧焊. 北京：化学工业出版社，2014.
[3] 邹增大主编. 焊接材料、工艺及设备手册. 第2版. 北京：化学工业出版社，2011.
[4] 中国机械工程学会焊接学会编. 焊接手册：第1，2，3卷. 第3版. 北京：机械工业出版社，2008.
[5] 陈祝年编著. 焊接工程师手册. 第2版. 北京：机械工业出版社，2010.
[6] 范绍林编著. 焊工操作技能集锦. 北京：化学工业出版社，2012.
[7] 高忠民主编. 焊条电弧焊. 北京：金盾出版社，2012.
[8] 陈裕川编著. 焊条电弧焊. 北京：机械工业出版社，2013.
[9] 杨富等编著. 新型耐热钢焊接. 北京：中国电力出版社，2006.
[10] 史耀武主编. 新编焊接数据资料手册. 北京：机械工业出版社，2014.
[11] 魏继昆，谭蓉编著. 现代焊接设备与维修. 北京：机械工业出版社，2010.
[12] 尹士科主编. 焊接材料手册. 北京：中国标准出版社，2010.
[13] 孙景荣，王丽华主编. 电焊工. 第2版. 北京：化学工业出版社，2010.
[14] 李正端著，焊条电弧焊焊接技术. 北京：机械工业出版社，2011.
[15] 邱言龙，聂正斌，雷振国编著. 焊条电弧焊技术快速入门. 上海：上海科学技术出版社，2011.
[16] 霍华德 B. 卡里著. 现代焊接技术. 陈茂爱，王新洪等译. 北京：化学工业出版社，2010.
[17] 赵熹华主编. 焊接检验. 北京：机械工业出版社，2011.
[18] 崔政斌. 焊接安全技术. 北京：化学工业出版社，2009.
[19] 杜国华编. 新编焊接技术问答. 北京：机械工业出版社，2008.
[20] 雷鸣，王影建主编. 焊工应知应会300问. 北京：科学出版社，2012.
[21] 机械工业学会焊接分会编. 焊接词典. 北京：机械工业出版社，2008.
[22] 李文聪编. 焊条电弧焊技术. 北京：中国劳动社会保障出版社，2011.